# 坦克构造拆装与驾驶

李宏才　明　波　陈杰翔　编

北京理工大学出版社
BEIJING INSTITUTE OF TECHNOLOGY PRESS

## 内 容 简 介

本书介绍了我国 59 式坦克的总体构造和坦克的一般修理知识，重点介绍了行动装置、传动装置中主离合器、变速箱、行星转向机及其操纵装置的构造和拆卸、分解、组合与安装；最后介绍了坦克驾驶和坦克保养的相关技巧和规定。

本书可为地面武器机动工程专业坦克构造的学习提供有益的参考，也可作为其他有关履带车辆专业学生、工程技术及其他人员的参考书。

**版权专有　侵权必究**

### 图书在版编目（CIP）数据

坦克构造拆装与驾驶 / 李宏才，明波，陈杰翔编. —北京：北京理工大学出版社，2011.12（2018.1 重印）

ISBN 978-7-5640-5311-6

Ⅰ. ①坦… Ⅱ. ①李… ②明… ③陈… Ⅲ. ①坦克-构造 ②坦克-驾驶术 Ⅳ. ①TJ811

中国版本图书馆 CIP 数据核字（2011）第 243817 号

| | |
|---|---|
| 出版发行 / 北京理工大学出版社 | |
| 社　　址 / 北京市海淀区中关村南大街 5 号 | |
| 邮　　编 / 100081 | |
| 电　　话 /（010）68914775（办公室）　68944990（批销中心）　68911084（读者服务部） | |
| 网　　址 / http：// www.bitpress.com.cn | |
| 经　　销 / 全国各地新华书店 | |
| 印　　刷 / 虎彩印艺股份有限公司 | |
| 开　　本 / 787 毫米×1092 毫米　1/16 | |
| 印　　张 / 15 | 责任编辑 / 张慧峰 |
| 字　　数 / 348 千字 | 责任校对 / 陈玉梅 |
| 版　　次 / 2011 年 12 月第 1 版　2018 年 1 月第 2 次印刷 | 责任印制 / 王美丽 |
| 定　　价 / 49.00 元 | |

图书出现印装质量问题，本社负责调换

# 前　言

　　对于高等学校地面武器机动工程专业大学本科学生来说，坦克拆装实习对于坦克构造、坦克设计是非常重要的实践过程，坦克驾驶和保养则使同学们深入了解坦克驾驶操纵机构，加强装甲车辆传动、行动、操纵部件的感知认识，了解坦克装甲车辆驾驶要求和技巧，掌握坦克装甲车辆驾驶技能；进一步为坦克行驶原理和坦克设计课程教学奠定专业基础。

　　本书旨在加强读者对坦克推进系统原理与结构的认识，首先介绍了坦克结构中典型的轴与轴承的典型结构和坦克构造拆装的基本知识。然后，以我国装备最多的59坦克为蓝本，介绍坦克的总体构造；详细描述坦克推进系统的的各个组成部分结构及结构特点，其中行动装置部分包括主动轮、履带、负重轮和扭力轴、叶片减振器、诱导轮和履带调整器的构造与拆装；传动装置部分包括齿轮箱、主离合器、变速箱、行星转向机、侧减速器、风扇及风扇离合器的构造与拆装；操纵机构部分包括主离合器操纵机构、变速操纵机构、行星转向机操纵机构的构造与拆装。最后，介绍了坦克驾驶的相关规则、技巧和保养的知识，其中坦克运动原理介绍坦克在平地上的直线运动和转向、坡上直线运动和转向；基础驾驶包括发动机的启动和熄火、起车、制动、停车、倒车、换挡、转向、对正方向和判定距离；特种驾驶包括坡道驾驶、越障驾驶、海滩地驾驶、森林地和沼泽地驾驶、上下门桥和登陆舰艇驾驶；坦克保养制度介绍坦克保养的原则与一般要求、坦克保养的类型，重点介绍坦克保养的主要工作。

　　本书坦克拆装基本知识中轴与轴承的组合结构，坦克的总体构造，行动装置、传动装置和操纵装置的构造由北京理工大学李宏才同志编写，坦克拆装基本知识的第二节到第六节、行动装置、传动装置、操纵装置的拆卸、分解、组合、安装与调整部分由装甲兵工程学院陈杰翔同志编写，坦克驾驶部分由装甲兵工程学院明波同志编写。全书由李宏才同志统编。由于编者水平有限，缺点错误及不完善之处，欢迎广大读者批评指正。

编　者

# 目 录

## 第一章 坦克拆装基本知识 (1)
### 第一节 轴与轴承的组合结构 (1)
一、轴 (1)
二、滚动轴承 (5)
### 第二节 拆卸与分解 (14)
一、拆卸与分解应遵照的规则和要求 (14)
二、典型零部件拆卸与分解工艺 (14)
### 第三节 零件清洗 (17)
一、金属的脱脂清洗 (17)
二、金属去锈清洗 (21)
三、积炭的清除 (22)
四、零件启封 (23)
### 第四节 零件鉴定 (23)
一、保证零件鉴定质量的措施 (23)
二、零件鉴定的主要内容 (23)
三、零件鉴定的基本方法 (24)
四、零件技术鉴定之前的准备工作和注意事项 (24)
五、零件在进行技术鉴定后的处理 (25)
六、常用的零件鉴定工具 (25)
七、典型零件或结构的鉴定 (28)
### 第五节 组合与装配 (32)
一、装配的一般要求 (32)
二、典型零部件的装配 (33)
### 第六节 润滑与密封 (41)
一、润滑 (41)
二、密封 (44)

## 第二章 坦克总体构造 (52)
### 第一节 主战坦克的组成 (52)
一、武器系统 (52)
二、防护系统 (53)
三、推进系统 (54)

四、电器及通信系统 ………………………………………………………… (54)
　第二节　59坦克的一般构造 …………………………………………………… (54)
　　一、驾驶室 …………………………………………………………………… (55)
　　二、战斗室 …………………………………………………………………… (55)
　　三、动力传动室 ……………………………………………………………… (55)
　第三节　主战坦克的总拆卸准备 ………………………………………………… (55)
　　一、断开履带 ………………………………………………………………… (56)
　　二、放油、放水 ……………………………………………………………… (56)
　　三、拆卸炮塔 ………………………………………………………………… (56)
　　四、顶车 ……………………………………………………………………… (57)

第三章　行动装置构造与拆装 ……………………………………………………… (58)
　第一节　行动装置构造 …………………………………………………………… (58)
　　一、主动轮和履带 …………………………………………………………… (58)
　　二、负重轮、平衡肘和扭力轴 ……………………………………………… (59)
　　三、叶片减振器 ……………………………………………………………… (61)
　　四、诱导轮和履带调整器 …………………………………………………… (61)
　第二节　行动装置拆卸 …………………………………………………………… (63)
　　一、履带 ……………………………………………………………………… (63)
　　二、主动轮的拆卸、分解与安装 …………………………………………… (64)
　　三、诱导轮的拆卸、分解与安装 …………………………………………… (65)
　　四、履带调整器的拆卸与安装 ……………………………………………… (67)
　　五、负重轮的拆卸、分解与安装 …………………………………………… (69)
　　六、悬挂系统的拆卸与安装 ………………………………………………… (70)

第四章　传动装置构造与拆装 ……………………………………………………… (76)
　第一节　齿轮传动箱的构造与拆装 ……………………………………………… (77)
　　一、齿轮传动箱构造 ………………………………………………………… (77)
　　二、齿轮传动箱的拆卸、分解、组合与安装 ……………………………… (78)
　第二节　主离合器的构造与拆装 ………………………………………………… (83)
　　一、主离合器的构造 ………………………………………………………… (83)
　　二、主离合器的拆卸、分解、组合与安装 ………………………………… (87)
　第三节　变速箱的构造与拆装 …………………………………………………… (91)
　　一、变速箱的构造 …………………………………………………………… (91)
　　二、变速箱的拆卸、分解、组合与安装 …………………………………… (101)
　第四节　行星转向机的构造与拆装 ……………………………………………… (121)
　　一、行星转向机的构造 ……………………………………………………… (121)
　　二、行星转向机的拆卸、分解、组合与安装 ……………………………… (125)
　第五节　侧减速器的构造与拆装 ………………………………………………… (133)

一、59式坦克侧减速器的构造 ……………………………………………………（133）
　　二、侧减速器的拆卸、分解、组合与安装 ………………………………………（134）
第六节　风扇及风扇离合器的构造与拆装 ……………………………………………（140）
　　一、风扇离合器的构造 …………………………………………………………（140）
　　二、风扇离合器的分解、组合与安装 ……………………………………………（141）

**第五章　操纵装置构造与拆装** …………………………………………………………（144）
第一节　主离合器操纵机构构造 ………………………………………………………（144）
　　一、主离合器操纵装置的作用 …………………………………………………（144）
　　二、主离合器操纵装置的构造 …………………………………………………（144）
第二节　变速操纵机构构造 ……………………………………………………………（145）
　　一、变速操纵机构的作用 ………………………………………………………（145）
　　二、变速操纵机构的构造 ………………………………………………………（146）
第三节　行星转向机操纵机构构造 ……………………………………………………（148）
　　一、行星转向机操纵机构的作用 ………………………………………………（148）
　　二、行星转向机操纵机构的构造 ………………………………………………（148）
第四节　操纵装置拆卸、分解、组合与安装 …………………………………………（154）
　　一、操纵装置安装总要求 ………………………………………………………（154）
　　二、主离合器及制动器操纵装置的拆卸、分解、组合与安装 ………………（155）
　　三、变速箱操纵装置的拆卸、分解、组合与安装 ……………………………（158）
　　四、行星转向机操纵装置拆卸、分解、组合与安装 …………………………（163）
　　五、操纵装置装配质量与故障分析 ……………………………………………（171）

**第六章　坦克驾驶** ………………………………………………………………………（174）
第一节　坦克运动原理 …………………………………………………………………（174）
　　一、坦克在平地上直线运动 ……………………………………………………（174）
　　二、坦克在坡上直线运动 ………………………………………………………（181）
　　三、坦克转向 ……………………………………………………………………（184）
第二节　基础驾驶 ………………………………………………………………………（188）
　　一、发动机的启动和熄火 ………………………………………………………（188）
　　二、起车、制动、停车和倒车 …………………………………………………（191）
　　三、换挡 …………………………………………………………………………（194）
　　四、转向 …………………………………………………………………………（199）
　　五、对正方向和判定距离 ………………………………………………………（201）
第三节　特种条件下驾驶 ………………………………………………………………（204）
　　一、坡道驾驶 ……………………………………………………………………（204）
　　二、越障驾驶 ……………………………………………………………………（209）
　　三、水稻田地驾驶 ………………………………………………………………（213）
　　四、沙漠地驾驶 …………………………………………………………………（215）

五、海滩地驾驶·················································································(218)
　　六、森林地和沼泽地驾驶····································································(220)
　　七、上下门桥和登陆舰（艇）驾驶·······················································(222)
第四节　坦克保养制度··············································································(225)
　　一、坦克保养的原则与一般要求··························································(225)
　　二、坦克保养的类型·········································································(225)
　　三、定期保养制度············································································(226)
　　四、视情保养制度············································································(228)
　　五、坦克保养的主要工作···································································(230)

**主要参考文献**···························································································(232)

# 第一章

# 坦克拆装基本知识

## 第一节 轴与轴承的组合结构

坦克的机械结构中以轴和轴承的组合结构最具有代表性。首先介绍轴和轴承的组合机构。在此基础上，再进行结构的拆卸、分解、清洗、鉴定、组合与装配等工作。

### 一、轴

轴是坦克构造中的重要零件之一，其用来支承旋转地机械零件，传递运动和动力。其通过轴承和机座连接，其上的零件如轴套、齿轮、凸轮等围绕轴心做回转运动，形成以轴为旋转基准的组合总成，称为轴系部件。

**（一）轴的分类**

按照轴的受力状况不同，轴可以分为心轴、转轴、传动轴三种。

1. 心轴

心轴是因支承旋转件转动而受弯的轴，其只承受弯矩，而不承受转矩。心轴可以是转动的，也可以是固定的，分别称作转动心轴和固定心轴。如图 1-1 所示。

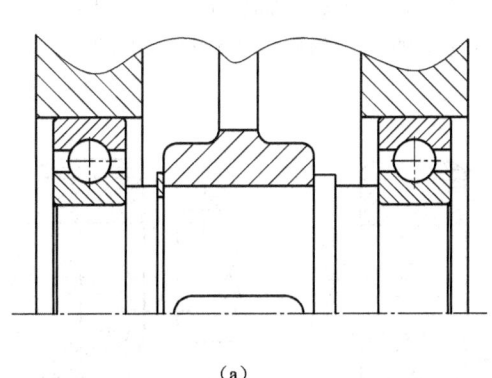 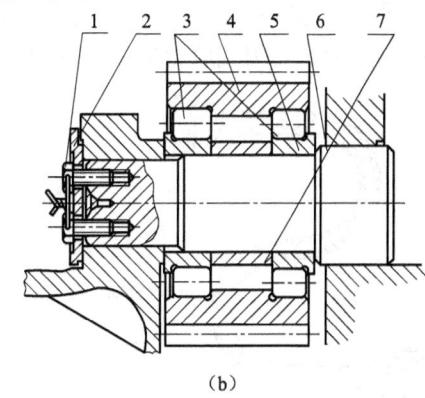

(a) (b)

图 1-1 心轴

(a) 转动心轴；(b) 固定心轴

1—固定螺栓；2—固定板；3—滚子轴承；4—倒挡齿轮；
5—轴系内圈；6—倒拉轴；7—支撑套

## 2. 转轴

转轴既传递转矩又承受弯矩，是坦克机构中最常见的轴。如图 1-2 所示。

## 3. 传动轴

传动轴只传递转矩，不承受弯矩，在坦克机构中并不常见。在汽车传动中较常见。如图 1-3 所示为坦克风扇传动中的传动轴。

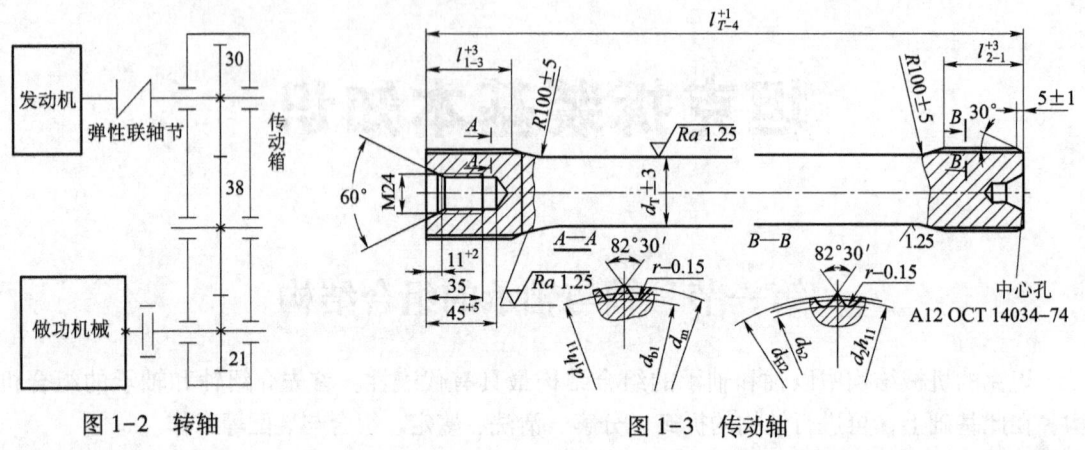

图 1-2 转轴　　　　　　图 1-3 传动轴

按照轴线情况，轴还可以分为直轴和曲轴，直轴又分为光轴和阶梯轴。另外，还有一些特殊用途的轴，如钢丝软轴（图 1-4）等。在坦克上应用的较少，这里不再详细介绍。

### （二）轴上零件的轴向固定

轴上零件的轴向固定的目的是为了使零件能够在轴线方向定位和承受轴向载荷。零件轴向固定要求尽可能使结构紧凑。对于不允许轴向滑动的零件，零件受力后不改变其原来的位置，定位要准确，固定要可靠。对于轴向滑动的零件，轴上应留出相应的滑动距离。

轴上零件的轴向固定以轴肩（轴环）、套筒、圆螺母、轴端挡圈和轴承端盖等保证。

### 1. 轴肩与轴环

轴肩分为定位轴肩和非定位轴肩两类。利用轴肩定位是最可靠方便的方法，其不需要另外增加零件，能够承受较大的轴向力。但是采用轴肩定位必然使轴径加大，而且轴肩处会因截面的突然加大而引起应力集中。轴肩过多也不利于加工。轴肩与轴环固定如图 1-5 所示。

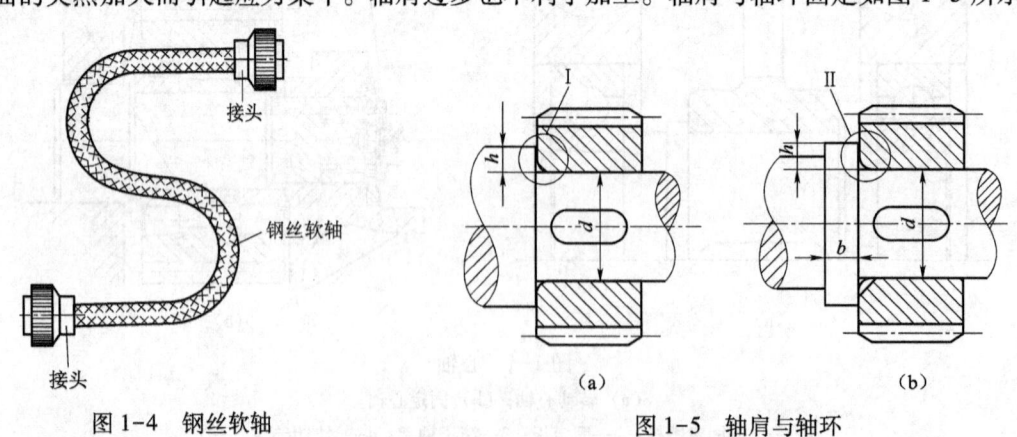

图 1-4 钢丝软轴　　　　　图 1-5 轴肩与轴环
　　　　　　　　　　　　（a）轴肩；(b) 轴环

## 第一章 坦克拆装基本知识

**2. 套筒**

套筒固定结构简单，定位可靠，轴上不需要加工沟槽、转孔和加工螺纹，不影响轴的强度。一般套筒用在轴上两个零件之间的固定。如果轴上两个零件之间的距离较大，或者是轴的转速较高，不宜采用套筒固定。套筒定位图如图1-6所示。

**3. 圆螺母**

圆螺母固定可以承受较大的轴向力，能够实现轴上零件的间隙调整。但是轴上需要加工螺纹，会降低轴的疲劳强度，故一般用于固定轴端的零件。有双圆螺母和圆螺母与制动垫片两种形式。当轴上零件之间的距离较大时，也可采用圆螺母实现。圆螺母定位图如图1-7所示。

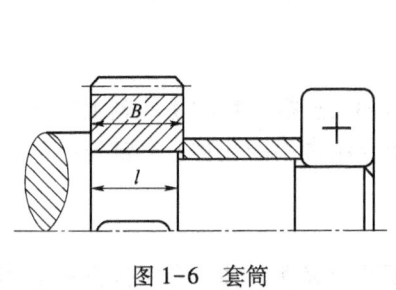

图1-6 套筒

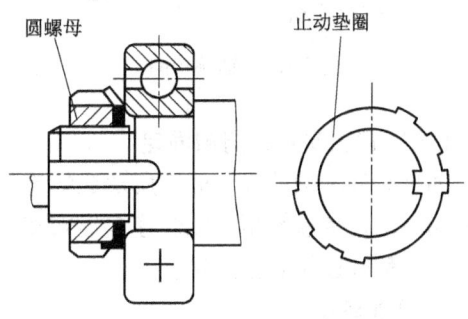

图1-7 圆螺母

**4. 弹性挡圈**

弹性挡圈固定用于轴向力不大的场合，需要在轴上加工出挡圈槽，会引起应力集中。弹性挡圈结构紧凑，简单，拆装方便，常用于轴承的轴向固定。弹性挡圈定位图如图1-8所示。

**5. 紧定螺钉与锁紧挡圈**

当轴上的轴向力不是很大时，可以采用紧定螺钉和缩进挡圈。这种结构不适合高速场合。结构如图1-9所示。

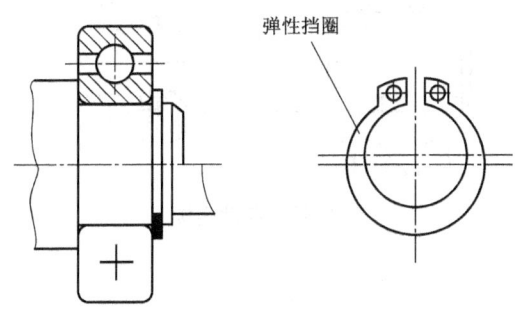

图1-8 弹性挡圈

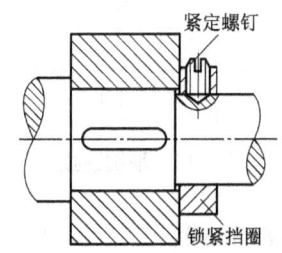

图1-9 紧定螺钉与锁紧挡圈

**6. 轴端挡圈**

顾名思义，轴端挡圈用在轴端，工作可靠，能够承受较大的轴向力，应用非常广泛。该结构需要采用止动垫片等防松措施。结构如图1-10所示。

### 7. 圆锥面

圆锥面定位装拆方便，且可兼用周向固定。可用于高速、冲击及对中性要求高的场合。其只用于轴端，常与轴端挡圈联合使用，实现零件的双向固定。结构如图 1-11 所示。

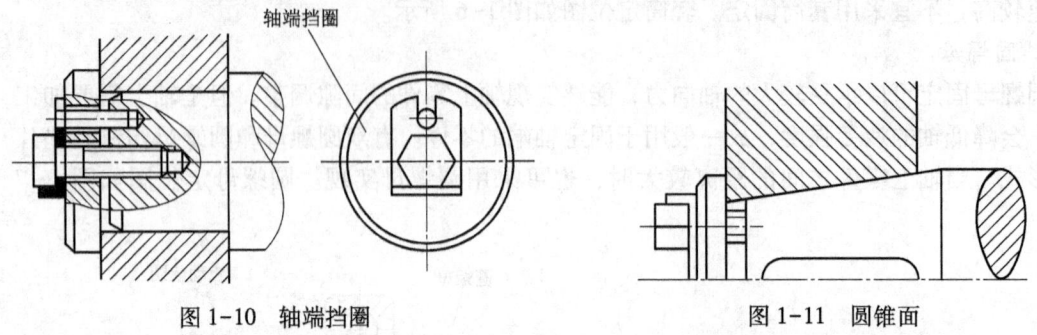

图 1-10　轴端挡圈　　　　　　　　图 1-11　圆锥面

### （三）轴上零件的周向固定

轴上零件与轴的周向固定所形成的连接，通常称为轴毂连接，目的是使轴上零件能够同轴一起转动，传递转矩。轴毂连接形式多种多样，这里介绍常用的几种：平键连接、花键连接、过盈配合连接和销连接。

#### 1. 平键连接

平键工作时，依靠其两侧面传递转矩，平键的上下两个表面与轴毂和零件键槽之间存在间隙。这种键定心性较好，装拆方便。不适合做轴向固定。平键应用最为广泛。当需要传递的转矩较大时，有采用对称双键结构。平键结构如图 1-12 所示。

#### 2. 花键连接

花键连接，依靠齿侧传递转矩，可用于静连接和动连接。如图 1-13。花键连接比平键连接有更高的承载能力。定心性、导向性好，对轴的强度影响小，适用于载荷较大或便载及定心要求高的静连接和动连接。常用花键形式有矩形花键和渐开线两种。

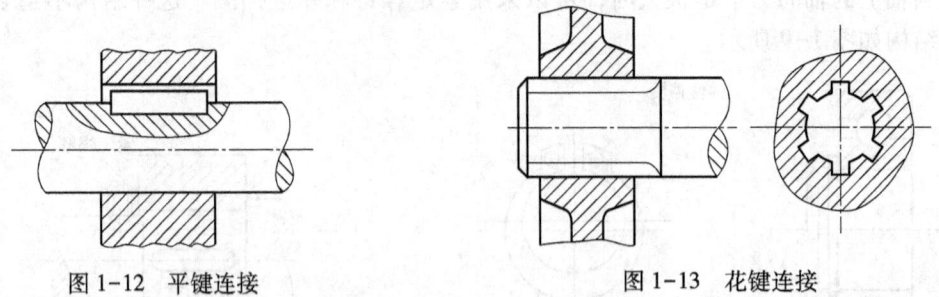

图 1-12　平键连接　　　　　　　　图 1-13　花键连接

#### 3. 过盈配合连接

过盈连接是利用零件间的过盈量来实现连接的。轴和轴毂孔之间因过盈配合而相互压紧，在配合表面上产生正压力，工作时依靠此正压力产生地摩擦转矩来传递载荷。过盈连接既能够实现周向连接，又可以实现轴向连接。过盈连接结构简单，定心性好，承载能力高和在振动下能可靠地工作。常与平键配合使用，以承受大的交变、振动和冲击载荷。过盈连接常用于齿轮、飞轮、车轮、轴承等与轴的连接。如图 1-14 所示。

过盈连接的配合表面常为圆柱面和圆锥面。圆柱面的装配有压入法和温差法,当过盈量或尺寸较小时,一般采用压入法装配;当过盈量或尺寸较大时,或对连接量要求较高时,常用温差法装配。圆锥法装配通常需要采用螺纹连接压紧,此种方法常用于轴端。

4. 销连接

销连接用于固定不太重要,受力不大,但是同时需要轴向固定的零件。如图 1-15 所示。

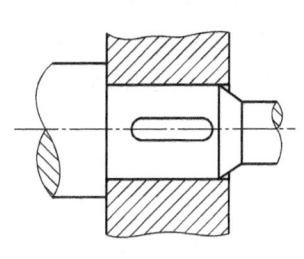

图 1-14 过盈连接

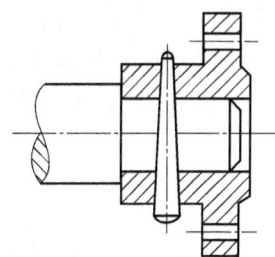

图 1-15 销连接

## 二、滚动轴承

滚动轴承广泛应用于各种机械。在坦克机械结构上应用非常多。

滚动轴承依靠元件间的滚动接触来承受载荷,具有摩擦阻力小,效率高,启动容易,安装和维护简便等特点。缺点是耐冲击性能差,高速重载时寿命低,噪声和振动较大。

滚动轴承的基本结构由内圈、外圈、滚动体和保持架组成。如图 1-16 所示。内圈装在轴径上,外圈装在轴承座孔内。使用时通常外圈固定,内圈随轴转动,也可以是内圈固定而外圈转动,或者内、外圈同时转动。外圈和内圈都制成一定形状的滚道,以保证滚动体在其间作精确地旋转,还可以降低滚动体与内、外圈之间的接触应力。常用的滚动体有球、短圆柱滚子、滚针、圆锥滚子、鼓形滚子、长圆柱滚子等六种。如图 1-17 所示。

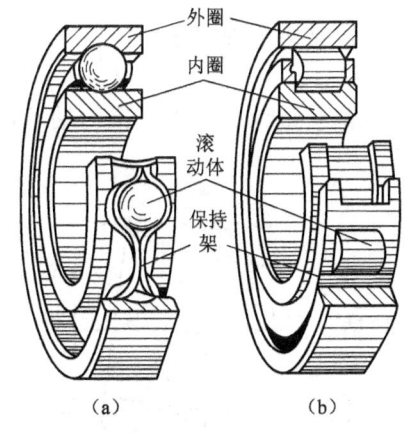

图 1-16 滚动轴承基本结构

(a) 球轴承;(b) 滚子轴承

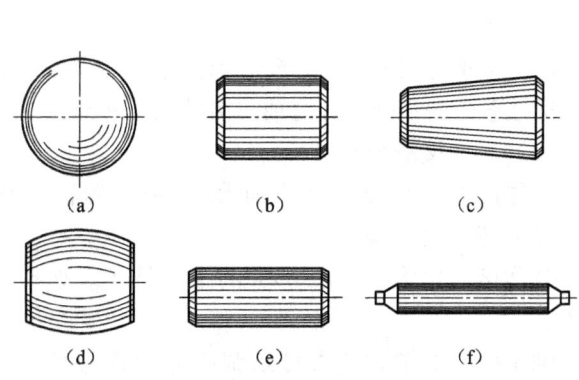

图 1-17 滚动体

保持架的功用是把滚动体彼此隔开,并且沿着滚道均匀分布。

当滚动体是圆柱和滚针时,有时为了减小轴承的径向尺寸,可省去内圈、外圈或保持架。

**(一) 滚动轴承的主要类型和特点**

按照轴承主要承受的载荷方向,滚动轴承可分向心轴承、推力轴承两类。

1. 向心轴承

向心轴承是主要承受径向载荷的滚动轴承。其公称接触角为 $0°\sim45°$。公称接触值是轴承的径向平面(垂直于轴线)与滚动体和滚道接触点的公法线之间的夹角(见图 1-18)。向心轴承按照公称接触角的不同可分为径向接触轴承和向心角接触轴承。

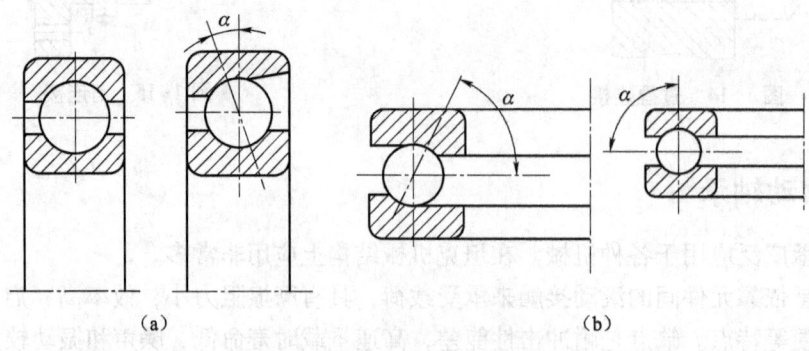

图 1-18 轴承的接触角和类型
(a) 向心轴承;(b) 推力轴承

(1) 径向接触轴承

公称接触角为 $0°$ 的向心轴承。如深沟球轴承、圆柱滚子轴承和滚针轴承等。

(2) 向心角接触轴承

公称接触角为 $0°<\alpha\leqslant45°$ 的向心轴承。如角接触球轴承、圆锥滚子轴承等。

2. 推力轴承

向心轴承是主要承受轴向载荷的滚动轴承。其公称接触角为 $45°<\alpha\leqslant90°$。推力轴承按照公称接触角的不同可分为轴向接触轴承和推力角接触轴承。

(1) 轴向接触轴承

公称接触角为 $90°$ 的推力轴承。如推力球轴承等。

(2) 推力角接触轴承

公称接触角为 $45°<\alpha<90°$ 的推力轴承。如推力角接触轴承等。

轴承按照工作时是否可以调心分为调心轴承和非调心轴承。调心轴承的滚道是球面形状,能适应内外圈轴心线间的叫偏差及角运动(见图 1-19)。非调心轴承能够抵抗内外圈轴心线间的角偏移。

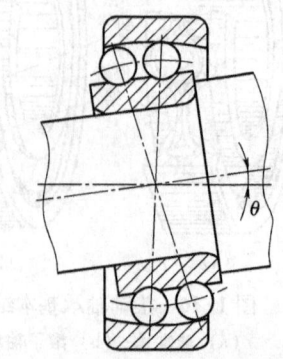

图 1-19 轴承的调心作用

轴承按照滚动体的列数，分为单列轴承、双列轴承和多列轴承。

滚动轴承按照滚动体的类型分为球轴承和滚子轴承。球轴承中球与滚道之间是点接触，而滚子轴承中滚动体与滚道是线接触。在相同尺寸下，球轴承制造方便，价格低，摩擦系数小，运动灵活，需用的极限转速高，但是其抗冲击和承载能力不如滚子轴承。

常用的滚动轴承类型和特点如表 1-1 所示。

表 1-1　常用滚动轴承类型和特点

| 名称 | 轴承结构、承载方向及结构简图 | 极限转速 | 允许角位移 | 性能特点与应用 |
| --- | --- | --- | --- | --- |
| 调心球轴承 | | 中 | 2°～3° | 结构特点为双列球，外圈滚道是以轴承中心为中心的球面。能自动调心，适用于多支点和弯曲刚度不足的场合 |
| 调心滚子轴承 | | 中 | 1.5°～2.5° | 滚动体为双列鼓形滚子，外圈滚道是以轴承中心为中心的球面。能自动调心，能够承受很大的径向载荷和少量的轴向载荷，抗冲击、振动 |
| 圆锥滚子轴承 | | 中 | 2′ | 能同时承受较大径向载荷和单项轴向载荷。公称接触角有 10°～18°、27°～30° 两种。外圈可分离，游隙可调，装拆方便，适用于较大刚性轴，一般成对使用，对称安装 |

续表

| 名称 | 轴承结构、承载方向及结构简图 | 极限转速 | 允许角位移 | 性能特点与应用 |
|---|---|---|---|---|
| 推力球轴承 | 单列51000(8000)<br>双列52000(38000) | 低 | 不允许 | 只能承受轴向载荷，且载荷作用线必须与轴线重合。<br>推力轴承的套圈有轴圈与座圈。轴圈与轴过盈配合并一起旋转，座圈的内径与轴保持一定间隙，置于基座中。<br>推力轴承滚动体工作时存在较大离心力，滚动体与保持架发热严重，用于轴向载荷大转速不高的场合。<br>单列球轴承仅承受单项轴向载荷，双列球轴承可承受双向轴向载荷 |
| 深沟球轴承 | | 高 | 8′~12′ | 主要承受径向载荷，同时也可承受一定的轴向载荷。当转速很高，轴向载荷不是很大时，可以替代推力轴承承受纯轴向载荷 |
| 角接触球轴承 | | 高 | 2′~10′ | 能同时承受径向、轴向载荷。公称接触角度越大，轴向承载能力越强。公称接触角有15°、25°、40°三种。通常成对使用，对称安装 |

续表

| 名称 | 轴承结构、承载方向及结构简图 | 极限转速 | 允许角位移 | 性能特点与应用 |
|---|---|---|---|---|
| 圆柱滚子轴承 | | 高 | 2′~4′ | 能够承受较大的径向载荷，不能承受轴向载荷。因为滚动体和滚道是线接触，内外圈只允许有极小的相对偏移。除图示外圈无挡边结构外，还有内圈无挡边，外圈单挡边，内圈单挡边等形式 |
| 滚针轴承 | | 低 | 不允许 | 只能承受径向载荷，承载能力大，径向尺寸特效，带内圈或不带内圈。一般无保持架，因而滚针见有摩擦，轴承极限转速低。应用中可以直接采用带保持架，而不需要内圈或外圈结构。这类轴承部允许有角偏差 |

**（二）滚动轴承的润滑和密封**

润滑和密封对滚动轴承的使用寿命具有重要的意义。

润滑的目的是减小摩擦与减轻磨损和防止生锈。如果滚动接触的部位能够形成油膜，润滑还能够起到吸收振动、降低工作温度和噪声的作用。

密封的作用是防止灰尘、水分等进入轴承，并且防止润滑剂外流。

**1. 滚动轴承的润滑**

一般滚动轴承大多采用脂润滑或油润滑，有一些特殊工况轴承采用固体润滑剂。

（1）脂润滑

脂润滑的优点是：承受负荷能力大，黏附性较好，不易流失；能够防止灰尘、潮气以及其他杂物浸入轴承内部；密封装置结构简单。缺点是：当转速较高时，摩擦损失大。润滑脂的添量一般不超过轴承空间的 1/3~1/2。装置过多或不足，都会引起摩擦发热，影响轴承的正常工作。

（2）油润滑

轴承在高速或高温下工作时，应采用油润滑。油润滑特点是：润滑性能好，摩擦系数小，润滑可靠，具有冷却和清洗作用。缺点是密封装置比较复杂。

油润滑有多种润滑方式。

**浸油润滑：**

把轴承部分浸入油池中，利用轴承滚动体带动油至轴承的摩擦副。这种方式特点是轴承浸在油中，搅油损失较大，只是当轴承的位置较低时才利用。

**飞溅润滑：**

利用封闭箱体内的齿轮等零件将油池中的油搅起，甩到轴承上润滑。这种润滑适用于轴承转速不高或受载不是很大的场合。

**喷油润滑：**

当轴承受载大或转速高时，利用喷嘴将压力油喷到轴承的摩擦副上。优点是润滑充分、可靠。缺点是需要增加额外的压力油和液压管路。

2. 滚动轴承的密封

滚动轴承密封方法很多，其选择与润滑的种类、工作环境、温度、密封表面的圆周速度有关。密封方法可分为两类：接触式密封和非接触式密封。各种密封形式、使用范围和性能如表1-2所示。

表1-2 滚动轴承常用密封装置

| 类型 | 图例 | 适用场合 | 性能特点与应用 |
|---|---|---|---|
| 接触式密封 | 毛毡圈密封 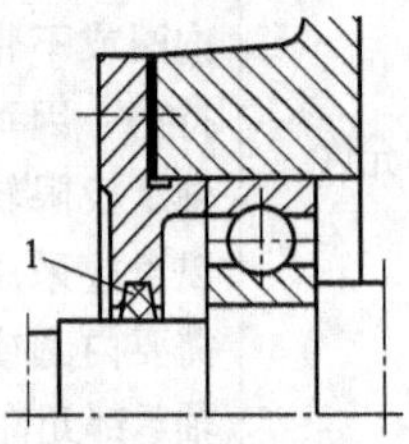 | 脂润滑。要求环境清洁，轴径圆周速度不大于4~5m/s，工作温度不超过90℃ | 矩形断面的毛毡圈被安装在梯形槽内，对轴产生一定的压力作用而起到密封作用 |
| 接触式密封 | 密封圈密封 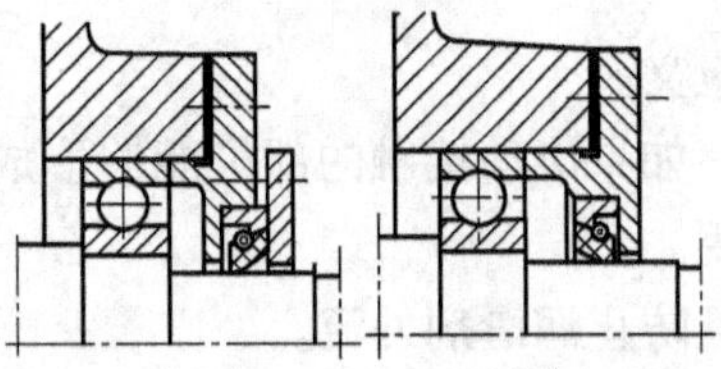 (a)(b) | 脂或油润滑，轴径圆周速度小于7m/s，工作温度范围-40~100℃ | 密封圈用皮革、塑料或耐油橡胶制成，有的具有金属骨架，密封圈是标准件。图（a）所示密封唇朝里，目的是防止漏油；图（b）密封唇朝外，目的是防止灰尘、杂质进入 |
| 非接触式密封 | 间隙密封 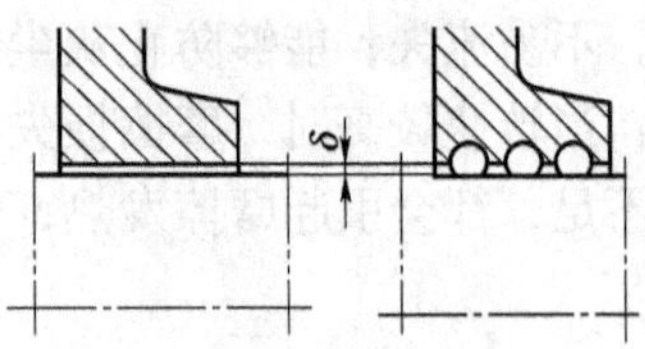 | 脂润滑。干燥清洁环境 | 高轴和轴盖之间的细小环形间隙密封。间隙越小越长，效果越好 |
| 非接触式密封 | 迷宫式密封 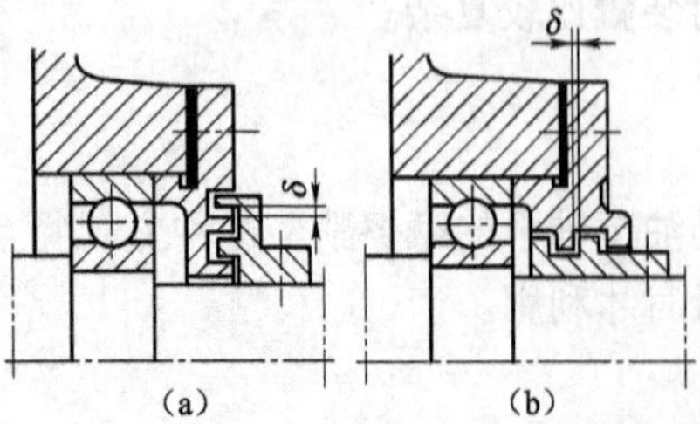 (a)(b) | 脂润滑或油润滑。工作温度不高于密封用油脂的滴点 | 将旋转件与静止件之间的间隙做成迷宫形式，并在间隙中填充润滑油或润滑脂以加强密封效果。图（a）为径向曲路，图（b）为轴向曲路 |

第一章　坦克拆装基本知识 　11

续表

| 类型 | 图例 | 适用场合 | 性能特点与应用 |
|---|---|---|---|
| 组合密封 | 毛毡加迷宫密封 | 适用于脂润滑或油润滑 | 这是组合密封的一种形式，毛毡加迷宫，可充分发挥各自优点，提高密封效果。组合方式很多 |

**（三）滚动轴承与轴的组合结构**

1. 滚动轴承的轴向定位与紧固

轴承的轴向固定于紧固指轴承的内圈与轴径、外圈与做空间的轴向定位与紧固。其方法很多，各种方法的选择与轴承所受载荷的大小、方向、性质，轴承转速高低，轴承类型及轴承在轴上的位置等有关。单个支点处轴承内、外圈的紧固方法分别如图1-20、图1-21所示。

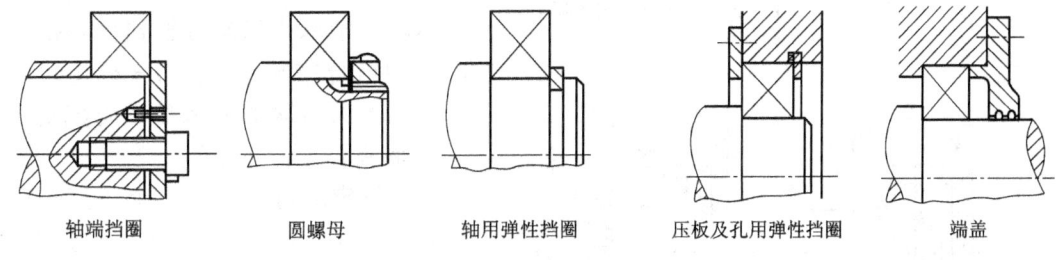

　　轴端挡圈　　　圆螺母　　　轴用弹性挡圈　　　压板及孔用弹性挡圈　　　端盖

图1-20　滚动轴承内圈定位　　　　　　　图1-21　滚动轴承外圈定位

2. 滚动轴承的配置

通常一根轴上有两个支点，每个支点由一个或两个轴承组成。滚动轴承的支承结构应考虑轴载机械中的正确位置，防止轴向窜动及轴受热变形后将轴承卡死。利用轴承的支承结构使轴获得轴向定位的方式有三种基本形式。

（1）两端固定

使轴的两个支点每一个支点都能够限制轴的单向移动，两个支点合起来就限制了轴的双向移动，这种固定方式称为两端固定。其适用于工作温度变化不大的短轴，考虑到轴会因受热变形，在轴承与外圈端面之间应预留出热补偿间隙，一般为0.2~0.3mm。如图1-22所示。

（2）一端固定，一端游动

当支承跨距较长或工作温度较高时，轴有较大的热膨胀伸缩量，这时应采用

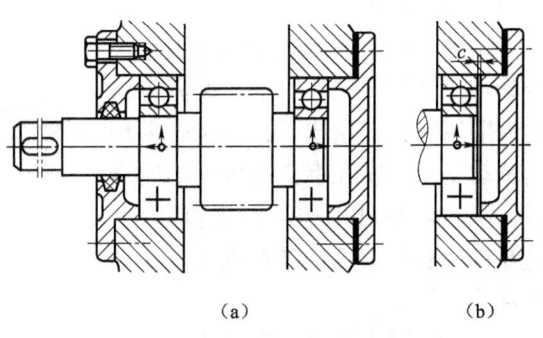

(a)　　　　　　(b)

图1-22　两端固定支承

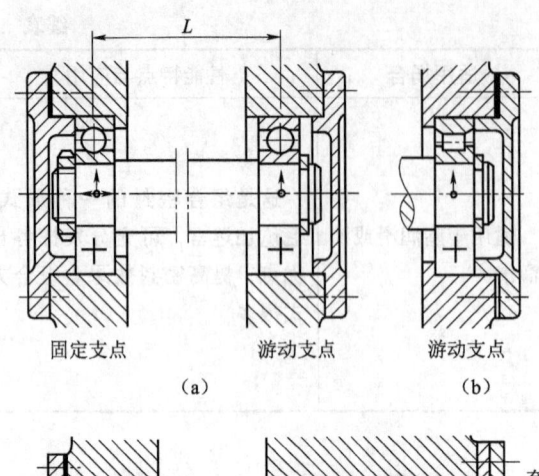
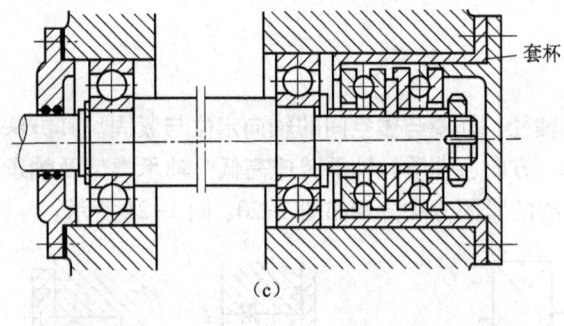
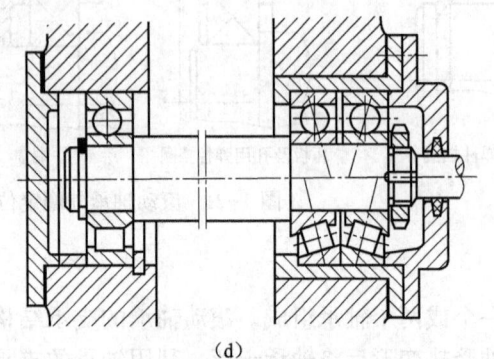

图1-23 两端固定支承

一端固定、一端游动支承的轴承组合形式。

图1-23（a）所示为一端固定、一端游动的组合形式，轴的两端各用一个深沟球轴承，左端轴承的内、外圈为双向固定，而右端轴承的外圈在座孔内没有轴向固定，内圈用弹性挡圈限制轴上的位置。工作时轴上的双向轴向载荷由左端轴承承受，轴受热变形时，右端轴承可以在座孔内自由移动。

当支承跨距较大（$L>350\text{mm}$）或工作温度较高（$t>70℃$）的轴，游动端轴承宜选用圆柱轴承。如图1-23（b）所示。游动主要依靠滚动体与内外圈之间的轴向无挡边实现。

当轴向载荷较大时，固定端可用深沟球轴承或径向接触轴承与推力轴承的组合结构，见图1-23（c）。此时，由深沟球轴承承受径向载荷，推力轴承承受轴向载荷。

固定端可以采用两个角接触球轴承（图1-23（d）上半部），或采用两个圆锥滚子轴承（图1-23（d）下半部），"面对面"或"背对背"安装。"面对面"安装时，两个外圈的窄边相对，两轴承反力在轴上的作用点间距较小，支承刚度小，但安装调整方便；"背对背"安装时，两个外圈的宽边相对，两轴承反力在轴上的作用点间距较大，支承刚度大，但安装调整不方便。

（3）双端游动

双端游动支承轴承通常用于人字齿轮传动中。如图1-24所示。大齿轮所在轴承采用两端固定支承，小齿轮采用两端游动支承，靠人字齿轮传动的啮合作用，小齿轮轴可以作轴向少量移动，自动补偿两侧螺旋角的制造误差，使两侧齿轮受力均匀。

3. 轴承游隙和组合位置调整

轴承游隙的大小对轴承的寿命、效

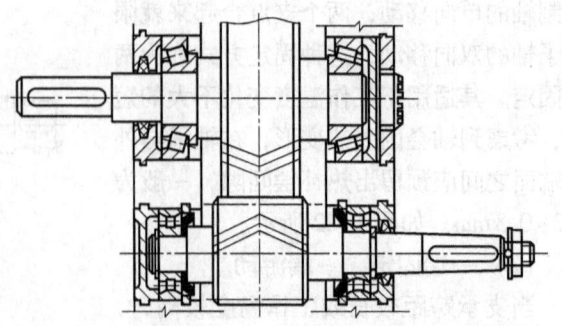

图1-24 两端游动支承

率、旋转精度、温升及噪声等都有很大的影响，需要调整游隙的主要角接触球轴承组合结构、圆锥滚子轴承组合结构和平面推力球轴承组合结构。

从图 1-23 所示各图中看出，(a)、(c) 轴承的游隙和预紧是靠轴承端盖与套筒间的垫片来调整的，简单方便。而如图 1-25 所示中，轴承的游隙依靠轴上的圆螺母来调整，操作不方便。

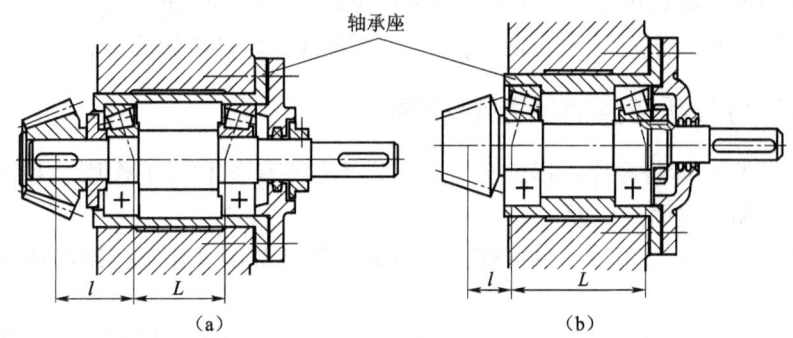

图 1-25　小锥齿轮轴支承结构

为使圆锥齿轮传动中的分度圆锥锥顶重合或使蜗轮蜗杆传动能与中间平面位置正确啮合，必须对其支承轴系进行轴向位置调整。如图 1-25 所示。整个支承轴系放在一个轴承座内，轴承座的轴向位置通过改变轴承座与基座端面垫片的厚度来调节，从而使传动件处于最佳的啮合位置。

**4. 滚动轴承的预紧**

轴承的预紧，就是在安装轴承时用某种方法在轴承中产生并保持一定的轴向力，以消除轴承的轴向游隙，并在滚动体和内外滚道接触处产生弹性预变形，以提高轴承的旋转精度和支承刚度。向心推力轴承常用的预紧方法如图 1-26 所示。在两个轴承的内圈或外圈之间防止垫片（见图 1-26（a））或磨薄一对轴承的内外圈（见图 1-26（b））来预紧。预紧力的大小由垫片的厚度和轴承内外圈的磨削量来控制；在一对轴承的内外圈间装入长度不等的套筒进行预紧（见图 1-26（c）），预紧力的大小由两套筒的长度差决定。

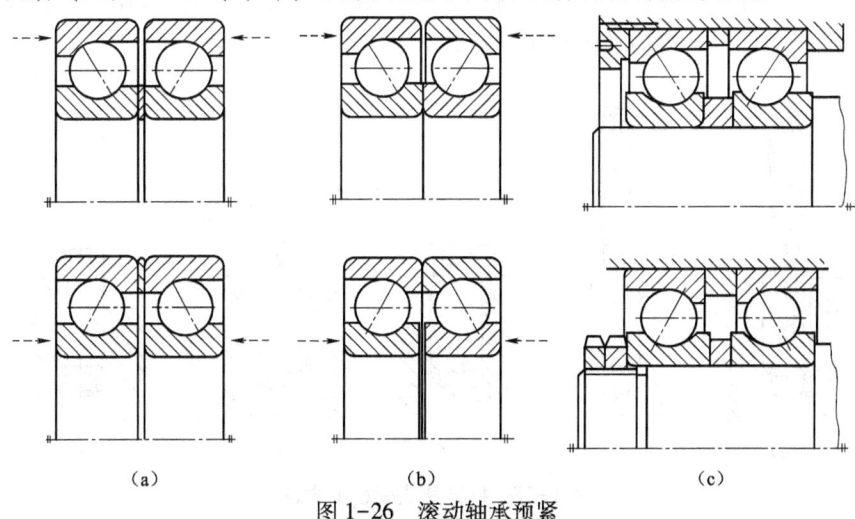

图 1-26　滚动轴承预紧
(a) 加金属垫片；(b) 磨窄套圈；(c) 内、外套筒

## 第二节　拆卸与分解

装甲车辆拆卸与分解时，应首先进行拆前静态与动态检查，全面了解待修装备，弄清车辆的精度丧失程度和损坏程度，为实施维修提供决策，为顺利实施修理工作打下基础。并在此基础上，制定初步的修理项目和修理方案后，进而实施零件拆卸分解。

### 一、拆卸与分解应遵照的规则和要求

（1）选择合理的拆修顺序：拆卸分解前，应了解车辆结构、工作原理和性能。搞清装配关系、配合性质、紧固件位置。

（2）掌握合适的拆卸范围：尽可能缩小拆卸、分解范围。在不拆卸的情况下完成零件鉴定。

（3）正确选择和使用工具：按照正确的拆卸工艺和方法进行拆卸，选择适当的工具和设备，注意安全。

（4）拆卸时应为装配创造条件。

（5）不同类别零件不能混放，对相关零件做好记号。

### 二、典型零部件拆卸与分解工艺

#### （一）固定连接件的拆卸

**1. 螺纹连接件的拆卸**

拆卸螺纹连接件时，应按螺纹旋向，选用合适工具，均匀用力。受力大螺纹件，使用专用工具，允许使用加长杆。螺钉断头时，可在螺栓上钻孔，然后打入多角形的钢杆将其拧出，如图 1-27（a）所示；也可在螺栓上钻一孔，攻反向螺纹，然后用反向的丝锥或反向螺纹的螺栓将其拧出，如图 1-27（b）所示；或在螺栓上焊一螺帽，或点焊一焊根条并把焊条折弯当扳手，如图 1-27（c）、（d）所示，将螺栓拧出。如螺栓尚有部分外露，可用管钳咬住外露部位，将其拧出，或在其上铣（锉）两个平面，用扳手拧出，如图 1-27（e）所示；也可用钻头钻掉旧螺钉，再用丝锥攻出新螺孔。

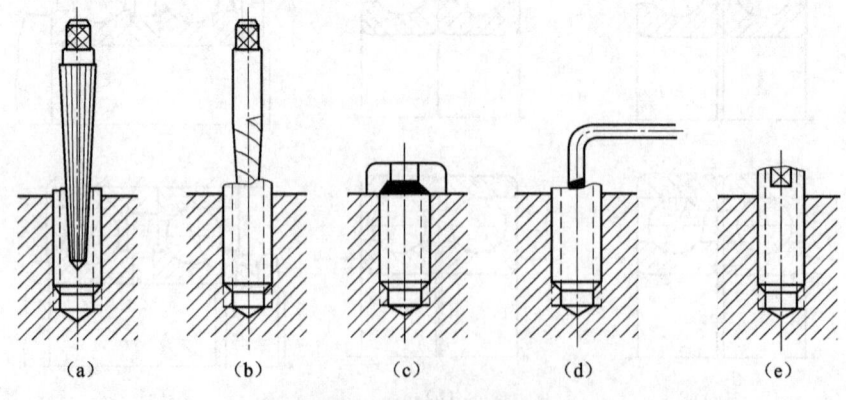

图 1-27　拆卸断头螺栓的方法

锈死螺纹拆卸时可先向拧紧方向拧一下，再旋松，如此反复，逐步拧出；或用手锤敲击螺钉头、螺母及四周，震松锈层后拧出；或在螺纹件四周浇煤油或松动剂后拧出；也可用快速加热包容件方法，使其膨胀，锈层变软或破坏螺纹件的方法拆卸。

为防止应力集中造成变形，成组螺栓拆卸时先四周后中间、对角线方向轮换，全部拧松后按顺序拧下，对悬臂部件、容易倒覆掉落部件的连接螺纹件，应采取支承或起重措施，按先易后难的顺序，留下一到两个螺纹件，最后吊离时拆下。

2．过盈连接件的拆卸

拆卸过盈配合件，应视配合尺寸和过盈量大小，选择合适的拆卸方法和工具、设备，不允许使用铁锤直接敲击零、部件，以防损坏。无专用工具时，可用木锤、铜锤、塑料锤或垫以木棒（块）、铜棒（块）用铁锤敲击。

（二）轴承的拆卸

（1）拆卸尺寸较大的轴承或其他过盈配合件时，可用加热法拆卸。图1-28所示是使用热机油拆卸轴承内圈的情况。

（2）齿轮两端装有圆锥滚子轴承的外圈，如图1-29所示。如果用拔轮器不能拉出轴承的外圈时，可同时用干冰局部冷却轴承的外圈，然后迅速从齿轮中拉出外圈。

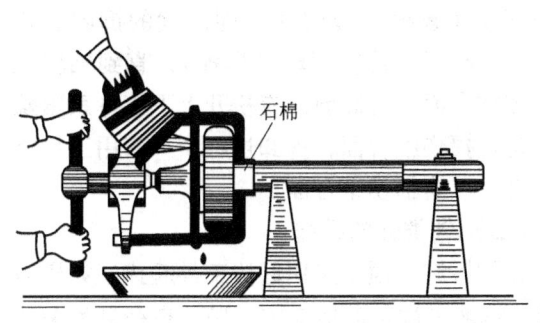

图1-28　轴承的加热拆卸

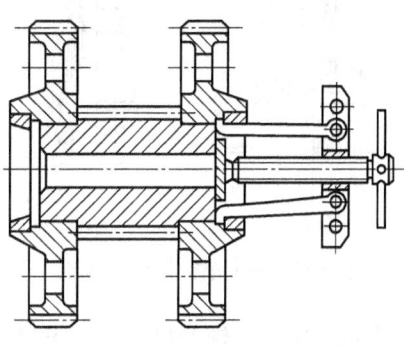

图1-29　轴承的冷拆卸

（3）拆卸滚动球轴承时，应在轴承内圈上加力拆下。拆卸位于轴末端的轴承时，可用小于轴承内径的铜棒、木棒或软金属抵住轴端，轴承下垫以垫块，再用手锤敲击，如图1-30所示。

若用压力机拆卸位于轴末端的轴承，可用图1-31所示的垫法将轴承压出。如果用拔轮器拆卸位于轴末端的轴承，必须使拔钩同时勾住轴承的内、外圈，且着力点也须正确，如图1-32所示。

（4）拆卸锥形滚柱轴承时，内、外圈分别拆卸。如图1-33（a）所示，将拔轮器张套放入外圈底部，然后旋入张杆使张套张开勾住外圈，再扳动手柄，使张套外移，拉出外圈。用图1-33（b）所示的内圈拉头来拆卸内圈，先将拉套套在轴承内圈上，转动拉套，使其收拢后，下端凸缘压入内圈的沟槽，转动手柄，拉出内圈。

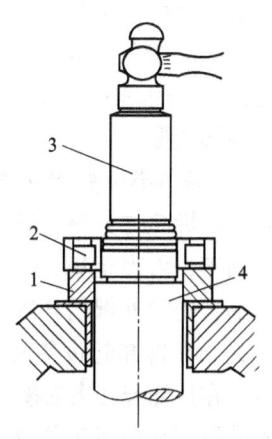

图1-30　用手锤、铜锤拆卸轴承
1—垫块；2—轴承；
3—铜棒；4—轴

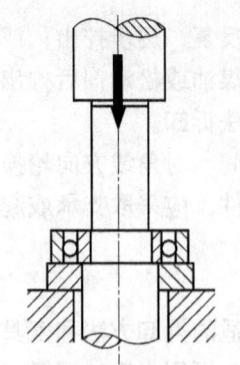

图1-31 用压力机拆卸轴承

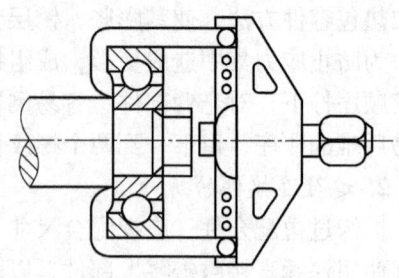

图1-32 拔轮器拆卸轴承

### （三）轴套件的拆卸与分解

轴套件的拆卸，通常都要使用起拔器专用工具或顶丝。一般情况下，用两个或三个起拔爪钩在套外圆壁的起拔工艺孔内，通过丝杆旋转力将拉力传给轴套后拔出。用顶丝起拔拆卸时应将选好的顶丝（螺栓）装到轴套固定盘的拆卸工艺孔上，交替对称拧转顶丝（螺栓），直到轴套脱离箱体结合面。拆卸前，应松开上下箱体系紧螺栓，防止损伤配合面，拆卸过程中严禁用工具撬取轴套，以防损伤结合面。

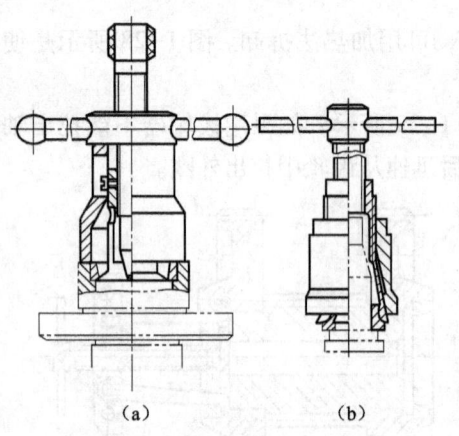

图1-33 锥形滚柱轴承的拆卸

### （四）轴类件的拆卸

轴的拆卸，通常采用起拔工具起拔，如压力机或千斤顶顶压、大锤冲打等。对于过盈配合的长轴的拆卸一般情况下，用一根丝杆拧装到被拆轴端，以套或其他垫块为支点，通过丝杆的旋力将轴拔出。过盈配合短轴的拆卸，一般用压力机或千斤顶压卸，如操作不便，可冲打拆卸。在拆卸轴孔装配件时，拆卸力应与装配力基本相同。如有异常，应查找原因，防止拆卸中损伤零件。热装零件要加热拆卸。

过盈配合的轴拆卸时要防止轴在配合孔内造成的拉伤和划痕。在冲打或压、顶轴端时，要防止轴端变形。

### （五）箱体类件的拆卸与分解

箱体的拆卸与分解，通常情况下依照不同结构的拆卸与分解工艺要求进行，一般的拆卸与分解顺序，由表至里，先松后拔，先拆后解。所谓的"由表至里"是指对箱体总成的拆卸与分解，先对外部的各零部件进行拆卸后，再进行箱体内部的各零部件进行拆卸；"先松后拔"是指在拆卸起拔各轴套前，首先将各轴端的固定螺帽和上下箱体的各系紧螺杆（柱）松开后，在拆卸起拔各轴套，以便对轴总成的分解和轴套的拆卸。"先拆后解"是指在对箱体总成的拆卸与分解工艺过程中，先进行小部件总成的拆卸，在进行逐个部件的分解。严禁用撬杠撬动箱体结合面，以防损坏结合面的密封性。

### （六）管件的拆卸

对于管口与箱体直接连接的管口，一般用开口、梅花、活口和套筒扳手，拆卸中，在扳手施力同时,将被拆卸的管路固定,以防管路转动扭而变形。对于胶管与金属管接口的拆卸,用螺丝刀或扳手将锁紧的卡箍带松开,然后边转动边向外抽拉被拆的管路。对于金属与金属管接口的拆卸,用开口、梅花、活口和套筒扳手,拆卸中用两个扳手同时反向旋转,直至接口螺母松开。在拆离管路口的胶管时,严禁用螺丝刀撬取金属管的接口,以防管口变形。拆下的管接头及腔口,应用塞子(保护帽)塞住或用布包好。禁止用棉布直接填堵接头及腔口。

## 第三节 零件清洗

零件清洗是坦克修理工艺过程中不可缺少的一个重要环节,它直接影响到坦克修理质量、零件的使用寿命及修理成本等。也是使修理场地保持清洁,改善劳动条件,提高劳动效率的重要一环。

清洗是各工艺环节中反复进行的一项工序,主要包括清洗液、清洗方法和清洗设备三个要素,为此要求在装备维修的全过程进行控制,搞好清洗工作。常见的零件清洗包括零件脱脂(除油)、零件除锈、积炭清除等。

### 一、金属的脱脂清洗

金属材料的脱脂通常包含碱洗脱脂、溶剂脱脂、表面活性剂水溶液和混合溶剂脱脂、电解脱脂、酸洗脱脂等。

清洗通常用碱性溶液,有机溶剂,表面活性剂溶液或混合溶液作清洗剂,并采用电解清洗,超声波清洗,研磨清洗等手段。

**(一) 碱洗脱脂**

1. 常用碱洗剂成分

碱洗剂的主要成分是氢氧化钠、碳酸钠、磷酸钠、硅酸钠、硼酸钠等碱性或显碱性的盐。通常碱洗剂含有上述两种或多种组分。各种金属脱脂碱洗剂配方分别见表1-3。

表1-3 金属脱脂碱洗剂配方

| 钢铁用,浓度/$(g \cdot L^{-1})$ | | | | | | | | |
|---|---|---|---|---|---|---|---|---|
| 成分 | 1 | 2 | 3 | 4 | 5 | 6 | 7 | 8 |
| NaOH | 100~150 | 15 | 50 | 15 | 50 | 50 | 75 | — |
| $Na_2SiO_3$ | | | 5~10 | | | 5~10 | | 45 |
| $Na_3PO_4$ | | 80 | | | | | 45 | 45 |
| $Na_2CO_3$ | | 80 | | 160 | 50 | 50 | | |
| NaCN | | | | 7 | | | | |
| 表面活性剂 | 少量 | 少量 | 少量 | 少量 | 少量 | 少量 | 少量 | 少量 |
| 铜、黄铜用,浓度/$(g \cdot L^{-1})$ | | | | | | | | |
| 成分 | 1 | 2 | 3 | 4 | 5 | 6 | 7 | 8 |
| NaOH | 5 | | 13 | 15 | 40 | 15 | 13 | |

续表

| 铜、黄铜用，浓度/ $(g \cdot L^{-1})$ | | | | | | | | |
|---|---|---|---|---|---|---|---|---|
| 成分 | 1 | 2 | 3 | 4 | 5 | 6 | 7 | 8 |
| $Na_2SiO_3$ | | | 6.5 | | | 10 | | 25 |
| $Na_3PO_4$ | 100 | | 13 | 80 | 315 | 30 | 13 | 25 |
| $Na_2CO_3$ | 100 | 120 | 40 | 80 | | 40 | 40 | |
| NaCN | | | 13 | | | | | 2 |
| 表面活性剂 | 少量 | 少量 | 少量 | 少量 | 少量 | 少量 | 少量 | 少量 |
| 锌铝用，浓度/ $(g \cdot L^{-1})$ | | | | |
| 成分 | 1 | 2 | 3 | 4 |
| 硅酸钠 | | | | 10 |
| 磷酸钠 | | | 1~5 | 10 |
| 碳酸钠 | | 50 | | |
| 碳酸氢钠 | 45 | 20 | 15 | |
| 表面活性剂 | 1~3 | 1~3 | 1~3 | 5 |

由表可见，可用较强的碱性溶液脱脂，在有色金属中铜及其合金耐碱性好，其他有色金属耐碱性较弱特别是铝，不能用氢氧化钠类强碱脱脂，由于偏硅酸钠对有色金属表面有缓蚀作用，所以有色金属使用的脱脂碱洗剂常以硅酸盐为主要成分，为增加脱脂能力一般加入表面活性剂配合使用。

2. 常用碱洗方法

（1）浸渍清洗：此法是将金属材料浸渍在清洗池中，使整个表面与碱洗液接触。可采用加热、加强碱洗液流动的方法提高脱脂效率，或借助毛刷或刮板的机械作用提高去脂速度。

（2）喷射清洗：用水泵把碱性清洗液从贮液池中送到清洗槽中，并通过喷嘴把碱性清洗液喷射到工件表面。喷射时可根据实际需要调节压力。通常压力范围在70~210kPa。喷射压力越大，机械去污力越大。

在碱洗脱脂后，应根据具体情况选用不同温度的清水进行漂洗到清洗液浓度为原来的清洗液浓度的3%以下为止。

（二）溶剂脱脂

溶剂清洗是去除金属表面油污的常用方法。利用油垢等有机物易溶于有机溶剂的特点使其从金属表面溶解去除。溶剂清洗可分为室温溶剂清洗（又称冷清洗）和蒸汽脱脂清洗两种。

1. 冷清洗

将工件浸渍在有机溶剂中把工件表面的油污溶解并使金属屑等其他污物去除的方法。常用的有机溶剂有汽油等烃类有机溶剂。通常在室温或稍高于室温的温度下清洗。可根据工件选择不同的清洗设备和方法。表1-4为常用于金属工业冷清洗溶剂性质。

第一章 坦克拆装基本知识  19

表1-4 冷清洗溶剂的特性

| 溶剂 | 闪点 /℃ | OSTA TWA /(mg·kg$^{-1}$) | 溶剂 | 闪点 /℃ | OSTA TWA /(mg·kg$^{-1}$) |
|---|---|---|---|---|---|
| 1. 烃类溶剂 | | | 3. 醇类溶剂 | | |
| 煤油 | 63 | — | 乙醇 | 14 | 1 000 |
| 高闪点石脑油 | 43 | — | 异丙醇 | 10 | 400 |
| 矿物油精 | 14 | 500 | 甲醇 | 12 | 200 |
| 石脑油 | 9 | 500 | 4. 其他溶剂 | | |
| 斯陶大溶剂 | 41 | 500 | 丙酮 | -18 | 750 |
| 2. 氯代烃熔剂 | | | 苯 | -11 | 10 |
| 二氯甲烷 | 无 | 500 | 溶纤剂 | 40 | 50 |
| 全氯乙烯 | 无 | 100 | 甲苯 | 4 | 100 |
| 1,1,1-三氯乙烷 | 无 | 350 | | | |
| 三氯乙烷 | 无 | 100 | | | |
| 三氯三氟乙烷 | 无 | 1 000 | | | |

**2. 蒸汽脱脂**

在蒸汽清洗槽中有机溶剂清洗液经加热变成蒸汽形成气相区。工件被放置在气相区，表面粘附的油脂被蒸汽溶解、冲洗，当蒸汽被冷凝时溶剂连同油脂等污垢落入下面的清洗液中。随后溶剂再经加热又气化为蒸汽与工件接触，循环作用。表1-5为蒸汽脱脂溶剂的性质。

表1-5 蒸汽脱脂溶剂的性质

| 溶剂 | 闪点/℃ | TLV /(mg·kg$^{-1}$) | 溶解性 | 光化活性 | 冷凝体积/L | 稳定性 | 沸点/℃ | 相对分子质量 |
|---|---|---|---|---|---|---|---|---|
| 三氯乙烯 | 无 | 100 | 强 | 有 | 3.8 | 稳定 | 88 | 131 |
| 1,1,1-三氯乙烷 | 无 | 350 | 中 | 无 | 3.3 | 稳定 | 74 | 133 |
| 全氯乙烯 | 无 | 100 | 中 | 有 | 6 | 稳定 | 121 | 166 |
| 三氯三氟乙烷 | 无 | 1 000 | 弱 | 无 | 2 | 不稳定 | 49 | 187 |
| 二氯甲烷 | 无 | 100 | 强 | 无 | 0.72 | 稳定 | 41 | 85 |

蒸汽脱脂的常用方法有以下几种：

单一的蒸汽清洗：适用于形状简单、表面平整、仅粘有非陈旧性油垢的零件的清洗。

蒸汽-浸渍组合清洗：即工件先经浸洗后再经蒸汽清洗。适用于形状较复杂、表面有深孔、凹槽、粘有陈旧性油垢的大型零件的清洗。通常浸渍槽应加热以提高清洗效果。

蒸汽-喷射组合清洗：同样适用于形状较复杂、表面结构不平整、有较多孔洞、沟槽、粘附有较多陈旧性油垢的大型零件的清洗。

蒸汽-浸渍-喷射组合清洗：以蒸汽清洗为主吸取浸洗、喷洗的特点。此法适应性强，适用于形状复杂、表面油垢严重而批量较大的工件。

**（三）表面活性剂水溶液和混合溶剂脱脂**

**1. 表面活性剂脱脂清洗**

去除油垢使用的表面活性剂清洗剂是由表面活性剂、清洗助剂及添加剂组成的。表面活性剂用去污力强的阴离子表面活性剂与非离子表面活性剂复配形成。喷射清洗时，多用低泡的非离子型表面活性剂。浸渍清洗脱脂时，可用阴离子表面活性剂与非离子表面活性剂的复配物。清洗液中通常加入三聚磷酸钠等助洗剂，提高脱脂能力。用表面活性剂清洗液脱脂不会对金属表面造成腐蚀损伤。但其对陈旧的黏稠油性污垢去除力差。吸附在金属表面的表面活性剂清洗液必须漂洗干净。

2. 混合溶剂脱脂清洗

用于脱脂清洗的混合溶剂，有亲油性有机溶剂与表面活性剂混合液，有机溶剂与碱水溶液的混合液等多种形式。用于喷射脱脂清洗的乳化清洗液浓度为2%~5%。用于浸渍清洗时乳状液浓度为4%~10%，参见表1-6所示。

表1-6 乳化除油液配方

| 原料名称 | 原料配比/% | 原料名称 | 原料配比/% |
| --- | --- | --- | --- |
| 煤油 | 67 | 三乙醇胺 | 3.6 |
| 松节油 | 22.5 | 丁基溶纤剂（乙二醇单丁醚） | 1.5 |
| 月桂酸 | 5.4 | | |

### （四）酸洗脱脂

酸洗剂是一种用无机酸、有机酸或酸性盐结合表面活性剂组成的清洗剂。用酸洗剂可去除金属氧化物（工艺上叫酸蚀）、油污及其他污物。或进行电镀、涂漆前的表面处理，称酸洗。

酸洗脱脂清洗剂可使用各种无机酸和酸性盐组成的溶液，其通常组成为：无机酸溶液、酸与有机溶剂混合液、酸性盐溶液。

酸洗工艺广泛采用擦刷、喷洗、浸渍和滚筒等方法在室温下进行。根据清除物的性质，工件大小、形状和数量及酸洗溶液类型选择合适的清洗方法与设备。擦刷设备最简便，通常使用墩布、刷子、擦洗布蘸取酸液刷洗。浸渍设备包括普通浸渍槽或带有加热和超声波装置的设备等。

### （五）电解脱脂

电解脱脂清洗是在特殊配方的碱性溶液中把金属工件与电解槽的阳极或阴极相连。在直流电作用下去除油脂污垢的方法。通常电解脱脂是在碱洗脱脂或溶剂脱脂等脱脂工序之后进行，适合在金属表面大部分油污去除后仍有微量油脂成分的情况下使用。

1. 阳极电解脱脂清洗

清洗时把待洗工件挂在电解槽阳极，利用氢氧根离子在阳极放电时产生的氧气气泡的摩擦刷洗作用吹掉工件上的油脂及其他污垢。清洗液配方如表1-7。

表1-7 阳极电解脱脂清洗液配方

| 原料成分 | 组成/% |
| --- | --- |
| 氢氧化钠 | 75 |
| 三聚磷酸钠 | 10 |
| 碳酸钠 | 14 |
| 表面活性剂 | 1 |

### 2. 阴极电解脱脂清洗

把待清洗金属工件与电解槽阴极相连，利用阴极（金属工件）周围产生的氢气的机械擦刷作用及对清洗液的搅拌作用进行清洗。同时，工件挂于阴极使表面带有负电荷，这样带负电的工件与带负电荷的污垢间的排斥作用也有利污垢的清除。电解脱脂配方见表1-8和表1-9。使用浓度为20~30g/L，温度为60℃~70℃，电压6V，电流密度3~4A/dm²。

表1-8 铜和铜合金电解脱脂清洗配方

| 原料成分 | 组成/% | 原料成分 | 组成/% |
| --- | --- | --- | --- |
| 氢氧化钠 | 10 | 碳酸钠 | 41 |
| 三聚磷酸钠 | 45 | 表面活性剂 | 1 |

表1-9 锌和铝合金电解脱脂清洗配方

| 原料成分 | 组成/% | 原料成分 | 组成/% |
| --- | --- | --- | --- |
| 三聚磷酸钠 | 50 | 表面活性剂 | 1 |
| 碳酸钠 | 49 | | |

另外，仓库保管的零件大都经过封存，封存的方法主要有厚油密封、薄油密封和气相密封。采用薄油密封和气相密封的零件，装配前可不启封。厚油密封的零件装配前需启封除油。除油时，可将厚油密封的零件放在90℃左右的水中或80℃~90℃的柴油中加热，然后取出擦拭干净或用压缩空气吹干。启封时严禁用火烧的方法启封零件，因为密封油的燃点在220℃以上，点燃后的火焰温度更高，零件低温回火温度一般为140℃~180℃，用火烧启封零件后，零件会发生回火，产生变形，硬度和韧性下降，有的会产生脆性。

## 二、金属去锈清洗

去除金属表面的腐蚀产物的清洗称去锈清洗，通常采用物理法（人工和机械研磨）和化学法（酸洗、碱洗、盐浴和超声波法）及电化学方法（电解除锈）。

### （一）磨料喷砂清洗

磨料喷砂是把干的或悬浮于液体中的磨料定向喷射到金属零件或产品表面去除腐蚀产物的物理清洗方法。喷砂清洗可以去除金属表面的锈层氧化皮、干燥污物、型砂或涂料。

### （二）酸蚀清洗

酸蚀是通过浸渍在酸溶液中而去除金属氧化皮和其他杂质的化学清洗方法。酸蚀较经济适合连续作业，是去除大吨位产品金属表面氧化皮最有效的方法。

酸蚀液通常用硫酸和盐酸。硫酸成本低、烟雾少、用量少，通常使用5%~10%浓度硫酸在60℃~80℃温度下进行酸蚀处理。盐酸也是酸蚀经常使用的酸，通常使用的浓度为5%~15%的盐酸在室温下反应。盐酸生成的盐水溶性好，去锈快，金属发生氢脆危害小。

### （三）盐浴清洗

当金属表面的氧化皮中的氧化物发生化学反应时，由于氧化物层与金属基体的膨胀系数不同会使锈垢与金属基体分离而脱落。盐浴法去氧化皮可分为氧化法、电解法和还原法。

1. 氧化性熔盐处理法

此法用途广、操作简单，工业上大量生产的产品如不锈钢、钛金属的圆料、棒料、线材和带材均用此法处理。盐浴的工作温度在205℃~480℃。

2. 还原法

还原法是用氢化钠去除氧化皮的方法，须在熔碱浴中进行的。在氢氧化钠碱浴中金属钠和氢气反应生成氢化钠与浸泡在熔碱浴中的金属接触时把氧化皮中的铁、镍、铅的氧化物还原成金属，冷却后，因锈垢与金属基体膨胀系数不同使残存的氧化皮脱落。

3. 电解法

在无化学氧化、还原作用的熔盐中通入直流电，熔盐激活而具有氧化性或还原性。电解熔盐法设备简单，主要用于去除铸件上的型砂。电解时间一般在15~30 min之间。

（四）碱液除锈

利用在碱性介质中，金属离子螯合剂把金属氧化物中的金属离子螯合而使锈垢去除的方法称碱性除锈法。碱性除锈清洗剂的配方如表1-10。

表1-10 碱性除锈清洗剂配方

| 原料成分 | 含量/(g·L$^{-1}$) | 原料成分 | 含量/(g·L$^{-1}$) |
| --- | --- | --- | --- |
| EDTA | 30~50 | 焦磷酸钠 | 50 |
| NaOH | 100~150 | 氢氧化钠 | 150 |
| 氰化钠 | 50~78 | 氧化钠 | 75 |
| 表面活性剂 | 0.1~2.0 | 表面活性剂 | 0.2~7.0 |

用酸蚀除锈会使金属基体金属材料尺寸精度变差，且须进行钝化处理，易产生氢脆。用碱洗除锈无上述缺点，但生产成本高，速度慢，应根据实际情况选择合适的去锈方法。

（五）超声波除锈

超声波除锈是超声波清洗的改进方法。通常使用盐酸、硫酸、硝酸及其混酸做清洗剂。使用盐酸、硫酸比硝酸除锈时间短，在相同浓度下以混酸除锈效果最好。通常用30~70 kHz超声波，在40℃~60℃温度下，用5%~20%酸做除锈剂清洗。

### 三、积炭的清除

发动机上由于燃油、润滑油的热氧化作用而产生的污垢称作碳化沉积物。

（一）机械方法

手工刮除法：视零件材料和精度而不同，使用钢丝刷、铜丝刷、刮刀等工具清除积炭。这种方法简单，但不彻底，并容易在零件表面上留下刷痕，降低零件表面的质量。

固体颗粒清除积炭：常用的固体颗粒有砂粒、钢丸、碎骨及果壳等。喷砂工艺包括干喷砂和湿喷沙。喷砂是借助砂粒的冲击力达到清除零件表面积炭的目的。

（二）化学方法

利用化学溶剂与积炭层发生物理化学作用去除积炭。化学溶剂与积炭接触后，在积炭层表面形成吸附层，由于分子间的运动和极性分子作用，化学溶剂向积炭层内部渗透，积炭内部组织疏松、软化后变得容易擦洗或刷洗清除。化学溶剂按其性质分为无机溶剂和有机溶剂两种。

无机溶剂来源方便、成本低、毒性小。但去炭效果较差，须加温使用，使用不当还对某些有色金属表面有腐蚀作用。常用配方是：氢氧化钠70%~75%；硝酸钠25%~30%。

有机溶剂以有机物为主配制，去炭能力强，常温下对有色金属无腐蚀。但成本高，毒性大。常用配方是：乙醇胺10%，乙二醇50%，二氯甲烷40%。使用时，按溶液百分比混合均匀，将带积炭零件在室温条件下浸泡1~2h，积炭即可除去。

### 四、零件启封

修理中更换零件时，首先要对新品进行启封。目前坦克零件封存有气相密封、薄油密封和厚油密封三种。前两种方法密封的零件不用启封，可直接投入使用。装配前需要启封的是厚油密封的零件。又有成分为凡士林85%，16号坦克机油和10%和石蜡5%。启封时可在80℃~90℃的水或柴油中加热，然后取出擦净或用压缩空气吹干即可，严禁用明火焚烧的方法来启封零件。因为那样将使零件产生变形、退火等缺陷，导致零件失效。

## 第四节 零件鉴定

鉴定工作是修理过程的重要环节，零件通过鉴定而确定其技术状况和所要采取的工艺措施；而后，又通过鉴定确定修后的技术质量。因此鉴定工作是保证合理修理和修理质量的关键环节。

### 一、保证零件鉴定质量的措施

#### （一）严格掌握技术标准

装备的零件和配合件的技术标准是鉴定工作的主要依据，鉴定过程中要严格遵守，不允许降低标准。

#### （二）按照鉴定对象的要求选用鉴定设备

鉴定设备除了应按照鉴定项目的性质、范围来选用外，还应特别注意精度的要求。如果鉴定设备的精度低于被测对象要求的精度时，是根本无法满足质量鉴定要求的。必须注意防止。

#### （三）提高鉴定操作技术水平

鉴定操作技术水平直接影响到鉴定精度。要重视鉴定技术的提高。对于特殊的和重要的鉴定设备的使用，要进行专门培训，各种鉴定人员要相对稳定。

#### （四）防止鉴定误差

鉴定设备要定期进行校正，并注意维护保管，使其保持应有的精度。鉴定过程中要注意修正温度引起的误差。同时采用多次测量取平均值的方法消除偶然因素误差等。

### 二、零件鉴定的主要内容

在装备修理中，零件一般都要进行逐个鉴定，其内容主要可以分为以下几个方面：

#### （一）零件几何精度的鉴定

零件的几何形状精度鉴定项目有：圆度、圆柱度、平面度、直线度、线轮廓度和面轮廓度。采用通用量具鉴定，如游标量具、螺旋测微量具、量规等。

零件表面相互位置精度鉴定项目有：同轴度、对称度、位置度、平行度、垂直度、斜度以及跳动。鉴定一般采用心轴、量规与百分表等通用量具相互配合进行测量。

**（二）表面质量的鉴定**

修理工作中的零件表面质量的鉴定包括：表面光洁度、表面擦伤、烧伤、疲劳剥落、腐蚀麻点、裂纹及刮痕等。裂纹可用渗透探伤、磁粉探伤、涡流探伤及超声探伤等方法检查。

**（三）力学性能的鉴定**

在装备修理过程中，零件材料的硬度是力学性能鉴定和主要内容。常使用洛氏硬度计或布氏硬度计进行检测。

**（四）隐蔽缺陷的鉴定**

零件内部存在的夹渣、空洞等缺陷；在使用过程中可能产生微观裂纹。这些缺陷不能从一般的观察和测量中发现，因此在装备修理中，隐蔽缺陷的鉴定也是主要鉴定内容之一。对如裂纹、气孔、疏松、夹杂内部缺陷，可用射线及超声波探伤检查。对于近表面缺陷，也可用磁粉探伤和涡流探伤查出。

**（五）零件的装备物理性能**

硬度、硬化层深度、磁导率等，可用电磁感应法进行无损检测。硬度也可用超声、剩磁等方法进行无损检测。零件的表面应力状态可采用 X 射线、光弹、磁性及超声波等方法测量。

**（六）零件的重量与平衡**

如活塞、活塞连杆组的重量差需要鉴定。一些高速转动的零部件，如曲轴飞轮组、装甲装备的风扇叶、转向机的密封盖、主离合器的主动鼓等，装备或设备传动轴以及小装备或设备的车轮等需要进行动平衡检查。动平衡需要在专门的动平衡机上进行。如曲轴动平衡机、小装备或设备车轮动平衡机等。在没有动平衡鉴定设备时，拆卸修理要注意不破坏原来的组装状态。

## 三、零件鉴定的基本方法

零件鉴定的方法很多，而且新的鉴定技术在日新月异地向前发展。但从装备修理工作的现实情况出发，可以概略地归纳为如下几个方面：

**（一）感觉鉴定法**

基本不用鉴定设备，只凭鉴定人员的直观感觉来鉴别零件技术状况。这种方法简便易行，在装备修理中应用广泛。但这种方法不能进行定量鉴定，不能用来鉴定精度要求较高的零件，且要求鉴定人员有较丰富经验。

**（二）仪器、工具鉴定法**

大量鉴定工作都是用仪器、工具进行。由于仪器和工具的作用原理和种类各不相同，它可以分为通用量具、专用量具、装备工仪器和仪表、光学仪器、电子仪器等。

**（三）物理鉴定法**

利用电、磁、光、声、热等物理量通过工件引起的变化来探测零件技术状况。这种方法也需和仪器、工具鉴定法相结合，通常用来鉴定零件内部隐蔽缺陷而不损坏零件本身，通称为无损鉴定。常用的有磁粉法、渗透法、超声波、射线法和声发射法等。

## 四、零件技术鉴定之前的准备工作和注意事项

（1）了解被鉴定零、部、组件的构造及基本工作原理，掌握零、部、组件在鉴定中的

关键鉴定部位和相应的鉴定方法，并熟知各鉴定部位的技术条件、极限技术状态及各种外界因素对鉴定精确程度的影响。

（2）熟练掌握各种常用和专用量具的使用方法及判读方法，并了解各种专用量具、专用工具或仪器设备对不同鉴定内容的适用性及适宜的精度范围。并定期检查、标定和校正所用量具，在没有条件时应送到专门的计量部门进行检查、调整。

（3）了解被鉴定零、部、组件的材料性质，选用适宜的清洗方法将待鉴定的零、部件洗净、吹干，彻底清除对技术鉴定有影响的任何因素。

（4）野外修理时，工作地点应选择在防风沙、灰尘和防雨、雪较好的地方，以防外界环境对鉴定精度的影响以及对零、部、组件的污染。

（5）根据被鉴定对象的结构特点及精度等级，正确地选择和使用量具，对于重要的鉴定内容可准备多种适宜鉴定工具，选用几套不同的鉴定方案，以优选出最可靠、最准确的鉴定结果。

（6）正确地选择测量部位，并用清洁的布擦拭干净，对较重要零件均应对称地多次测量，并将多次测量的鉴定结果进行比对、分析，可进行数据处理，力求结果能准确、真实地反映零、部、组件的实际技术状况，鉴定完成后，应对鉴定的过程、选择的鉴定工具、选用的鉴定方案和鉴定数据和结论进行详细记录，以便于查询和为进行统计分析积累资料。

## 五、零件在进行技术鉴定后的处理

通常按有关专业的技术条件规定，经鉴定后的零件可大致分为三类：

（1）免修件：指其损坏未超出免修技术条件允许范围的零件，这类零件可不进行更换或修复，直接安装使用，仍能保证装备或设备正常运行工作；

（2）待修件：指其损坏超出免修技术条件的允许范围，但损坏或缺陷情况并不严重，在一定级别的修理单位中可以较容易地进行修复，以发掘零、部、组件的剩余寿命，节约维修经费，且修复这类零、部、组件所需承担的经济投入不高，修复后能够保证技术状况和设备的修后质量；

（3）更换件：指其损坏超出免修技术条件的允许范围，且无法修复或需动用较高级别的修理单位的修理能力，另外，修复该类零、部、组件在经济上的投入相对其修复后的利用价值来说过大，或即使修后，也很难达到新品零、部、组件的原有性能。

对以上三类零件应分别保管，待修件、更换件应涂以不同颜色的标记加以区别。更换件亦应妥善保管，以便统一处理或上交。

对滚柱、滚针、钢球、圆锥齿轮对、锥形铜环、离合器弹簧销、成组弹簧等配套件均应分组或成套保管，禁止打乱原配套，通常要求在更换时尽量全部更换或根据技术条件进行有选择性的更换。

## 六、常用的零件鉴定工具

### （一）游标卡尺

游标卡尺可测量外廓尺寸、内廓尺寸和深度，其精度有：0.1mm、0.05mm 和 0.02mm 等数种。图 1-34 甲所示精度为 0.1mm 的一种，它主要是由主尺 4、副尺 5、固定卡脚 1 和活动卡脚 6 等结构组成。固定卡脚和主尺为一体，活动卡脚和副尺为一体。固定螺钉 3 是用来固定副尺的。另一对卡脚 2 用于测量内廓尺寸。

## （二）深度尺

深度尺可用来测量轴上键槽的深度等。图 1-35 表示一种深度尺的结构。测量时将基板抵住测量的基面，将主尺深入要测量的槽中或孔中。

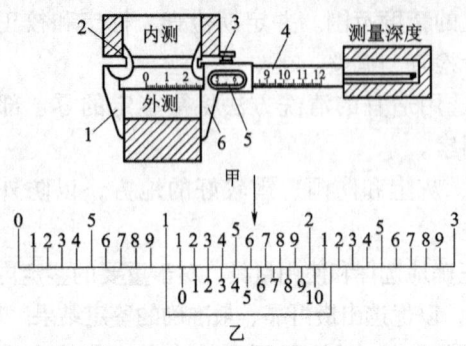

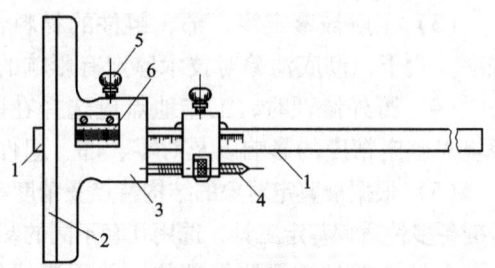

图 1-34　游标卡尺（甲-测量　乙-读数）

1—固定卡脚；2—内廓测量卡脚；3—固定螺钉；
4—主尺；5—副尺；6—活动卡脚

图 1-35　深度尺

1—主尺；2—基板；3—框架；
4—微动螺杆；5—框架固定螺钉；6—副尺

## （三）测齿卡尺

图 1-36 所示测齿卡尺的结构，它是将游标卡尺和深度尺结合在一起，用来测量齿库，以确定齿轮牙齿磨损的情况。从图纸查得齿高（即从分度圆至齿顶的高度），将测齿卡尺的垂直刻度尺调至此高度。然后，将卡脚卡住牙齿，由水平刻度尺测量齿厚。测量的精度可达 0.02mm。

## （四）内径分厘卡（内径百分卡）

内径分厘卡是用来测量孔的直径，测量精度为 0.01mm。一般所用内径分厘卡的结构见图 1-37。在套筒 2 的一端具有端头 1，后者的测量表面是球形的。螺杆具有精密螺纹，螺距是 0.5mm。在套筒上或套筒外面的衬套上刻有纵向的刻度，每隔 0.5mm 一条刻线。在可转动的套管 4 上还有一个刻度，它把套管边缘一周分为 50 个等分。读数的方法和外径分厘卡相同。而内径分厘卡有一套接杆，可以接长，以增大测量的范围。

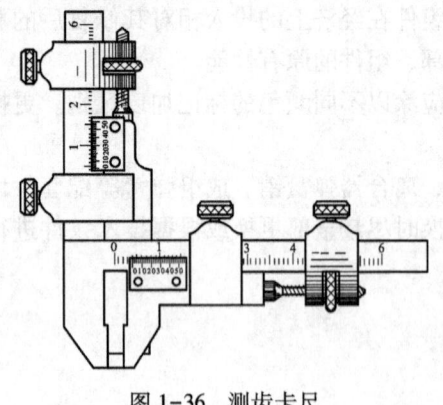

图 1-36　测齿卡尺

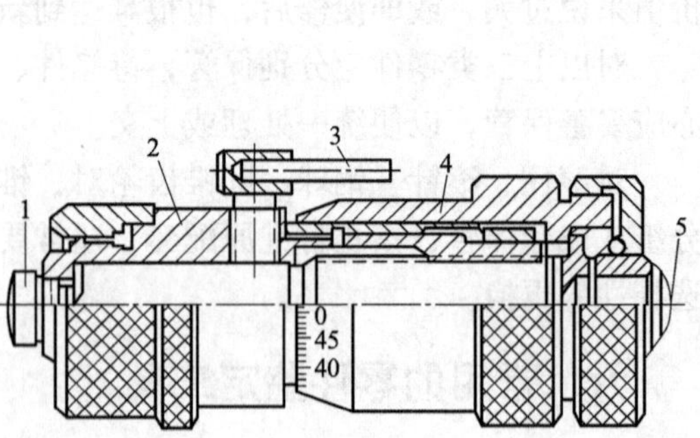

图 1-37　内径分厘卡

1—端头；2—套筒；3—止动螺钉；4—套管；5—端头

## （五）分厘卡（百分卡）

分厘卡用来测量零件的外径，测量精度可达 0.01mm。结构如图 1-38 所示。测杆后面是精密螺纹，螺距是 0.5mm。旋动活动套管或棘轮转动一圈时，测杆前进或后退 0.5mm。在固定套管上，每隔 0.5mm 有一条刻线，在活动套管一周上刻有 50 条等分线。活动套管每转过一条线，测杆前进或后退 0.01mm。

### （六）百分表

百分表是一种比较性测量仪表，测量精度一般为 0.01mm，可作外测和内测。主要是用来检查零件几何形状的偏差、摆差、不平行度、不平度等。百分表的外观和内部的结构原理，如图 1-39 所示。

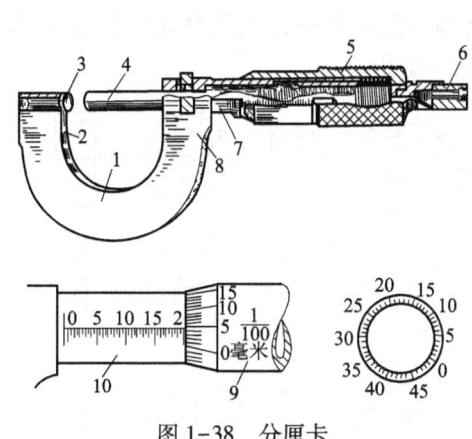

图 1-38 分厘卡
1—弓架；2—砧座止动螺钉；3—砧座；
4—测杆；5—活动套管；6—棘轮；7—固定套管；
8—卡紧环；9—副尺；10—主尺

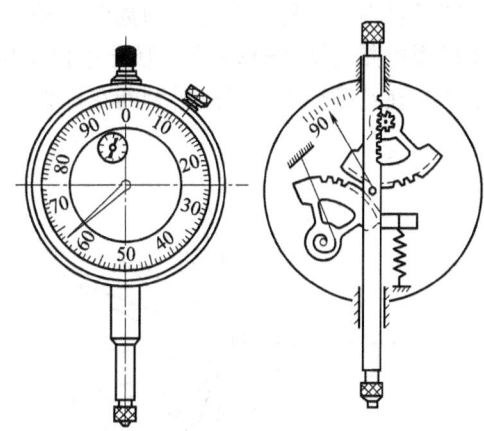

图 1-39 百分表

### （七）内径百分表

内径百分表也叫量缸表，如图 1-40 所示，用来测量孔（发动机气缸、制动总泵和分泵缸筒等）的几何形状，以便确定其磨损程度。它具有一个普通的百分表，用杠杆系统和测杆相连接，后者的一端和被测零件表面接触；另一端则和杠杆接触。在测杆的同一轴线上，安装有可以更换的插杆。测量时零件的表面使测杆移动，通过杆系传递给表针。

### （八）厚薄规

厚薄规是由不同厚度的钢片组合而成，常用的尺寸为 0.05~1.2mm，如图 1-41 所示，使用厚薄规，要小心操作。向被测的零件间隙中插入时，不要硬塞进去，应选择合适的测量片进行。拉动厚薄规感到略有摩擦力，即为被测间隙的尺寸。使用中还应保持厚薄规的清洁，而且不可任意弯曲或摔打。

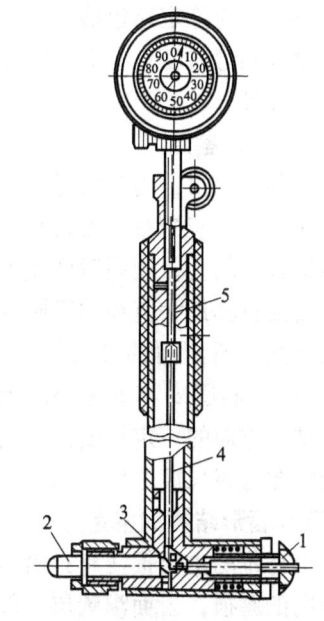

图 1-40 内径百分表
1—测杆；2—插杆；3—杠杆；4、5—杆

## 七、典型零件或结构的鉴定

### (一)轴类零件鉴定

轴类或杆类零件的主要损伤是轴颈磨损、花键磨损、键槽磨损、螺纹磨损以及轴的弯曲、扭曲和其他工作面的严重磨损等。

测量轴的弯曲度时,以轴两端轴颈或中心孔为定位支点,用百分表测量中部轴颈。百分表摆差,便是轴的弯曲度。

花键轴内径和外径及花键的宽度用外径分厘卡或量规检测(图1-42甲),花键槽宽度用样板规检测(图1-42乙)。修理单位常用与花键轴相配的新花键孔代替量规。鉴定时将花键孔套在花键轴上,以测量判断花键直径和花键槽的磨损。

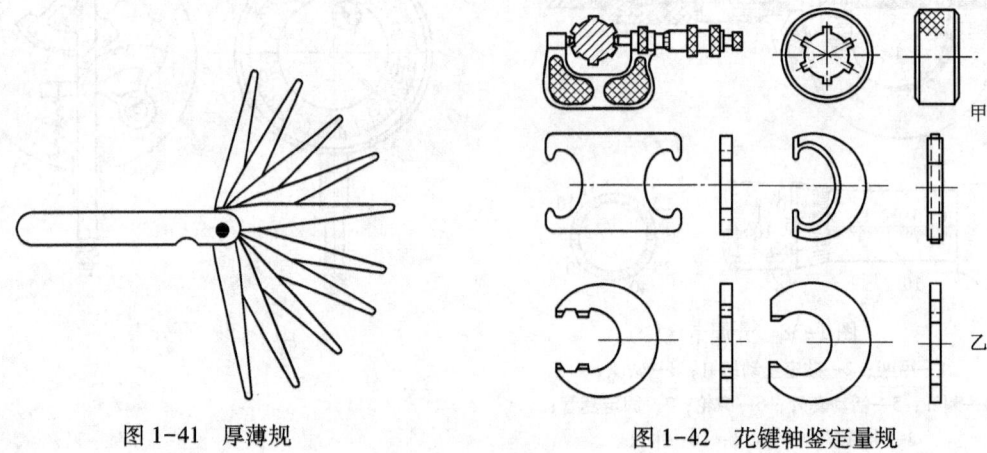

图1-41 厚薄规　　　　图1-42 花键轴鉴定量规

轴类零件的鉴定还包括:观察外表面是否有裂纹、碰伤或毛刺;在规定的部位上测量其锥度;检查轴弯曲度;有锥形轴径的轴,应检查与其配合件是否紧密接触;轴颈的长度和圆角圆弧半径等。

### (二)孔的鉴定

孔的鉴定包括:内表面是否有裂纹、碰伤或毛刺、碾压造成的金属剥落和凹坑等。当孔内制有花键时,应测量花键齿和花键槽的尺寸。

对于较长的孔,须同时测量孔的椭圆度和内锥度,如发动机气缸的检测。对于较短的孔,只需测量其最大直径和椭圆度,如变速箱轴承固定套座孔等。孔的椭圆度是在垂直于其轴线的截面上所测得的最大与最小直径之差,如图1-43的右图 $a$ 与 $b$ 之差的绝对值;内锥度是在轴线方向的一定长度内,两个横截面上的直径之差与该长度之比,如图1-43的左图。

### (三)齿形结构的鉴定

齿形部位的主要损伤有:沿齿厚方向和齿长度方向的磨损,齿面渗碳层、氧化层或氰化层的剥落,单齿面剥落总面积大于免修极限;轮齿表面的擦伤、点蚀,个别轮齿的折断,齿

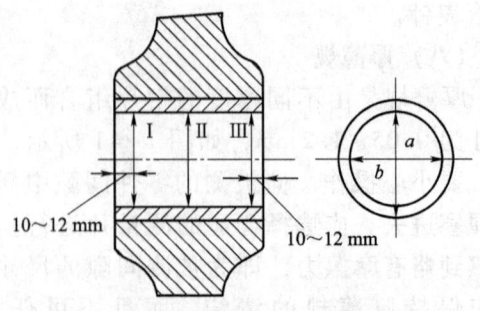

图1-43 椭圆度与内锥度的测量

根表面靠近节圆部分产生疲劳裂纹,花键结构的毛刺或碰伤等。

一般齿面的点蚀和剥落的面积不应超过 25%,齿厚的磨损主要以装配间隙不超过技术标准,一般约不超过 0.5mm 为限或不得有明显阶状磨损。

齿轮零件的节圆齿厚和公法线长度是标志零件磨损的主要技术数据,要求节圆齿厚应大于免修极限,内齿的公法线长度大于免修极限,外齿的公法线长度小于免修极限,测量轮齿厚度磨损可用齿轮游标卡尺量节圆齿厚的偏差,如图 1-44 所示,也可用样板尺或对比法测量或检验。

测量公法线长度的方法是用游标卡尺按规定齿数跨齿轮的若干个齿,如图 1-45 所示为跨三个齿,使卡尺的两个卡脚与齿廓线相切,测得的尺寸即为其公法线的长度。

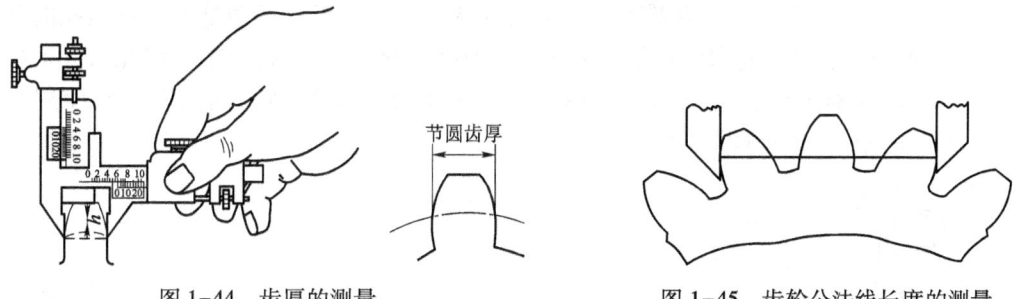

图 1-44 齿厚的测量　　　　　　图 1-45 齿轮公法线长度的测量

花键的损伤形式和测量方法基本与齿轮相同,只是测量工具、使用方法及测量位置有所变化。如图 1-46 所示。花键鉴定常用的量具有花键通端量规(图 1-47)和花键止端量规。对于轴或孔的花键,没有相应量规时,可通过测量其键齿及键槽的尺寸来鉴定其技术状况。

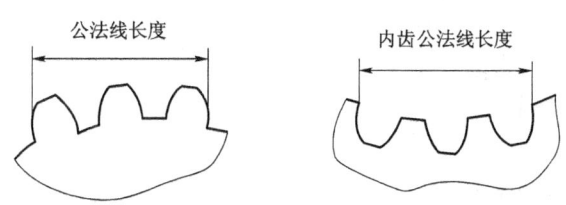

图 1-46 内、外齿结构测量公法线长度的位置

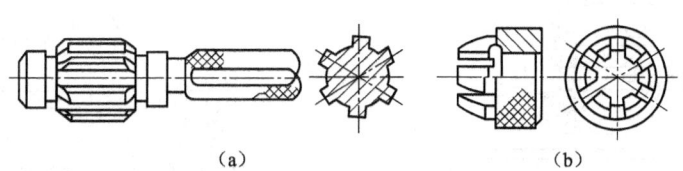

(a)　　　　　　(b)

图 1-47 花键综合量规

(a) 鉴定内花键的综合量规;(b) 鉴定外花键的综合量规

### (四)滚动轴承的鉴定

滚动轴承径向和轴向间隙不应超过允许限度。轴承内外圈或滚动体的工作表面上不应有压坑、擦伤、过热氧化色、脱皮、裂纹、掉块等损伤。转动轴承时,轴承应旋转灵活而不紧

涩，也不得有撞击声或噪音。保持架、防尘盖应完好，不得损坏、碰伤或压坑影响滚子正常运转。轴承配合表面、端面及滚针、滚子表面上不应有可用打磨法排除的氧化痕迹。轴承零件配合表面上不应有局部黑点，工作面不得有任何程度的蚀点。

  检查时，先用汽油将滚道表面洗净，并用压缩空气吹净。然后视轴承的大小，按图1-48甲、乙所示的方法拿紧内圈，并用另一手迅速转动外圈。对于推力轴承可按图1-48丙所示方法压紧并转动轴承圈。好的轴承其特征是：转动平稳、无振动；旋转轻快，减速均匀，停止时无倒退现象；噪音小，只有滚动体与滚道径微的摩擦声，无其他杂音。

  向心球轴承的径向和轴向间隙，及向心滚子轴承的径向间隙，可用百分表鉴定。检查径向间隙时，可按图1-49所示，将内圈固定，移动外圈，百分表指针摆动量即为轴承径向间隙，精确检查轴承径向间隙时可用如图1-50所示的专用检查支架；检查轴向间隙时，可按图1-51所示，将外圈固定，上下移动内圈，百分表指针摆动量为轴向间隙，或使用如图1-52所示的滚动轴承轴向间隙检查专用支架。

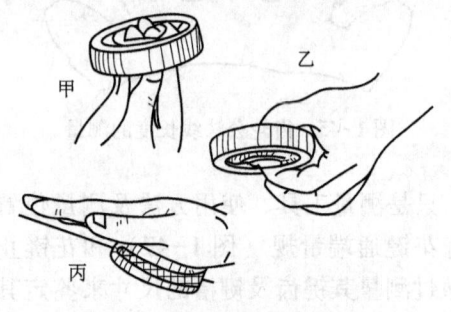

图1-48 轴承的鉴定方法

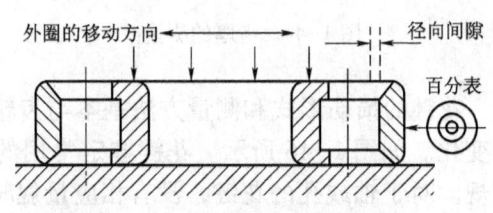

图1-49 轴承径向间隙的检查

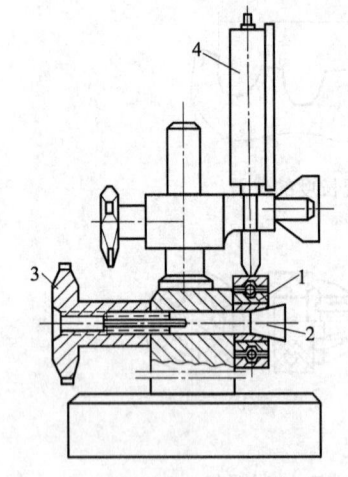

图1-50 滚动轴承径向间隙的检验
1—被检轴承；2—定位心轴；
3—定位手柄；4—千分表

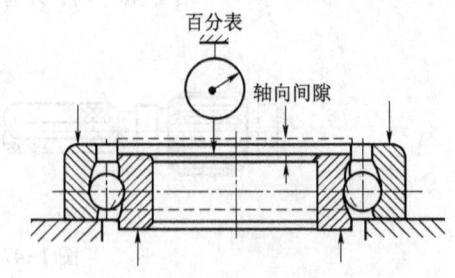

图1-51 轴承轴向间隙的检查

  单列向心滚子轴承及双列向心球面滚子轴承的径向间隙，可用厚薄规检查。检查时，将相应的厚薄规测片插入滚子与滚道间测量,插入长度不小于滚子长度的1/2。有的单列向心滚子轴承内圈带有凸边,检查时应将轴承立于工作台上,检查上方外圈与滚子之间的间隙;若外圈带凸边,应将内圈向上提,检查内圈与滚子之间的间隙。

检查双列向心球面滚子轴承的径向间隙时,要用两把厚薄规同时从两边测量,如图1-53。然后将两边测得的数值相加除以2,即为径向间隙。

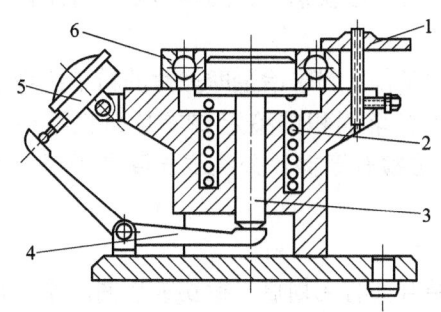

图1-52 滚动轴承轴向间隙的检验
1—压板;2—弹簧;3—塞杆;4—杠杆;
5—百分表;6—被检轴承

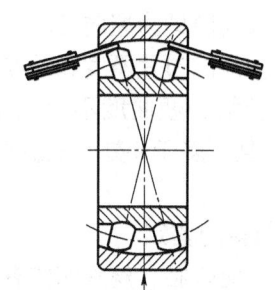

图1-53 双列向心球面滚子
轴承间隙检查法

### (五)弹簧的鉴定

弹簧的鉴定主要包括:弹簧力、长度、表面裂纹或折断、垂直度。压缩式弹簧自由长度应大于免修极限,拉伸式弹簧自由长度应小于免修极限。自由长度可用游标卡尺或在平板上用直尺测量(以最短距离为准)。然后加载检验其变形长度。

检查弹簧弯曲度时,可将弹簧横放在平台上并滚动,可直接观察或用厚薄规测量弹簧与平台的最大间隙,即为弹簧的弯曲度。也可将弹簧立于平台上,靠近直角尺,见图1-54,用厚薄规测量弹簧与直角尺的最大间隙。当弹簧圈扩张失圆时,还要求其最大内径应小于免修极限。回位弹簧或复位弹簧等有弯钩结构的弹簧,要检查鉴定其弯钩是否拉直、磨损或失去强度。

检查弹簧的弹力时,可用专用工具把弹簧压缩到规定的长度,如图1-55所示,然后查看所施的力$P$是否符合规定。也可用规定的压力压缩弹簧,而后观察弹簧的压缩长度$L_2$是否符合要求,$L_1$为弹簧自由长度。

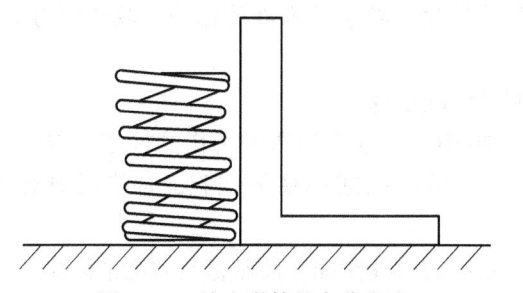

图1-54 检查弹簧的弯曲度法

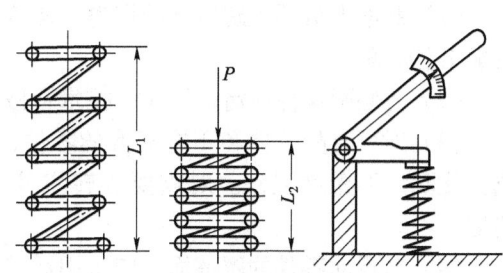

图1-55 弹簧弹力检查

### （六）摩擦片的鉴定

鉴定时确定摩擦片能否继续使用，取决于摩擦片是否有裂纹和磨损及翘曲的程度。其鉴定的内容：

是否有可直接观察或用简单方法即可发现的裂纹、划痕、擦伤、回火色和金属堆积。将摩擦片放在平台上，沿圆周方向敲击摩擦片，如有翘曲，声音混杂而不清晰，声音碎有回音；无翘曲的摩擦片敲击后，声音沉闷，声音厚实发哑，很快消失；用厚薄规检查摩擦片与平台间的最大间隙即为翘曲度。

测量摩擦片的单片厚度和总厚度是否均符合技术条件。粉末冶金摩擦片的粉末冶金层不得有脱落或掉块；翘曲度不得大于 0.3 mm；摩擦副脱落面积的鉴定要求是面积不得大于 0.1 cm$^2$，而且不多于 4 处。然后按齿形结构鉴定方法检查摩擦片公法线长度是否符合免修极限规定。

### （七）箱体的鉴定

箱体鉴定时包括：观察箱体有无裂纹或穿孔，结合面有无划痕、擦伤或翘曲。用内径百分表检查轴承座孔直径是否符合免修极限；箱体螺栓是否松动或螺纹损坏；箱体结合面间的间隙不应超过允许限度，鉴定时，上、下箱体应用 6~10 个螺栓系紧，螺栓应沿四周均匀分布。

### （八）螺纹的鉴定

主要包括：观察螺纹有无滑扣或乱扣。根据情况决定是否更换、修整或重制；检查螺纹的配合情况是否良好。旋入旋出是否顺利。检查紧配合螺栓配合面的直径和光洁度是否合乎要求。

## 第五节　组合与装配

装配是根据设计的技术要求，实现装备零、部件的连接，恢复装备的技术性能，满足使用要求。这一工作是在装备经拆卸、清洗、检查、修复和更换零、部件后，按照装配工艺规程进行的。装甲车辆的组合和装配是工艺较复杂、要求较严格的工艺过程，是提高修理质量、提高效率、缩短停修时间、降低修理成本的重要环节。

### 一、装配的一般要求

（1）装配人员须了解装备的用途、构造和工作原理，熟悉零部件的作用及其连接方式、装配工艺规程。

（2）待装配零件应清洁干净，技术合格，避免装配后返工。

（3）对所有配合件和不能互换的零件，应按拆卸、修理或制造时所作的标记，成对或成套装配，不允许混乱。对重要旋转零件，应进行静平衡或动平衡试验，合格后方允许装配。

（4）对运动零件的摩擦面，应采用运转时所用的润滑油涂抹，油脂盛具须清洁防尘。

（5）为保证密封性，安装各种衬垫时，允许涂抹机油、密封胶或乳胶漆。

（6）装定位销时，不准用铁器强迫打入，应在其完全适当的配合下，用手推入约 75% 长时轻轻打入。装配件要注意倒角和清除毛刺。

(7) 为保证装配质量，对装配间隙、过盈量、灵活性、啮合印痕等要求，应边装边进行调整、校对和技术检验。

## 二、典型零部件的装配

### （一）螺纹连接件的装配

1. 固定连接件的装配

螺纹连接件装配时的基本要求是正确紧固，可靠锁紧，对重要连接件的紧固力矩应符合装配技术条件规定的要求。对于螺栓组连接件，除了规定每个螺栓的紧固力矩外，还应规定合理的拧紧顺序和步骤。

螺栓组装配时应考虑合理的拧紧顺序，逐步多次均匀拧紧，一般的拧紧顺序是先里后外，先中心后边缘；交叉、对称分 2~3 次达到规定的拧紧力矩。这样，有利于保证螺纹间均匀接触，贴合良好，螺栓间承载一致。拧紧长方形布置的成组螺母时，应从中央开始，逐步两边对称地扩展进行；拧紧圆形布置的成组螺栓，应按一字交叉方向拧紧；方形布置的成组螺母时，必须对称拧紧；如图 1-56 所示。

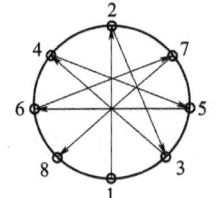 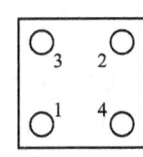 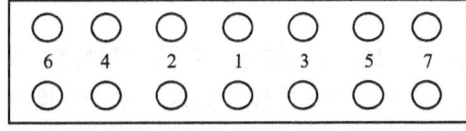

图 1-56　拧紧螺栓组螺母的顺序

拧紧螺栓时应严格控制拧紧力矩，拧紧力矩过大会使螺栓或螺钉拉长甚至折断，或引起被连接件变形。拧紧力矩过小，连接容易松动，影响可靠性。普通螺母或螺栓应用普通扳手拧紧，禁止使用加力杆。不同规格的螺母或螺栓拧紧使用的工具及力量见表 1-11、表 1-12 所示。

表 1-11　不同直径的螺栓的拧紧力矩

| 螺栓直径/mm | 所需力矩/（kg·m） | 螺栓直径/mm | 所需力矩/（kg·m） |
| --- | --- | --- | --- |
| 8 | 9.8 | 18 | 117.6 |
| 10 | 19.6 | 20 | 186.2 |
| 12 | 34.3 | 22 | 225.4 |
| 14 | 51.9 | 24 | 264.6 |
| 16 | 83.3 | 27 | 394 |

表 1-12　不同规格的开口扳手的最佳拧紧力

| 开口扳手/mm | 扳手臂长/mm | 使用力的部位 | 使用力的数值/N |
| --- | --- | --- | --- |
| 11 | 170 | 食指和中指的拉力 | 78.4~98 |
| 14 | 210 | 手腕的拉力 | 147~196 |
| 17~22 | 270 | 臂的拉力 | 294~392 |
| 27~32 | 300~350 | 一人的拉力 | 490~588 |

## 2. 螺纹连接的锁紧

常见的锁紧方式如图 1-57 所示。

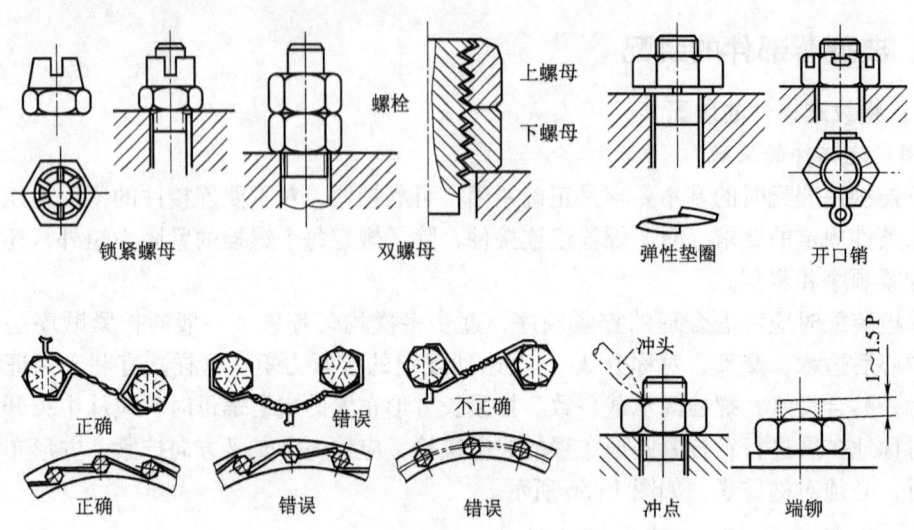

图 1-57　螺栓和螺母的标准锁紧方法

（1）直径 8~24mm 的螺栓，在选用弹性垫圈时，其内径应比螺纹直径大 0.2~1mm。旧弹性垫圈切口尖端未折断或翘曲高度不小于垫圈厚度的 1.5 倍，拧紧螺帽后，切口间隙不大于垫圈厚度的 1/2。

（2）直径 8~24mm 的螺栓，在选用锁紧垫圈时，其内径应比螺纹直径大 0.5~1mm。垫圈耳应紧贴螺帽棱面和被连接件，内齿圈的内齿弯曲后应低于螺纹内径，且垫圈不能多次弯折，旧片通常不使用。

（3）直径 1.5~8mm 的开口销，其直径应比孔径小 0.2~0.5mm，螺帽拧紧后，销孔边缘露出螺帽顶部应不超过孔径的 1/3，销孔不对正时，可再拧紧稍许，但不能过紧，也不允许松回螺帽对正销孔，旧销不宜使用。

（4）铁丝锁紧时，拉紧的方向是螺栓拧紧的方向，不能反向，旧铁丝不宜使用。

### （二）过盈配合件的装配

过盈配合的装配是将具有较大尺寸的被包容件（轴）装入具有较小尺寸的包容件（孔）中。这种连接能承受较大的轴向力、扭矩及动载荷，对中精度高，应用广泛。如齿轮、联轴器、飞轮、带轮、链轮等与轴的连接，轴承与轴承套的连接等。过盈配合是一种固定连接，除应保证零件间有正确的定位和紧固性外，还要求装配时不损伤零部件，不降低其强度及精度。常用的装配方法有压装配合、热装配合、冷装配合、液压无键连接装配等。

#### 1. 常温压装配合

常温下的压装配合适合于过盈较小的几种过盈配合，如 H6/s5、H6/r5、H7/s6 等。该方法操作简单、动作迅速，应用广泛。根据施力方式不同，压装配合可分为锤击法和压入法两种。

#### 2. 热装配合

热装配合的基本原理是利用加热包容件（孔），使其直径膨胀增大到一定数值后，将被包容件（轴）自由装入孔中并定位，待零件冷却后，就形成孔与轴的紧密配合，产生很大的接触应力，达到过盈连接的要求。热装时，零件的验收检查及实际过盈的测量与压装配合相同。

3. 冷装配合

当包容件尺寸较大，被包容件尺寸较小时，无法采用加热包容件的方法时，可将被包容件冷却，使其尺寸缩小，然后迅速将零件装入包容件中，同时辅以适当的轴向定位，直至温度恢复常温状态，这种方法叫冷装配合。

**（三）键销连接的装配**

（1）平键连接在装配中，通常都是重新加工键。装配前应彻底将键及键槽的毛刺及锐边修光并清洗。

（2）斜键连接装配时注意键的上、下两面与键槽的上、下两面贴合要好，一般要进行研磨。侧面与键槽间应有一定的间隙。

（3）花键连接装配时，应清理毛刺和锐边，防止拉毛和咬住。然后涂色检查孔、轴配合情况，通过装配，使花键孔在轴上能自由滑动。

（4）锥销连接在装配时要求其锥孔与锥销的接触面积大于60%，并均匀分布。

（5）圆柱销连接时，销孔间的配合要求过盈。经拆卸失去过盈时，必须重新钻铰尺寸大一级的销孔，安装新圆柱销。

**（四）滚动轴承件的装配**

滚动轴承的工作性能不仅取决于自身制造精度，还和与之配合的轴与孔的尺寸精度，形位精度、表面粗糙度、配合性质及正确的安装及维护等因素有关。实践证明，装配质量不好，会加速轴承的磨损，降低其使用寿命，引起断裂和高温咬死等故障。

滚动轴承是一种薄壁结构的精密构件，装配中应避免猛烈地敲击，以免造成内、外圈的变形与损坏。滚动轴承的装配，主要包括拆卸、清洗、检查、装配与间隙调整等工艺过程。

1. 滚动轴承的装配

（1）圆柱孔轴承的装配

圆柱孔轴承装配方法主要取决于轴承与轴、轴承与座孔的配合情况。此类轴承配合过盈量小，常温下可用锤击法或压入法装配。

当轴承内圈与轴为紧配合，轴承外圈与轴承座孔为较松配合时，装配时应先将轴承压装在轴上，然后将轴连同轴承一起装入轴承座孔中。压装时，要在轴承端面垫一个由软金属（铜或软钢）制作的安装套管，如图1-58所示。装配过程中要注意导正，防止轴承歪斜。

当轴承圈与轴承座孔配合较紧，轴承内圈与轴配合较松时，可用外径略小于轴承座孔直径，内径略大于轴承外圈挡边直径的安装套管，将轴承先压入轴承座孔中，再安装轴。

当轴承内圈与轴配合的过盈量较大时，可采用热装法。加热轴承的方法有多种，通常采用油槽加热，如图1-59所示。用挂钩或网栅将轴承悬浸于油液中，均匀加热使油温达到100℃左右，从油中取出轴承装于轴上并一次推装到位。在冷却过程中，应始终推紧，以便保证轴承的轴向定位准确。同时，应略微转动轴承，防止安装倾斜或卡死。

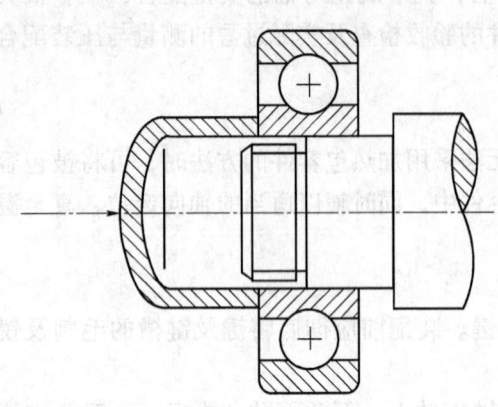

图 1-58 将轴承压装在轴上

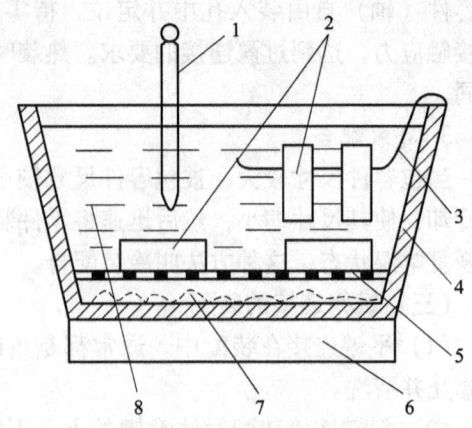

图 1-59 油池加热法

1—温度计；2—轴承；3—挂；4—油池；5—网栅；
6—电炉；7—沉淀物；8—油液

(2) 圆锥孔轴承的装配

圆锥孔轴承可直接装在有锥度的轴颈上，或装在退卸套或紧定套的锥面上。这类轴承要求配合紧密，配合的松紧程度，靠在装配中测量轴承的径向游隙把握。对不可分离型轴承的径向游隙可用厚薄规测量。对可分离的圆柱滚子轴承，可用外径千分尺测量轴承内圈装在轴上后的膨胀量，以此代替轴承径向游隙的减少量。图 1-60 与图 1-61 给出了圆锥孔轴承的两种不同装配形式。

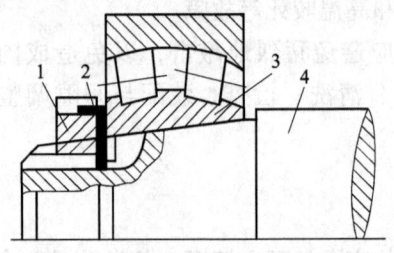

图 1-60 圆锥孔轴承与锥形轴颈配合

1—螺母；2—锁片；3—轴承；4—轴

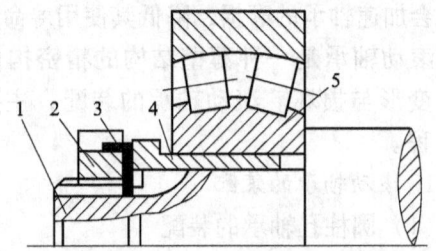

图 1-61 有退卸套的圆锥孔轴承

1—轴；2—螺母；3—锁片；4—退卸套；5—轴承

(3) 圆锥滚子轴承、推力轴承、滚针轴承的装配

圆锥滚子轴承和角接触轴承通常是成对使用。要注意装配方向（正装或反装），并检查和调整轴向游隙。

安装推力轴承时，应注意区分紧圈和松圈，紧圈内孔尺寸小，与轴的配合一般为过渡配合，随轴一同转动；松圈内孔尺寸比轴大，与机体回连。安装后，应检查轴向游隙，不合格时，应予以调整。

装配滚针轴承时，应先在滚针的表面涂抹稠润滑脂，然后将滚针一个紧接一个地粘贴在轴承圈上。最后一个滚针装入后，应具有一定间隙，间隙的大小依轴承的结构而定。滚针之间的周向总间隙一般在 0.5mm 到滚针直径之间，不得出现最后一颗滚针为强行打入的现象，否则轴承将不能转动。

### (五) 齿轮和蜗轮传动的装配

齿轮和蜗轮传动的结构形式不同,装配工作的内容也不同。闭式传动且采用滚动轴承支承的,两轴的中心距和相互位置精度,完全由箱体轴承孔的加工精度来决定,装配工作只是通过钳工加工修整传动零件的制造误差。采用滑动轴承时,在轴瓦刮研过程中,可在较小范围内适当调整两轴中心距和位置误差。对具有单独轴承座的开式传动,装配时,除通过钳工加工修整传动零件的制造误差外,还要正确安装齿轮轴。

#### 1. 齿轮传动的装配

齿轮的装配时,对于传递动力的齿轮,尽可能维持原来的啮合关系;对于分度传动的齿轮,为减小噪音和保证分度均匀,在安装调整时,应取齿侧间隙的最小值,同时使节圆半径的跳动最小。

齿轮在装配前应与旧齿轮核对各主要参数,齿面粗糙度与硬度合乎要求,而且应成对更换。键槽应修光边沿毛刺。齿轮箱各有关的轴孔应平行,中心距偏差应在公差范围内。上述内容检查合格后进行清洗。

装配按传递运动相反的方向进行。安装一对旧齿轮时,应按原来磨合的轴向位置装配,避免产生振动和噪音。齿宽不等的大小齿轮,轴向位置通常以大齿轮的中心平面为基准与小齿轮对中。

#### 2. 蜗轮传动的装配

装配时,应使蜗杆中心轴线处于蜗轮中心平面内。装配好的蜗轮中心平面和蜗杆与蜗轮轴心线的公法线间的距离应达精度要求。其轴心线间的中心距应安装准确。测量中心距必须以与蜗轮、蜗杆的轴心线都平行的平面为基准进行测量,使其达到装配精度要求。蜗轮、蜗杆轴心线应垂直交叉成90°,轴心线歪斜度误差应符合精度要求。

蜗轮蜗杆传动机构的装配步骤是:① 将蜗轮齿圈压在轮毂上,并用紧定螺钉固定;② 将蜗轮装到轴上;③ 将蜗轮轴部件装到箱体上;④ 安装蜗杆,蜗杆轴线的位置由箱体孔确定。

#### 3. 齿轮和蜗轮传动间隙的调整

(1) 直齿圆柱齿轮间隙调整

齿轮装配过程中,为尽可能使齿轮机构正常工作,要保证有适当的齿侧间隙和较高的接触精度,使齿面有一定的接触面积和正确的接触位置。通常把齿侧间隙和接触精度统称为啮合质量。装配工作中,通常把接触精度和齿侧间隙结合起来综合分析,找出误差原因,采取补救措施。表1-13列出了当齿隙不符合要求时,接触精度的表现及解决方法。

表1-13 接触精度不好产生的原因及基本解决方法

| 接触斑点 | 形成的原因 | 基本调整方法 |
| --- | --- | --- |
|  | 接触位置正确,接触面积符合要求 |  |
|  | 轴线平行而中心距大 | 调整中心距,适当减小中心距,或调整轴承座位置 |

续表

| 接触斑点 | 形成的原因 | 基本调整方法 |
| --- | --- | --- |
|  | 轴线平行而中心距小 | 将中心距适当增大或调整轴承座位置 |
|  | 齿轮轴线不平行 | 调整轴承座位置，刮削轴瓦 |
|  | 齿轮轴线歪斜 | 调整轴承座位置，刮削轴瓦 |
|  | 齿轮轴线既不平行，又歪斜 | 调整轴承座位置，刮削轴瓦 |
|  | 齿轮孔中心线与端面的垂直度误差超差 | 检查轴颈是否弯曲，重新检查齿回转精度，不符合要求则更换齿轮或轴 |

最常用的齿侧间隙检查方法，是压铅丝法，如图1-62所示，简单而准确。方法是用铅丝，事先选取估计为齿侧间隙4倍的相等直径的铅丝，沿齿轮啮合处放入。转动其中一个齿轮，由于齿轮的啮合作用，使铅丝经过挤压后从另一侧取出，用游标卡尺的量爪尖部测量铅

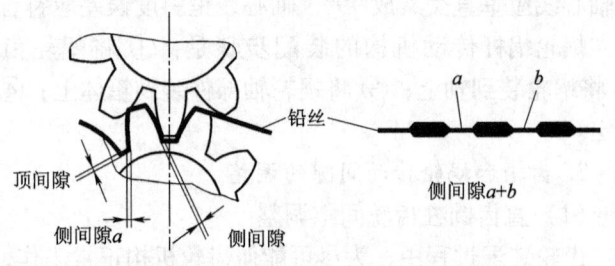

图1-62 压铅法测量齿侧间隙

丝最薄处尺寸，所得数值即为齿侧间隙。齿面较宽的，应平行地沿齿宽两端放入两条铅丝，能同时反映齿侧间隙的均匀程度。

(2) 圆锥齿轮间隙调整

圆锥齿轮与圆柱齿轮的齿隙差的检查方法相同，但圆锥齿轮的齿隙应在大端节圆处测量。若齿隙不正确，可在印痕允许范围内移动齿轮调整。锥齿轮装配时对侧隙的要求可按分度圆锥大端至锥顶的距离，对照圆柱齿轮中心距所对应的最小法向极限侧隙值选取。锥齿轮的齿侧间隙也可用塞尺、压铅丝或者用千分表进行检查。

锥齿轮装配中要保证啮合齿有准确的位置。必须使两啮合齿轮的中心轴线相交，夹角正确，啮合端面平齐，在齿轮和箱体精度合格的前提下，通过两锥齿轮大端的背锥面相平齐来保证。

锥齿轮对的啮合情况，可固定一个齿轮，将另一齿轮顺轴向移动的方法进行调整。达到

准确啮合时，再将位置固定。齿面接触精度用涂抹红丹粉方法进行检查。

锥齿轮的啮合印痕、齿隙和齿背不齐差三者是相互关联的，通常若啮合印痕正确，齿隙和齿背不齐差一般也正确。故锥齿轮装配时应先调整啮合印痕，然后检查齿隙和齿背不齐差。根据经验，圆锥齿轮在装配时，对于新齿轮应使印痕偏向小端为宜。

以坦克风扇联动装置为例，其横轴齿轮（甲轮）和纵轴齿轮（乙轮）大小相同，其啮合印痕按表1-14进行调整。即：

表1-14 印痕调整

| 乙轮的印痕 | 调整方法 | 乙轮的印痕 | 调整方法 |
|---|---|---|---|
|  | 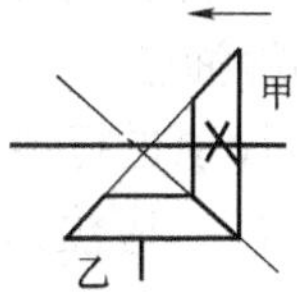 |  | 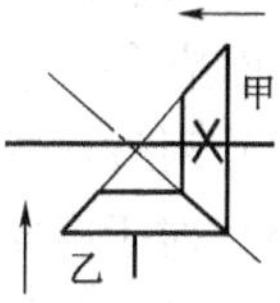 |
|  | 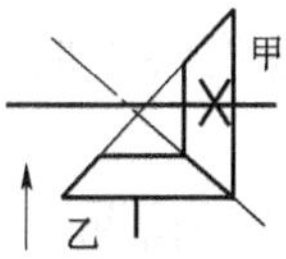 |  | 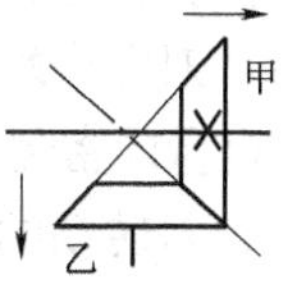 |
|  | 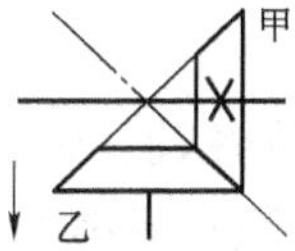 |  | 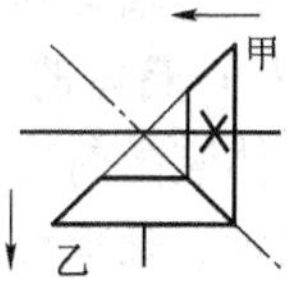 |
|  | 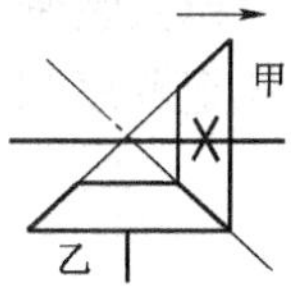 |  | 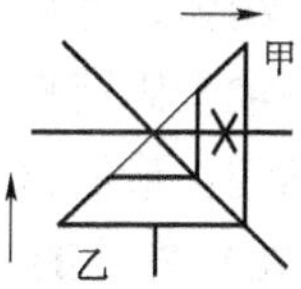 |

甲：表示风扇联动装置横轴上的锥形齿轮；
乙：表示风扇联动装置纵轴上的锥形齿轮

印痕靠大端，向里移印痕偏齿根的齿轮（乙轮印痕偏齿顶，向里移甲轮；乙轮印痕偏齿根，向里移乙轮）。

印痕靠小端，向外移印痕偏齿顶的齿轮（乙轮印痕偏齿顶，向外移乙轮；乙轮印痕偏齿根，向外移甲轮）。

印痕靠中偏一端，两轮同时向里或向外移（乙轮印痕偏大端，乙轮与甲轮同时向里移；乙轮印痕偏小端，乙轮与甲轮同时向外移）。

印痕靠中偏顶或偏根，顶轮向外移，根轮向里移（乙轮印痕偏齿顶，乙轮向外移，甲轮向里移；乙轮印痕偏齿根，甲轮向外移，乙轮向里移）。

**（六）轴套件的装配**

1. 装配前要清洗各零件
2. 选配安装各密封件

（1）弹性密封环，在安装前依据选配技术条件和要求进行选配各间隙，选配后应在配合表面涂适当的润滑脂；

（2）毡垫在安装前应用机油或石墨润滑油脂进行浸泡或浸煮，安装时要用专用芯套进行冲压，保证配合表面平整；

（3）胶皮自压油挡安装前，配合表面要清洁、干净，并涂上适量的润滑油脂，安装后要平整规范，不得有扭转、翘曲等变形现象。

3. 在装配轴承时，要注意轴承的安装方向，并涂满润滑油脂

4. 依照技术要求组装轴套

**（七）轴件的装配**

（1）安装前在轴的表面涂抹适当的机油或其他润滑由，若是非润滑表面的花键轴，在键齿表面应涂抹适当的石墨润滑油脂或防水性好的润滑油脂。

（2）对过盈配合的轴装配，通常采用压力机、千斤顶进行顶压，或大锤进行冲打。

（3）对于有防转动和轴向窜动等特殊要求的轴装配，应注意安装方向和止动孔的位置。装配后应装上止动螺栓，并对螺栓进行锁紧。

（4）对配合端面有密封要求的轴装配一是要注意安装方向；二是装配后应在轴的端部涂上一定量的密封胶或其他涂料。

（5）对转动的轴装配，装配后应注意检查轴的转动情况，若是多组轴传动装配，装配后应检查各轴间的不平行度等。

**（八）箱体的装配**

箱体装配前应清洁其内腔和各结合面，按要求将各轴、轴套装到箱体壳上，检查各轴套、轴承、轴承套与箱体座孔的贴合度，一般贴合面积不得小于60%。对分体式箱体，应先扣合上箱体，然后安装各轴承套，并在各结合面处涂抹或安装密封材料。拧紧各螺栓时应先安装各轴套固定螺帽，但不拧紧，待箱体系紧螺栓按规定顺序和力矩拧紧后，再依次拧紧各固定螺帽，最后再紧固各轴端固定螺帽，并锁好。

**（九）杆件的装配**

杆件装配前应检查各杆不得有弯曲、变形等现象，各杆件连接销和孔表面应涂润滑油脂。装入连接销并锁紧后各杆件及关节运动（操纵）灵活，不得有干涉和碰卡等现象，若有干涉，允许进行局部弯曲或其他处理。拉杆接头拧入深度不小于12mm。

**（十）胶皮连接管的装配**

安装胶管前，应在管接头处涂抹密封胶或铅油，安装时不应发生扭转变形，安装后避免处于拉紧状态。橡胶连接管一般每端用2个卡箍带，卡箍距胶皮连接管边缘不小于5mm。两道卡箍时，第一道卡箍应紧靠管子边缘，第二道卡箍距胶皮连接管边缘不应小于5mm，卡箍螺栓应错开，如图1-63所示。

安装金属管路时，应避免大角度弯曲管子，各管路与周围活动零件之间的间隙应不小于4mm，与固定零件应有间隙。各类装备发动机润滑系的胶皮连接管每端用两道卡箍，机油回油管中间的胶皮连接管还应在中部装一辅助卡箍。但排除油沫管每端用一道卡箍箍紧；供给系的胶皮连接管每端用一道卡箍箍紧（但连接前组柴油箱左右油管的粗胶皮连接管、连接中组柴油箱上下油箱的粗胶皮连接管、柴油滤清器至低压柴油泵的胶皮连接管，每端应用两道卡箍箍紧）；冷却加温系的胶皮连接管除补偿软管每端用两道卡箍箍紧外，其余胶皮连接管每端用一道卡箍箍紧。橡胶软管外径与卡箍带长的关系见表1-15。

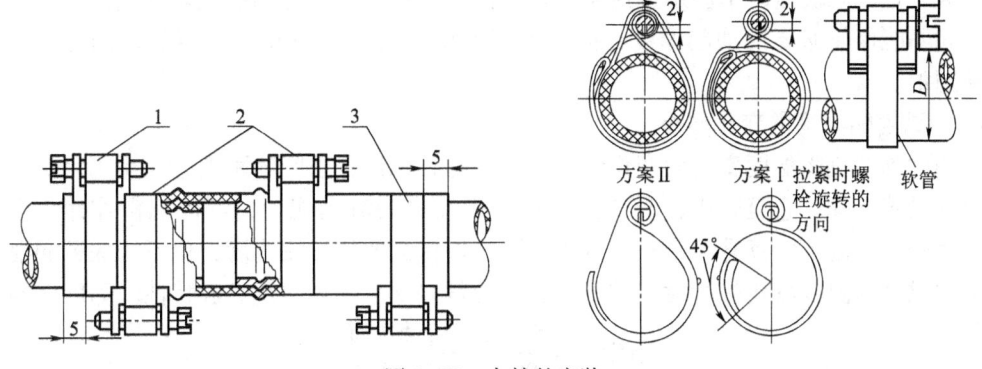

图 1-63 卡箍的安装

1、3—第二道卡箍；2—第一道卡箍

表 1-15　橡胶管外径与卡箍带长的关系

| 软管外径 $D$/mm | 带长/mm |
| --- | --- |
| 17～21 | 200 |
| 21～26 | 230 |
| 26～33 | 280 |
| 33～43 | 340 |
| 43～57 | 420 |
| 57～73 | 510 |
| 73～92 | 650 |
| 92～105 | 715 |

## 第六节　润滑与密封

### 一、润滑

装甲装备中常用的润滑方式主要有两种，一是油润滑，也叫稀油润滑，润滑剂常温下为液态或半液态（多见于装备中使用的混合油），易流动；二是脂润滑，也叫甘油润滑，润滑剂常温下为固态，不易流动。不同的润滑方式应用的场合、部件和工况条件不同，所使用的主要油品种类也不相同。在装甲装备的润滑工作中，所使用的各种稀油润滑剂通常统称为机油，但在型号和品质上有所不同，使用中应根据环境、部件等要求决定。下面对各种润滑剂的性能及使用做简单的介绍。

**（一）润滑油（机油）**

1. 对润滑油的基本要求

（1）黏度要适当

机油的黏度表示机油的稀稠程度。黏度是选用机油的主要指标。黏度过大，阻力大，消耗功率大，且流动缓慢，不能迅速流至摩擦表面，从而增加机件的磨损。黏度过小，机件摩擦表面间不能保持必要的油膜厚度，因而不能保证润滑。装甲装备使用的机油黏度一般为14~16厘泊。

（2）黏度随温度的变化要小

机油的黏度是随温度变化而变化的，温度低时，机油分子间的距离近，引力增大，黏度大，温度继续下降，直至凝固，既达到凝点，机油失去流动能力，不起润滑作用。温度高时，黏度变小，温度继续升高，黏度过小，不能保持必要的油膜厚度，也不能保证润滑。

机油黏度随温度变化的特性叫黏温特性。通常以黏度比来鉴别黏温特性。黏度比即：

$$黏度比 = \frac{50\ ℃时机油黏度}{100\ ℃时机油黏度}$$

黏度比小，黏温特性好。黏度比大，黏温特性差。坦克使用的机油黏度比一般为 4~7.85。

（3）抗氧化安定性要好

机油在常温下，贮存得当，可保存6~8年，质量无显著变化。但在高温下，则会加速氧化，颜色变黑，黏度改变，出现沉淀现象。温度愈高，机油抗氧化能力愈低。通常30℃以下机油抗氧化安定性好，50℃以上氧化较显著，150℃氧化更剧烈。

（4）抗腐蚀性要强

机油对金属腐蚀，主要是酸性物质对发动机轴承的腐蚀。机油抗腐蚀性要强，以减少对机件的腐蚀。

（5）闪点要高

闪点是指机油在加热时，蒸发的气体遇火第一次闪光时的温度。闪点高，说明机油在高温时不易汽化。

（6）无机械杂质和水分

机械杂质会增加机械磨损，堵塞滤清器。水除能使机件锈蚀外，还会使机油变质，因此，机油要无机械杂质和水分，以保证正常润滑。

2. 常用润滑油

（1）16号机油

该润滑油的特点是：性能良好，对机件磨损和腐蚀性小，清洗能力强。冬、夏季可以通用，但在气温5℃下使用时，需要加温后才能用。用于润滑发动机、变速箱、齿轮传动箱等。

（2）14号稠化机油

该润滑油的特点是：低温黏度小，外界气温在-10℃以上时，可不用加温直接启动发动机并保证发动机各部件润滑。另外，不受地区和条件的限制，可在我国南北方通用，其抗磨性、抗氧化腐蚀性、清洗能力和机油消耗量与16号机油相似，在发动机整个使用期内一般不可换油。使用14号稠化机油时，一般油压稍低（大约比用16号机油低1 kg/cm² 左右）由于机油中有添加剂，使用中颜色变黑较快，这是正常现象；其抗剪切能力较差，最好不要用该油润滑变速箱等齿轮传动机构，如用时，使用100摩托小时后需更换新油。

（3）严寒区14号稠化机油

适用于严寒区，其他特点与14号稠化机油相似。

(4) 通用和冬用齿轮油

该润滑油的特点是：凝点低（-20℃以下），黏度为20.5~32.4厘泊，产生的油膜抗剪能力强，可代替混合油，用于润滑行星转向器和侧减速器。该润滑油物美价廉，不存在混合不均匀和搅拌困难、怕水等缺点，可全年通用。

(5) 严寒区齿轮油

该润滑油的特点是：凝点低（-40℃以下），低温性能好，在严寒区（-45℃左右）不需加温即可使用。可用于变速箱、齿轮传动箱、行星转向器和侧减速器，在中修分解时换油。

(6) 18号合成双曲线齿轮油

该润滑油的特点是：具有良好的润滑性能、抗磨性和防锈性及较长的使用寿命。可在气温-30℃以上地区全年用于装甲车辆的齿轮传动箱、变速箱、行星转向机和侧减速器的润滑。

(7) 混合油

对于一些载荷较重的部件或在工作中容易产生高温的机件，通常不直接使用16号机油进行润滑，因较重的负荷或较高的使用温度会使机油流动性增大，破坏机油在零部件表面形成的油膜，因此，在这类部件中通常用70%的机油与30%的钠基润滑脂相混合，调配成为混合油，以增大其黏度，应用此类润滑剂的部件主要有行星转向器、转向离合器和侧减速器等。为增大油的黏度，在很多场合下，使用50%的机油与50%的钠基润滑脂相混合，其耐高温性能更强。

(二) 润滑脂

有些摩擦表面运动速度低，负荷大和密封性差，必须采用润滑脂才能保证可靠性的润滑。

润滑脂是在润滑油中加入一定量的稠化剂和少量添加剂而制成的油膏状物质。其使用特点是：在摩擦表面上不易流失，形成的油膜强度大，能够承受较高的压力；能使金属表面很好地与空气、水等隔开，防止锈蚀；本身的摩擦阻力较大，消耗的功率较多。

装甲装备中常用的润滑脂：

(1) 钙基润滑脂

2号或3号钙基润滑脂，俗称黄油，又名沙里多。

滴点：2号润滑脂≥80℃，3号润滑脂≥85℃；

针入度：2号润滑脂为265~295，3号润滑脂为220~250。

钙基润滑脂为淡黄色到暗褐色油膏。耐水不耐温。一般工作温度为55℃~60℃。适用于各型装甲装备行动部分轴承及易于和水接触的摩擦部位，以及操纵部分各外露的关节、连接点等无密封结构或密封结构简单的位置。由于其不能耐较高的温度，因此，不能使用在高速运转及温度较高的部件或部位。

(2) 钠基润滑脂

2号或3号钠基润滑脂，俗称康斯大林。

滴点：2号和3号钠基润滑脂均不低于140℃。

针入度：2号钠基润滑脂为265~295，3号钠基润滑脂为220~250。

钠基润滑脂为深黄色到暗褐色均匀油膏。怕水，遇水后乳化变质；耐高温，一般工作温度可达110℃~120℃。适用于温度高，不易接触到水的部位，如装甲装备传动装置等机件的摩擦表面，有良好的密封结构的轴承以及易产生高温的机件等处。

（3）锂基润滑脂

锂基润滑脂是由少量的锂皂和低黏度的润滑油制成的。其特点是耐寒性能好，在低温条件下黏度低，耐热性能也较好，能在120℃~150℃的温度下使用，而且还有较好的耐水性，具有钙基和钠基润滑脂的优点，可代替钠基润滑脂或钙基润滑脂使用，但使用成本较高。

装甲装备上用的3号二硫化钼锂基润滑脂，滴点不低于170℃，针入度为200~250，耐温又耐水。

（4）2号坦克润滑脂

该润滑脂的特点是：耐高温且防水，性能较锂基润滑脂更好，是目前装甲装备中广泛采用的润滑脂。

（5）石墨钙基润滑脂

石墨钙基润滑脂又称石墨润滑脂，是在钙基润滑脂中加添10%的石墨粉制成的黑色油膏，其特点是：耐磨和耐剪切性好，防水性强，不易老化，在大负荷下不易挤出，是钙基润滑脂所不能代替的。适用于负荷大或扭矩大的摩擦表面、工作环境差部位的键齿和螺纹连接件的润滑，以及各类动力传动轴上的连接齿轮与连接齿套处。还可用于毡垫的密封浸煮润滑等。

## 二、密封

在设计、制造装甲车辆的零部件过程中，为阻止工作介质（液体、气体）或润滑剂的外泄，防止外部灰尘、水分等杂质侵入部件内部和润滑部位，部件上均设置了密封装置。按被密封部位零部件的相对运动关系分类，密封可分为二类：动密封和静密封。

### （一）动密封

被密封部位的两个配合件间具有相对运动的密封装置称为动密封。动密封包括填料密封、油封密封、O形密封圈密封、唇型密封圈密封、机械密封5种。

1. 填料密封

填料密封的结构如图1-64所示。其装配工艺要点是：

软填料可以是一圈圈分开的，各圈在轴上不要强行张开，以免产生局部扭曲或断裂。相邻两圈的切口应错开180°。软填料也可作为整条，在轴上缠绕成螺旋形。

软填料由压盖压紧。压力沿轴向均匀分布，以保证密封性能和均匀磨损，装配时应由左到右逐步压紧。

压盖螺钉应轮流逐步拧紧；同时用手转动主轴，检查其接触的松紧程度。此类密封在负荷运转时，允许少量泄漏。运转后如泄漏增加，应再缓慢均匀拧紧压盖螺钉（一般每次再拧进1/6~1/2圈），不要压得太紧，以免摩擦功率消耗太大而发热烧坏。

2. 油封密封

油封（图1-65）是广泛用于旋转轴的一种密封装置。按其结构可分为骨架式和无骨架式两类。装配时应防止唇部受伤，并使压紧弹簧有合适的压紧力。其装配要点是：

第一章　坦克拆装基本知识 　45

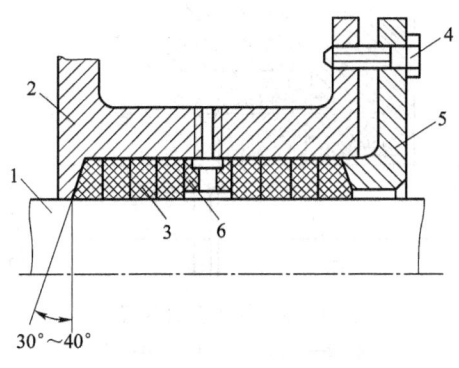

图 1-64　填料密封
1—主轴；2—壳体；3—软填料；4—螺钉；
5—压盖；6—孔环

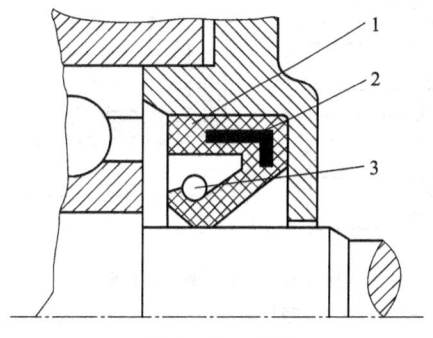

图 1-65　油封
1—油封体；2—金属骨架；3—压紧弹簧

（1）装配时，应使油封与壳体孔对准，不可偏斜。孔边倒角要大一些，在油封外圈或壳体孔内涂少量润滑油。

（2）油封的装配方向，应使介质工作压力把密封唇部紧压在轴上，不可反装。用作防尘时，应使唇部背向轴承。用于防漏和防尘时，应用双面油封。

（3）当轴端有键槽、螺钉孔、台阶时，为防止油封唇部被划伤，可采用装配导向套。

3. O 形密封圈密封

O 形密封圈是用橡胶制成的断面为圆形的实心圆环。用它填塞在泄漏的通道上，可阻止流体泄漏，如图 1-66 所示。O 形圈既可用于动密封，也可用于静密封。在装配时要注意以下几方面：

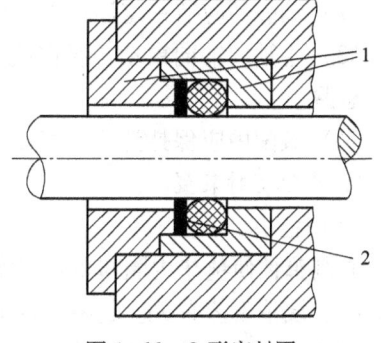

图 1-66　O 形密封圈
1—衬套；2—皮革挡圈

（1）装配前应检查 O 形圈装入部位的尺寸、表面粗糙度和引入角大小及连接螺栓孔深度。

（2）装配时须在 O 形圈处涂上润滑油，如果要通过螺纹或键槽时，可借助导向套。

（3）装配时要有合适的压紧度，防止泄漏或挤坏 O 形圈。当工作压力较大需用挡圈时，要注意挡圈的装配方向，即在 O 形圈受压侧的另一侧面装上挡圈。

4. 唇形密封圈密封

唇形密封圈适用广泛，种类繁多，形状各异。图 1-67 所示为 V 形密封圈装置，它是由压环、密封环和一个支承环组成。装配前，应检查密封圈的质量、装入部位的尺寸、表面粗糙度等。装配时密封圈处要涂以润滑脂，避免过度拉伸；装配后要有适当压紧度。当受较大的轴向力时，须加挡圈以防密封圈从间隙挤出，挡圈均应装在唇形圈的根部。

5. 机械密封

机械密封（图 1-68）依靠弹性元件对静、动环端面密封副的预紧和介质压力与弹性元件压力的压紧达到密封。适用广泛、寿命长、磨损小、泄漏小、安全、动力消耗小。

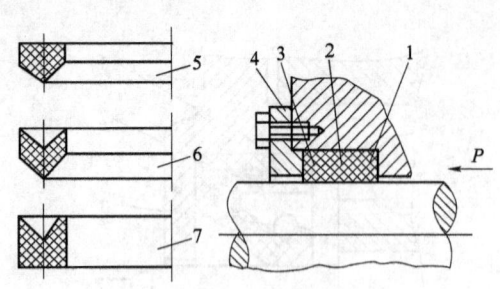
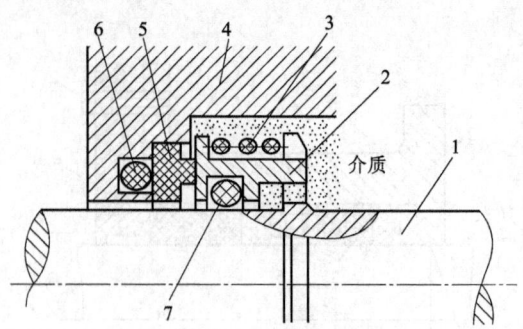

图 1-67　V 形密封装置
1—支承环；2—密封环；3—压环；4—调整垫圈；
5—支承环；6—密封环；7—压环

图 1-68　装备密封装置
1—轴；2—动环；3—弹簧；4—壳体；
5—静环；6—静环密封圈；7—动环密封

机械密封安装时应注意：

（1）动静环与相配的元件间，不得发生连续的相对运动，不得有泄漏。

（2）动静环应有一定浮动性，使其在使用中能适应影响动、静环端面接触的偏差。

（3）主轴的轴向窜动、径向跳动和压盖与主轴的不垂直度均在规定范围内，否则，将导致泄漏。

（4）装配中应保持清洁，表面应涂有润滑油。不允许用工具直接敲击密封元件。

6. 其他密封装置

（1）毡垫

靠其弹性使毡垫内圈与轴颈紧密接触，起密封作用。其密封效果与毡垫质量、轴颈表面光洁度及浸油工艺有关。装甲车辆上的毡垫工作表面要求光洁度高、清洁、无灰尘杂质，浸油时应按规定成分及方法浸煮。浸泡时，机油应加温至 80℃~90℃。坦克侧减速器和行动部分的毡垫要求用石墨混合液浸煮，以提高毡垫的耐磨、耐热、抗氧化性能及密封效果。为装配方便，安装时应用工具将毡垫沿内圆面向外碾压扩张，但不允许用刀刮削其内圆面。

（2）自压油挡

自压油挡比毡垫的密封效果要好，能密封润滑油和润滑脂。装配前，油挡内应预涂润滑油脂，固定式的油挡装配时可用压环压紧固定。

自压油挡由皮碗与弹簧（片）组成。皮碗靠本身的弹性及弹簧作用力，与轴颈紧密接触，起到密封作用。皮碗的转折部分和轴有 12°±3° 的夹角，形成一楔成空间，当润滑油流到楔形空间，并形成一油圈，因润滑油存在表面张力和毛细作用，润滑油便有自动流向楔形部位尖端的趋势，此时机件内的润滑油欲流出油挡，受毛细压力作用而被阻挡。

安装自压油挡时的要求：

① 弹簧（片）的弹力要合适，一般在轴颈上稍许涂些润滑油脂，装上自压油挡后，用三个指头能轻松地转动，弹力为合适。弹簧（片）的弹力可改变其长度调整。弹力小，可将弹簧（片）截短；弹力大，可选用较长的弹簧（片）。

② 根据机件的工作条件，采用不同的安装方法。当机件漏油的可能性比较大，安装时应使碗口向着来油方向（图 1-69）。如果为防止水分进入机件内部，应使碗口背着来油方向。

③ 由于皮碗曲内径略小于配合轴颈,安装时应防止偏斜,以免卡住而造成损坏。

（3）挡油盘

挡油盘按形状分为碟形和环形两种,如图1-70所示。

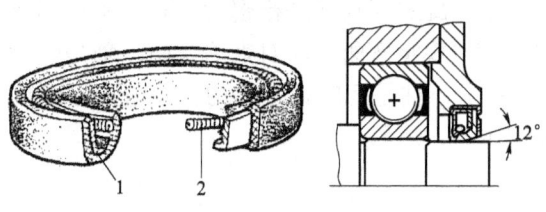

图1-69 自压油挡密封
1—皮碗；2—缩口弹簧

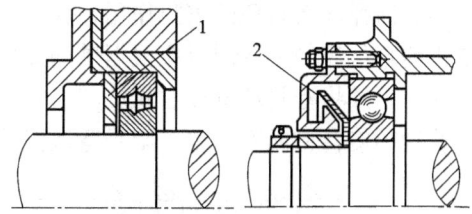

图1-70 挡油盘密封
1—环形挡油盘；2—碟形挡油盘

碟形挡油盘的安装方向为大口端朝向来油方向,安装后随轴一起旋转,向外流的油流到其背锥面后,在挡油盘高速旋转的离心力作用下,被甩回来油方向。环形挡油盘安装后为固定式,不旋转。通过与调整垫配合安装与被密封件形成很小的间隙,达到密封作用。

（4）回绕挡油装置

回绕挡油装置又叫迷宫式密封（图1-71）,由固定部分和旋转部分组成。组合后,两部分之间成一曲折的间隙,润滑油流过曲折间隙时受到很大的阻力,而起到密封作用。它可在脏污的条件下工作,所以行动部分的诱导轮和负重轮都用它密封。

安装时,应在回绕挡油盖上涂满润滑脂,以提高其密封效果。

（5）回油螺纹

回油螺纹是利用螺旋槽的导向作用,使润滑油产生与来油方向相反的流动。

回油螺纹旋向与轴的旋向相反,面对来油方向,顺时针旋转的轴须用左旋螺纹。当轴顺时转动时,润滑油沿左旋螺纹流回箱体（我们把轴看成螺杆,油相当于螺帽,轴转动而不移动,则螺帽移动,当轴顺时针转动时,润滑油沿左旋螺纹流回箱体）。回油螺纹的密封原理见图1-72。

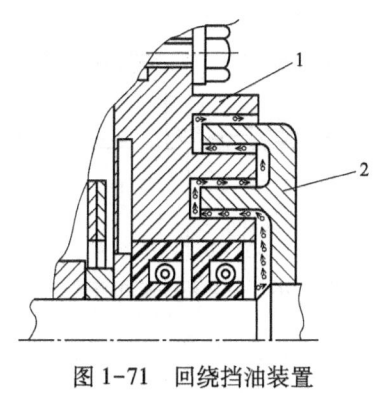

图1-71 回绕挡油装置
1—回绕挡油盘；2—回绕挡油盖

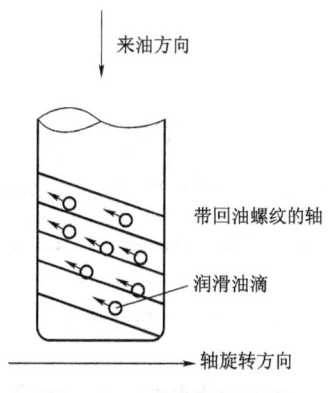

图1-72 回油螺纹密封

（6）弹性密封环

弹性密封环简称密封环,一般是特制铸铁制成的,开有切口,装在轴或衬套的环形槽内，其圆柱形外表面靠其弹性作用而紧贴安装孔的内表面。密封环有多种密封作用。采用多道密封环，有类似回绕挡油装置的密封作用。当外流的油要流入环与槽壁之间的间隙时，离心力的方向与外流油的方向相反，有阻止油外流的作用，如图1-73所示。

为提高弹性密封环的密封作用，大多数部位使用螺旋式密封环进行密封，此类密封环应在使用前自行弯制。弯制时应根据轴的旋向将密封环按规定弯曲。面对来油方向，轴是顺时针转动时，须将密封环弯成右螺旋状，如图1-74所示；轴是反时针转动的，须弯成左螺旋状；若轴的旋转方向不固定，则须弯成弧形，如图1-75所示。

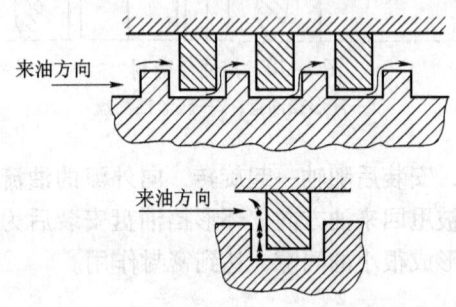

图1-73 多道密封环及油在离心力作用下的流动方向

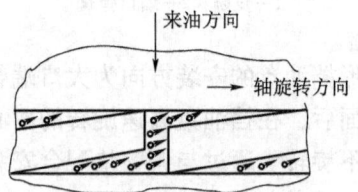

图1-74 右旋密封环的挡油作用

弯曲后的密封环，翘曲侧端面与环槽壁紧贴，使密封环与环槽之间形成若干个楔形排油区。当轴转动时，带动密封环和油旋转，但由于密封环所受的摩擦阻力比油大，密封环转动的速度比油慢得多，因此外流的油被挤向各楔形油区尖端，被排向来油方向，如此反复，形成密封。弧形密封环与螺旋密封环的挡油原理基本相同，但因为弧形密环在切口处的楔形油区都由大到小，所以不论轴作正转或反转，均可将外流的润滑油排向来油方向。若密封环的弯曲不合乎规定，例如要求左旋，而弯成右旋（图1-76），或将螺旋密封环装在旋转方向不固定的轴上，其挡油效果大为降低，甚至导致漏油。

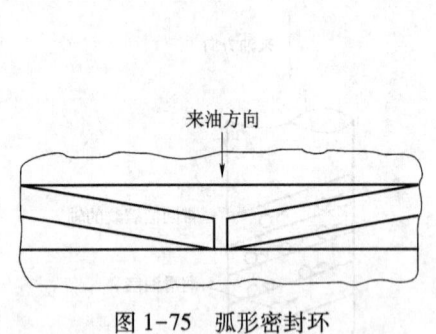

图1-75 弧形密封环

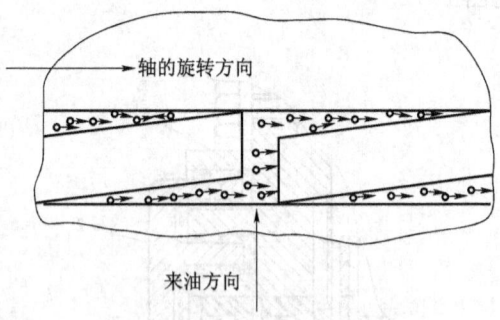

图1-76 安装不正确的密封环

螺旋密封环的主要技术参数如图1-77所示。

① 切口间隙：密封环在安装到配合位置后，其切口部位应能基本闭合，并保留有一定的微量间隙，在不同部件不同位置的密封环上，其保留的间隙数值有所不同，应根据实际情况选配。原始密封环通常不能安装到配合位置上，必须经过正确的选配，利用工具将切口端面修锉到安装好后切口基本能闭合的状态。修锉时，两个切口端要同时修锉，保证平齐，同

时要注意经常安装到配合位置实际测量形成的切口间隙数值，如不合格再行修锉，逐步进行选配，避免一次修锉过多，造成切口间隙过大，密封环报废。

② 径向间隙：为保证密封环的密封效果，在修锉切口间隙时，应不断将其安装到配合位置测量密封环外圆面与密封位置内圆面间的间隙，通常要求此间隙不得大于 0.05 mm，即 0.05 mm 的厚薄规应不能插入。

③ 旋向：螺旋弹性密封环在使用中应根据被密封部位的实际情况决定密封环的弯曲方向。弯曲时，通常将

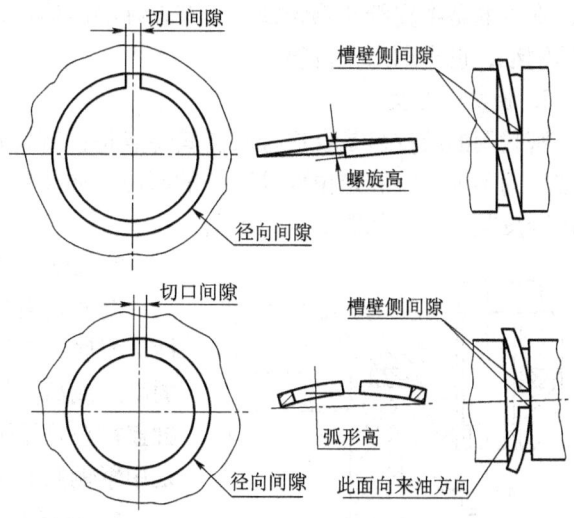

图 1-77 密封环的主要技术参数

密封环有切口的一侧垂直向上，用两手分别握住密封环的切口两端，弯制左旋密封环时，左手应向怀里拉；弯制右旋密封环时，右手应向怀里拉；弯制弧形密封环时，用两手大拇指同时向外推密封环的切口端。弯制过程中，应注意每次拉或推密封环时，幅度应小，多次动作，逐渐达到所要求的切口高度，防止一次拉得过多，使密封环折断。

④ 翘曲度（切口高度）：螺旋密封环弯制以后，其切口两端外侧面之间的垂直距离为翘曲度，或切口高度。不同部件不同部位的密封环翘曲度数值要求各不相同。此高度在弯制旋向时保证。

⑤ 槽壁侧间隙：螺旋密封环在安装到环槽后，其与环槽两侧壁接触位置的间隙，通常要求不大于 0.05 mm，即 0.05 mm 厚薄规不能通过，该参数在弯制旋向时保证。

安装弹性密封环的主要要求：

① 检查密封环的圆柱形外表面与安装孔内表面的配合，以及密封环的翘曲端面与环槽壁的贴合，此配合间隙不能大于要求，配合面上不得有划痕和擦伤，弧形密封环安装时应使弧口朝向来油方向。

② 封密环的切口间隙不能大于或小于要求，大了容易从切口处漏油，小了当温度升高时会因热膨胀而卡死。

③ 弹性密封环较脆易折断，在安装时应防止卡住和撞击。

④ 安装时应在配合面上涂润滑脂，各密封环切口应错开。两道密封环应错开 180°，三道密封环应错开 120°。

## （二）静密封

无相对运动零件间的密封，通常是根据被密封液体的性质、温度、压力和使用的经济性等，采用不同的密封材料。密封材料有：各种衬垫（胶皮衬垫、纸垫及金属衬垫）、石棉绳、铅油和腻子等。

### 1. 密封纸垫

纸衬垫一般应用在零件的结合面比较平整，安装时对零件相对位置要求较严，以及温度不高，压力不大等情况下，如装甲装备行动部分的结合面，采用纸衬垫密封。密封用的衬垫

纸,常见的是牛皮纸和感光纸,具有较好的耐油性,比一般的纸强度要高。还有一种强度较高的钢纸,也常用来作衬垫。

2. 胶皮密封垫

密封用的胶皮多是合成橡胶。其特点是:有良好的弹性和密封性;坚固、耐用。一般用在结合面不太平整和定位要求不严的部位。如装甲装备检查窗口,拨叉轴和曲臂轴等处,均采用胶皮垫密封,如图 1-78 所示。

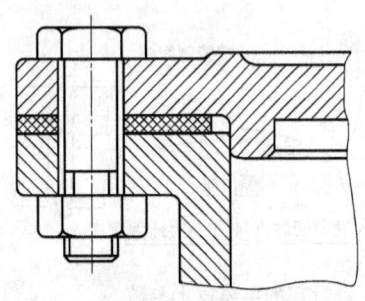

图 1-78　橡胶垫密封

3. 金属密封垫

金属密封垫一般是用软金属制成的,具有良好的塑性、耐腐蚀性和适当的强度,能承受一般衬垫难以抵抗的高压或高温气体(油)的冲击和浸蚀。如发动机的汽缸盖衬垫是用硬铝制成的,喷油器和高压空气管的衬垫是用紫铜制成的。

4. 石棉衬垫

石棉衬垫通常都在石棉板的外面包一层铜皮,其特点是:有很好的塑性和一定的强度,耐高压、高温气体(油)的冲击和腐蚀。一般机油管和柴油管接头的垫圈,都采用铜石棉垫。

5. 石棉绳

石棉具有耐热、耐水和耐油等性能,机件上常用石棉制成曲石棉绳作为密封填料。如有些坦克变速箱主动轴、排气管、加温器排烟管等处,一般均采用石棉绳作为填料进行密封。

6. 铅油

铅油是一种油漆涂料。内含干性油和干燥剂,以及天然或人造树脂等主要原料。零件结合面间的纸垫涂上一层铅油后,可提高结合面间的密封性能。为了调匀铅油的浓度,可在使用中酌情加入溶剂,如松节油、石油溶剂和溶剂石脑油等。但不能用机油来代替溶剂,因为机油不易挥发,使涂在结合面上的铅油不能很快干燥,而可能漏油。

在涂铅油以前,零件结合面应擦拭干净,除去毛刺、划痕和压伤;纸垫也应干燥清洁。铅油应均匀,涂上铅油后稍停一段时间,在铅油呈半干发粘状态时装上。

7. 腻子

腻子是一种软质填料,主要用于填充轴上的花键槽、退刀槽以及机件连接部位。它不仅可填充间隙,还能与金属粘在一起,故可用作密封材料。

使用腻子密封时,应注意腻子的质量,干燥、有疙瘩或含有其他杂物的腻子不应使用,以免填充不良使密封性能下降。

8. 密封胶

密封胶是用树脂、石墨、酒精和松香等制成的。耐油、耐水和黏附等性能强。有些坦克上机油泵、水泵和低压柴油泵的结合面均采用密封胶。

密封胶应保存在密闭的容器中,以防酒精挥发。

## 思考题

1. 对装备进行拆卸分解有哪些要求?

2. 断头螺栓拆卸时常用的方法有几种？各适合什么情况？
3. 拆卸轴承时有何注意事项或要求？
4. 清洗的三要素是什么？装备清洗中常见的清洗工作有哪些？
5. 常见脱脂除油的方法有哪几种？各有什么主要方法？
6. 常用的去锈和除积炭的方法有哪些？
7. 如何提高零件鉴定质量，零件鉴定中应掌握哪些主要内容？
8. 常用的零件鉴定工具有哪几种？
9. 轴承鉴定的主要内容有哪些？鉴定方法如何？
10. 拧紧螺栓组的螺母或螺栓时，应按什么顺序进行？如何确保螺栓连接的装配质量？
11. 常见的螺栓锁紧方法分几类？各有哪些代表性锁紧零件？
12. 齿轮装配分几种情况？装配中应确保哪些主要技术参数？方法如何？
13. 轴承装配中应遵循哪些技术规定并注意哪些技术要求？
14. 润滑主要分为几类？各有哪些常用的润滑剂和技术指标？
15. 常用的密封方式有几种？各有哪些密封装置或密封零件？

# 第二章

# 坦克总体构造

## 第一节 主战坦克的组成

我国 59 式主战坦克（图 2-1）按照功能由武器系统、防护系统、推进系统、电器及通信等四大系统组成。

图 2-1 59 坦克

## 一、武器系统

武器系统包括主要武器、炮弹、辅助武器和火控系统。

59 式主战坦克主要武器是一门长身管大口径的加农榴弹炮。配有穿甲弹、破甲弹、碎甲弹和榴弹。

辅助武器包括 7.62 mm 口径并列机枪、12.7 mm 口径高射机枪和个人随身武器等。

火控系统主要包括三部分：
### （一）观测瞄系统
主要有：火炮瞄准镜、高射机枪瞄准镜、指挥潜望镜、潜望镜、夜视仪器和测距装置。
### （二）火炮操纵和稳定系统
主要指火炮高低稳定器、方向稳定器，主要部件有操纵台、陀螺仪组、电子管放大器、变流机、电机扩大器、炮塔电动机、液压增压器、动力缸、补油箱、方向机及电磁离合器及辅助部件。
### （三）计算机和传感器
主要包括弹道计算机、目标运动速度传感器、横风传感器和炮耳轴倾斜传感器。

## 二、防护系统

防护装置包括：坦克装甲（图2-2、图2-3）、三防装置、灭火抑爆装置、烟幕及榴霞弹发射装置和潜渡装置等。

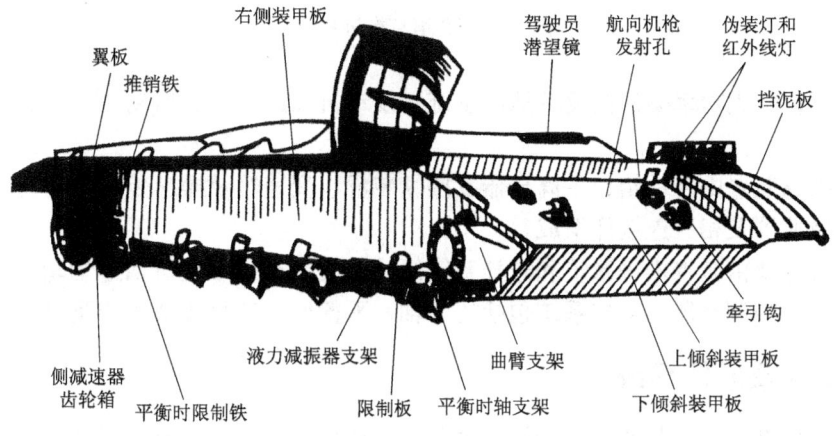

图2-2　坦克装甲

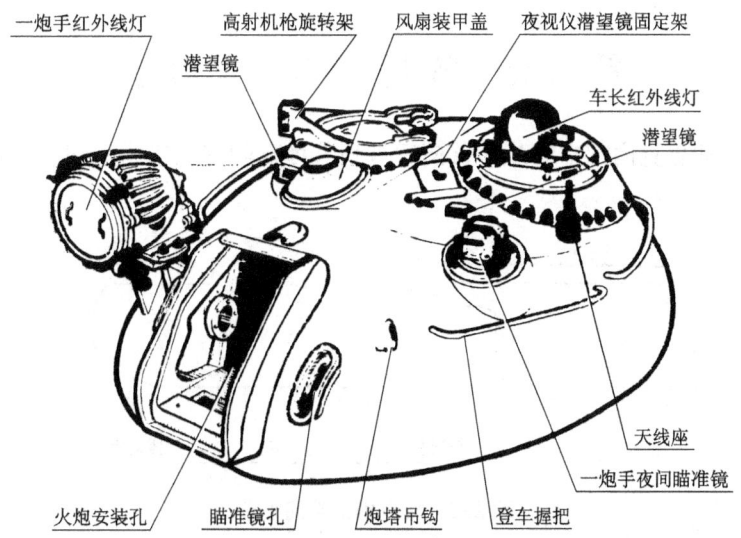

图2-3　炮塔外形

## 三、推进系统

推进系统包括动力及操纵装置、传动及操纵装置和行动装置。如图 2-4 所示。

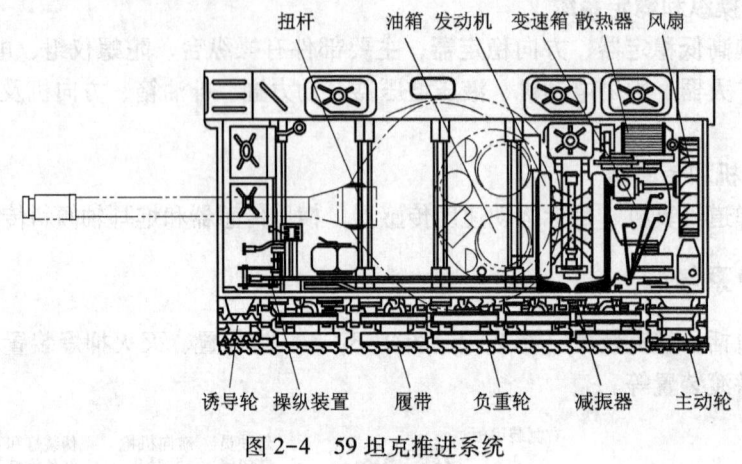

图 2-4　59 坦克推进系统

动力装置包括大功率柴油机及其辅助系统；发动机辅助系统有启动系、供给系、润滑系和冷却系。

传动及操纵装置由传动箱、主离合器及操纵装置、变速箱及操纵装置、行星转向机及操纵装置、侧减速器及相关连接件组成。

行动装置主要由履带推进系统和悬挂系统组成。履带推进系统包括主动轮、履带、负重轮、诱导轮及履带调整器，悬挂系统包括扭力轴、平衡肘、叶片式减振器及限制器。

## 四、电器及通信系统

电信系统包括：电源装置、发动机启动装置、通信电台、车内通话器和其他保密与对抗电子装置等。

# 第二节　59 坦克的一般构造

我国 59 式主战坦克内部空间从车首向后被划分为驾驶室、战斗室和动力传动室三部分。如图 2-5 所示。

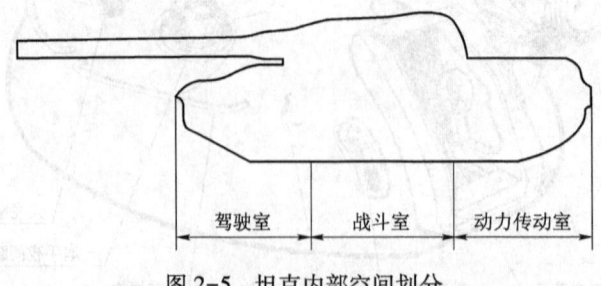

图 2-5　坦克内部空间划分

## 一、驾驶室

驾驶室一般位于坦克前部左侧,有的坦克位于前部中部。驾驶室是驾驶员操纵坦克行驶的地方,上面驾驶窗。驾驶窗开在驾驶室顶部的中间,供驾驶员出入坦克。在驾驶员的前面和左、右侧,安装操纵驾驶坦克的操纵杆、手柄、踏板、开关按钮和指示仪表等。

## 二、战斗室

战斗室位于坦克中部,通常来说,战斗室内有3名乘员。车长、炮长和装填手。如果采用自动装弹机,则有两名成员:车长、炮长。车长负责指挥、搜索、联络;炮长(又称炮手)负责跟踪、瞄准、射击;装填手(又称二炮手)负责装填子弹。战斗室中装有火炮、火控系统、观瞄、通讯、三防、灭火抑爆、烟幕发射、弹药、电子对抗等设备和装置。

## 三、动力传动室

位于坦克后部。这个室内安装有:动力和传动装置、进气和排气道、燃料和机油油箱、空气滤清器、冷却风扇及其传动装置、机油和水散热器、发动机启动装置、操纵机件和支架、进出风百叶窗等。

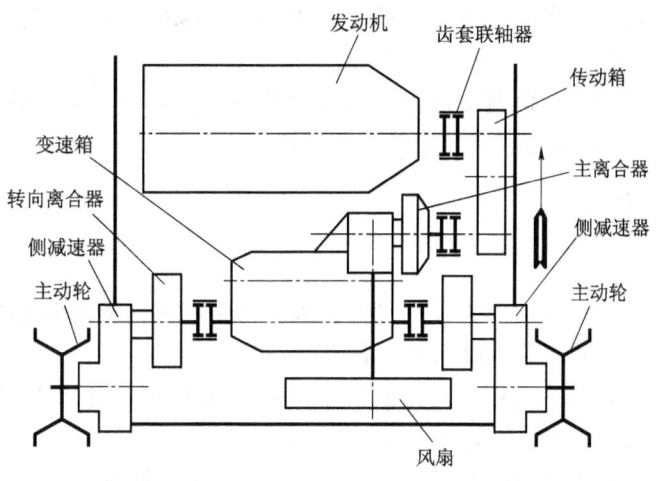

图 2-6 59坦克动力传动室

除此以外,在坦克外部还装有工具、备品、自救和潜渡设备、副油箱或油桶,炮塔安装上高射机枪和烟幕弹抛射装置。

# 第三节 主战坦克的总拆卸准备

进行坦克部件拆卸前,应认真了解下述规定,做好充足准备工作。

(1) 拆卸前,对装备外部进行冲洗;

(2) 要按照修理范围规定的修理内容进行拆卸,凡是在修理范围之内的不能遗漏;

(3) 要防止野蛮拆卸,尤其是装备上的电线、水管、油管、气管等易损件,不要因拆卸而损坏;

（4）要把拆卸下的零部件依序摆放，妥善保管，防止丢失；

（5）要密切协同，分工合作，注意安全。

坦克部件拆卸前应进行的准备工作主要包括：断开履带、排放燃油、润滑油和冷却液、拆卸炮塔、顶起车体。

## 一、断开履带

（1）掀起前挡泥板并用锁销或铁丝固定住；

（2）放松履带，从主动轮（或诱导轮）下方冲出一根履带销；

（3）使上支履带脱离诱导轮和主动轮；

（4）顶起车体，拖出履带（如无条件顶起车体，可以用更换一侧履带的方法，逐侧地更换两侧履带；也可以利用发动机的动力将两侧履带同时断开，方法是：挂一挡，使车辆前进使履带脱离主动轮，然后再用大撬杠在诱导轮处将履带压下使之脱离负重轮）。

**注意事项：**

① 通常在第五负重轮后第1~2块履带板处断开履带；

② 当用大锤冲打履带销冲子时，严禁在履带销冲出方向上站人或摆放易损物品，以防伤人或损坏物品；

③ 向外冲打履带销冲子时，需在主动轮后用一根大撬杠顶住履带，防止履带销冲子冲出后，履带向后甩出伤人；

④ 当不用坦克动力断单侧履带时，需将该侧的操纵杆拉至分离位置，然后用大撬杠在诱导轮处将履带压下，使履带脱离负重轮和主动轮。

## 二、放油、放水

**（一）放油**

（1）用专用工具（WZ120·ZG18）和套筒扳手分别把机、柴油箱放油口检查窗打开；

（2）分别把机、柴油箱放油口螺塞拧下；

（3）把放油（水）接头专用工具拧到机油（或柴油）箱放油口上即可放出机（或柴）油（为加快流速可把油箱加油口盖拧下），如图2-7所示；

（4）把侧减速器箱体放油口螺塞拧下将混合（或硫化）油放出；

（5）放出液压油。

**（二）放水（防冻液）**

（1）拧下放水口螺塞；

（2）把放油（水）接头专用工具拧到放水口上；

（3）拉开放水开关将水（液）放出，若是防冻液应将该液放到防冻液桶内（如果是水可直接放掉即可）。

## 三、拆卸炮塔

（1）卸下炮塔下座圈与车体的34个固定螺栓；

（2）分别拆下炮塔与车体之间的炮塔旋转连接器的电缆线（9根）；

（3）用15T以上吊车吊下炮塔，吊具钩挂的方式如图2-8所示，并放在专用炮塔支架上。

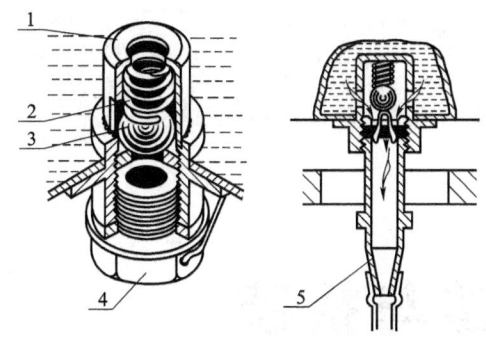 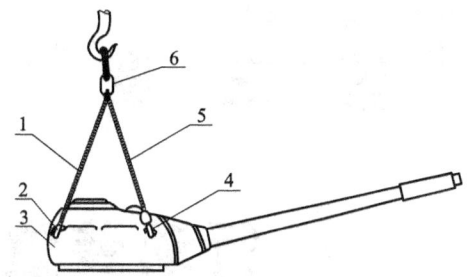

图 2-7　放油专用工具的使用
1—活门座；2—弹簧；3—弹子；
4—放油口螺塞；5—放油接头

图 2-8　炮塔吊卸（安装）
1—单环（长）吊绳；2—炮塔后钩；3—炮塔；
4—炮塔前钩；5—双环（长）吊绳；6—吊环

**注意事项：**
① 吊卸炮塔之前应将履带断开，以防履带张紧后履带销子难以打出；
② 起吊前应检查有无妨碍起吊或漏拆的机件；
③ 在吊卸炮塔时注意把炮管固定连接杆插销插好，以防炮管自脱伤人；
④ 用绳索将炮管拴住，以防止炮塔左右旋转；
⑤ 拆卸各电缆连接线时，在标记不清楚的情况下注意要做好记号以便安装连接。

## 四、顶车

（1）挂上吊钩；
（2）用吊车将车体吊起（在没有吊车的情况下可用千斤顶将车体顶起）；
（3）在第一、六平衡肘支架的车体下方（四个位置）分别放上顶车支架；
（4）将车体落下（车体落下后负重轮应脱离履带板）。

**注意事项：**
① 因车体后部比前部重，如用千斤顶顶车，应先将车体后端顶起后，再将前端顶起，在顶起前可事先用枕木或履带板将另一端负重轮掩住，以防滑行；
② 应在车体与顶车支架端面结合处放上木板，以防车体不稳定出现滑移；
③ 四个支点受力要均匀，以防车体变形；
④ 顶车的目的是为了方便行动装置部件的修理，当起重设备起重能力不足时，也可先将车体内传动、操纵及动力装置部件拆卸后，再顶起车体。

# 第三章

# 行动装置构造与拆装

## 第一节 行动装置构造

行动装置用来支撑车体、保证行驶，并且减轻由于地面不平而引起的颠簸和振动。
行动装置主要由履带推进装置和悬挂系统组成。如图3-1所示。

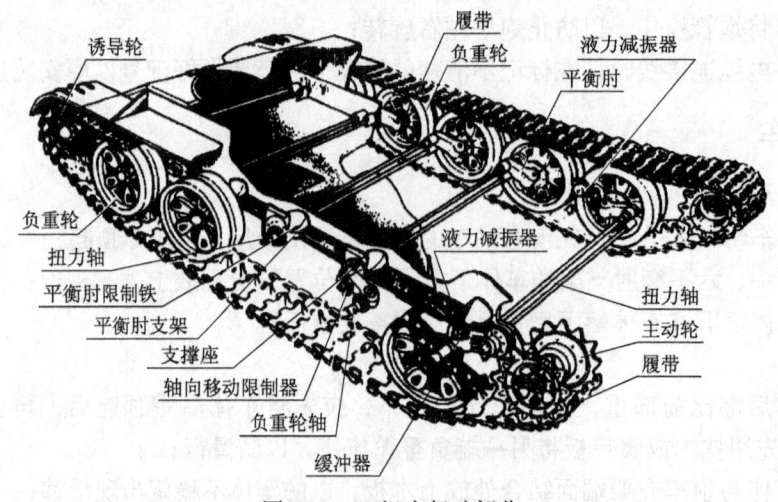

图3-1　59坦克行动部分

履带推进装置将坦克发动机经传动装置传递来的动力转换为坦克行驶的牵引力，从而使坦克运动。支撑坦克车体，承受坦克重量，并且保证坦克具有良好的通过性以克服各种天然和人工障碍。

履带推进系统包括履带、主动轮、负重轮、诱导轮及履带调整器。

悬挂系统是连接车体和负重轮的所有零部件总称。其功用是在坦克行驶中减小并衰减由于地面凸凹不平而在车体以上部分产生的动载荷。

悬挂系统包括扭力轴、平衡肘、叶片式减振器及限制器。

### 一、主动轮和履带

59式坦克主动轮位于车体后部两侧，安装在侧减速器被动轴花键上，用来将发动机经传动装置传递过来的动力带动履带卷绕,以推动坦克运动。59坦克采用的是齿式主动轮。由轮毂和两个齿圈组成(如图3-2所示)。

轮毂8:轮毂8以花键与侧减速器被动轴相连接,轴向用固定螺塞5固定。为防止螺塞松动,拧紧后的螺塞再用两个止动螺钉将螺塞固定在轮毂上。轮毂的轮盘部分开有排泥孔,在轮毂的内孔内端,焊接着回绕式密封装置的密封圈,主要用来对侧减速器进行密封。轮毂外缘各通过十个螺栓固定两个齿圈1。

齿圈:共两个,各通过十个螺栓9固定在轮毂8的外缘上。齿圈由高锰钢制成,用来拨动履带。轮毂上开有排泥孔。

履带:用于保证坦克在松软地面上仍具有较高通过性;实现履带推进装置的牵引力和制动力。59式主战坦克采用单诱导齿的金属履带板。整条履带由90块履带板和90根履带销连接而成。材料是高锰钢。其上的两个啮合孔用来与主动轮的齿圈向啮合来传递动力。诱导齿用来传递地面的横向力给负重轮,防止履带脱落。履带板接地一面上铸有横、纵向加强筋,用于提高其刚度和强度,以及与地面的附着力(图3-3)。

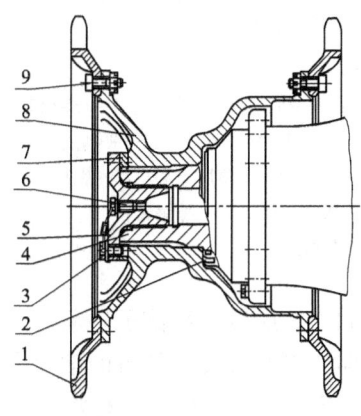

图3-2 59坦克主动轮
1—齿圈;2—回绕挡油装置;3—止动螺栓;
4—侧减速器被动轴;5—固定螺塞;6—注油螺塞;
7—带齿垫圈;8—主动轮毂;9—固定螺栓

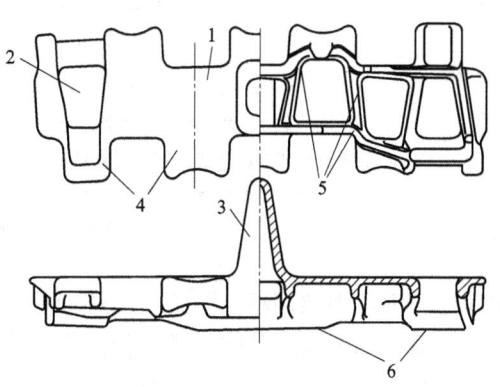

图3-3 59坦克履带板
1—负重轮滚道;2—啮合孔;3—诱导齿;
4—销耳;5—连接筋;6—着地筋

履带销:用于履带板之间的连接。其一端为圆形销头,组装履带时将其放在靠车体一侧,利用焊接在车体上的推销铁将向外窜动的履带销推回。

## 二、负重轮、平衡肘和扭力轴

59式主战坦克采用的是扭力轴悬挂装置,每侧各有5个负重轮,每个负重轮各通过平衡肘、扭力轴与车体连接。图3-4是其中一个负重轮和扭力轴的剖面图。

59坦克负重轮是具有橡胶轮缘的双轮缘负重轮。其功用是支撑车体以上的重量并保证车体在履带上滚动。结构上主要由两个带有橡胶轮缘的轮圈和轮毂组成。其中轮圈用螺栓固定在轮毂上。

轮毂:负重轮的轮毂部分通过一个深沟球轴承和一个滚子轴承支撑在平衡肘的负重轮轴部分。滚子轴承在里端,轴承的外环用挡油盖轴向固定,轴承内环内端面有止推环,内环外端面与支撑套、外端轴承的内环用螺帽轴向固定。深沟球轴承在外端,轴承的外环用轴盖轴

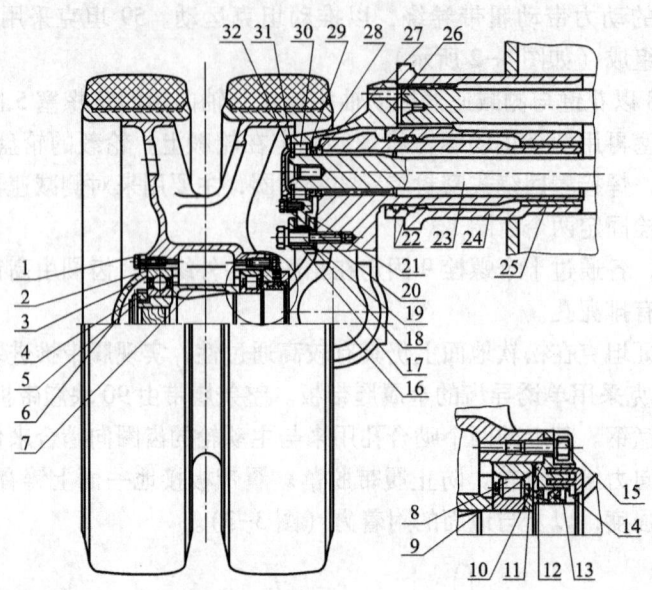

图 3-4 负重轮及扭力轴

1、15、18、21—螺栓；2、10—纸垫；3—317轴承；4—圆螺帽；5—插销；6—轴头盖；7—支承套；
8—142220轴承；9—回绕挡油盖；11—平挡圈；12、13—自压油挡；14—隔环；16—平衡肘；
17—限制器；19—调整垫；20—弹簧垫圈；22—毡垫；23—扭力轴；24—平衡肘支架；25—铜衬套；
26—平衡肘支座；27—V形橡胶密封圈；28—心形橡胶密封圈；29—毡垫盖；
30—滚子；31—弹性挡圈；32—扭力轴盖

向固定，内环用螺帽轴向固定。内端轴承承受较大的径向力，所以采用滚子轴承，是游动安装。外端轴承固定，其除了承受径向力外，还要承受转向或侧倾坡道行驶时的轴向力。采用自紧油封和回绕式密封实现内端密封。轮毂外端固定轴盖的六个螺孔中，有两个与内腔相通，用于向轴承加注润滑脂。

轮圈：由成型钢板焊接而成，其外缘处挂有橡胶。

平衡肘：坦克单侧有5个负重轮，有5个平衡肘，前四个平衡肘向后倾斜安装，第五负重轮平衡肘向前倾斜安装。平衡肘是一个曲臂轴，安装在车体平衡肘支架孔内，一端是负重轮轴，另一端是空心的平衡肘轴，装在车体上的平衡肘支架孔中，平衡肘轴的内花键与扭力轴大端相连。

平衡肘与负重轮一起，通过两个支点支撑在车体上：一个是平衡肘支架的青铜衬套25，一个是平衡肘支座上的滚子30。滚子30的内滚道就是扭力轴端部的圆柱表面。限制铁用两个螺栓固定在平衡肘上，其凹槽中卡着支座的凸起部分，这样，限制铁就限制了平衡肘和负重轮的轴向位置。

59坦克共有10根扭力轴，左右各5。由于扭力轴预扭方向不同，只一侧的前第1、2、3、4根扭力轴与另一侧的第5根扭力轴可以互换。扭力轴由弹簧钢制成，横跨车体，两端的花键为便于安装而制成不同的直径。小的一端插入车体另一侧的平衡肘支架的花键孔中，不能转动，成为扭转支点；大的一端插入平衡肘的花键孔内，随平衡肘轴的转动而扭转。当坦克行进时，地面的凹凸不平对负重轮产生冲击，使负重轮向上运动，带动平衡肘转动，使扭力轴大端扭转变形，扭力轴便吸收了大量的冲击能量。从而减小车体所受的冲击力。当冲击力消失后，扭力轴又释放能量，负重轮下移，以便接受新的冲击。

## 三、叶片减振器

为消耗坦克振动能量，衰减坦克振动，在坦克前后几个负重轮处安装减振器，有效地衰减坦克纵向角振动。59坦克采用的是叶片减振器。其装在坦克两侧前后负重轮平衡肘处。通过6个螺栓固定在车体侧装甲板上的减振器固定盘上，通过连接臂、连杆与平衡肘上的凸耳连接。减振器由叶片、隔板、减振器体和减振器盖等部分组成（图3-5）。

叶片装在减振器体内。隔板和盖一起用十二个螺栓固定在减振器体上。叶片与隔板在减振器体内形成四个空间。隔板与盖之间也形成一个空间。前四个空间是减振器工作腔，后者是补偿油室。所有这些空间充满液体。与平衡肘连接的叶片随负重轮上下运动而来回摆动，使四个工作腔容积不断发生变化。液体在四个腔中来回流动，形成阻力，消耗坦克振动能量，使振动很快消失。工作过程可参考图3-6。

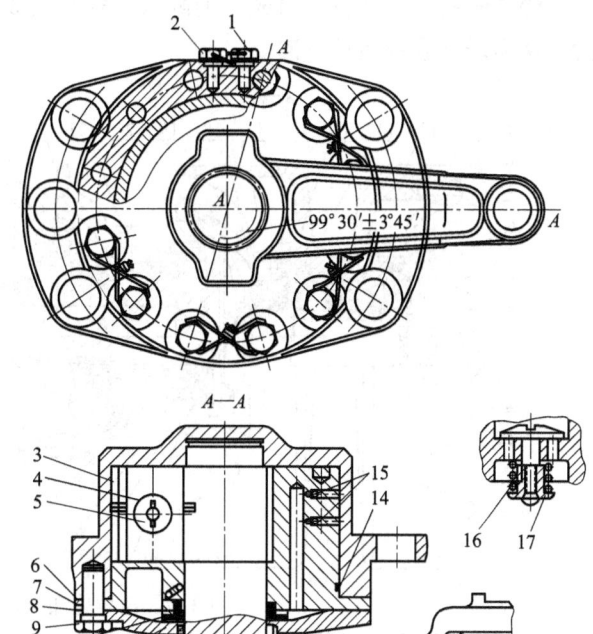

图3-5 59坦克叶片式减振器
1—放气口螺塞；2—加液口螺塞；3—减振器体；
4—叶片；5—减振阀；6—纸垫；7—隔板；
8—纸垫；9—螺栓；10—自紧油封；
11—减振器盖；12—毡垫；13—连接臂；
14—橡胶密封垫；15—钢球；16—弹簧；17—螺帽

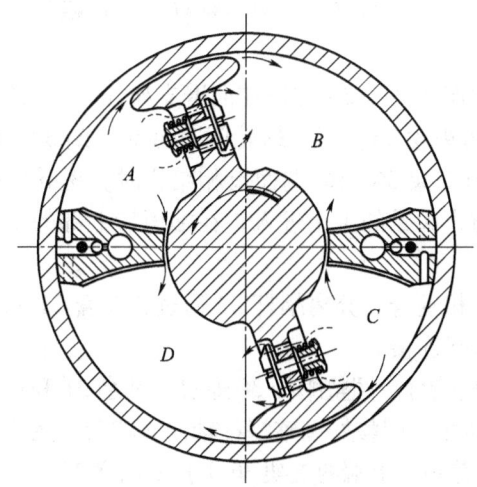

图3-6 叶片式减振器工作原理

## 四、诱导轮和履带调整器

59式坦克履带上下支撑在负重轮上，后面有主动轮，在前面有诱导轮。诱导轮用来诱导履带运动方向。履带装配过紧，坦克行驶时消耗的功率大；使用过程中，金属履带的履带销与销孔磨损后造成履带过松，履带易脱落。在使用中要适时调整履带松紧程度，这由履带调整器来完成。

59式主战坦克采用的是双轮缘诱导轮和双蜗轮蜗杆的履带调整器。

诱导轮：诱导轮位于车首两侧，诱导轮可以互换。如图3-7所示为59坦克的诱导轮和履带调整器。诱导轮通过一个球轴承和两个短圆柱滚子轴承安装在曲臂的诱导轮轴上，先用螺母轴向固定后再用销子防松。诱导轮由轮毂和两个焊在轮毂外径上轮缘组成。为减重，轮缘做成波浪形，轮缘间形成的空当用来通过诱导齿。从而诱导履带运动方向。

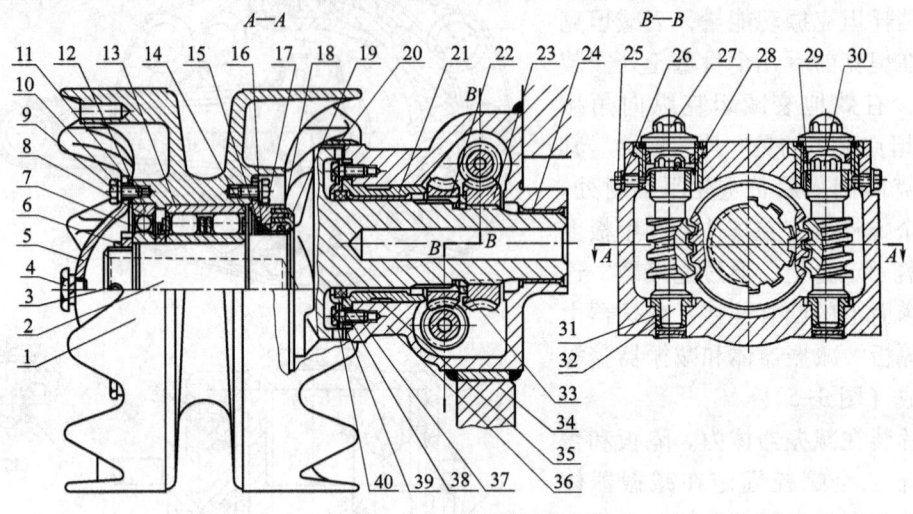

图 3-7 诱导轮和履带调整器

1—诱导轮；2—诱导轮轴；3—插销；4、27—螺塞；5—轴头盖；6—圆螺帽；7—止推环；8、14—垫圈；9、25、39—螺栓；10、26—弹簧垫圈；11—纸垫；12—226向心球轴承；13—782726双列向心滚子轴承；15—油挡压环；16—自压油挡；17—回绕挡油盖；18—毡垫；19—回绕挡油环；20—遮檐；21—轴承；22—调整蜗轮；23—分离蜗轮；24、29、31、35—衬套；28—锁紧垫圈；30—调整蜗杆；32—分离蜗杆；33—游动垫圈；34—侧装甲板；36—支架

在油挡压环 15 上装有自压油挡 14、毡垫 18。曲臂上的密封环 19 与油挡压环 15 配合成了一个回绕式密封装置。在盖 5 与 15 处还放有涂白铅油的纸垫。以上密封装置，防止润滑脂露出和泥水进入。

履带调整器：履带调整器由诱导轮轴、曲臂支架、调整蜗轮、调整蜗杆、分离蜗轮、分离蜗杆等组成。

诱导轮轴：诱导轮轴 2 是一个曲臂轴，其通过铜套 24、35 支撑在曲臂支架 36 上。诱导轮轴以花键连接着调整蜗轮 22，以螺纹连接着分离蜗轮 23。两个蜗轮间有游动垫圈 33。曲臂的曲臂部分有一个带端面齿的圆盘，其端面齿与支架 36 上的端面齿相结合时，诱导轮受到的冲击和履带张紧力通过端面齿传给车体。为防止大量的尘土进入，在端面齿上部的支架 36 上焊接着护板遮檐 20。

分离蜗轮、蜗杆：分离蜗轮 23 与分离蜗杆 32 相啮合。分离蜗杆 32 通过铸铁套 31 和铜套 29 支撑在支架 36 上。铜套 29 通过螺纹与支架 36 连接。

调整蜗轮、蜗杆：调整蜗轮 22 与调整蜗杆 30 相啮合。调整蜗杆 30 通过铸铁套 31 和铜套 29 支撑在支架 36 上。铜套 29 通过螺纹与支架 36 连接。调整好调整蜗杆轴向间隙后，用止动螺栓 25 将铜套 29 固定。蜗杆下端的支架 36 上焊接盖板，上端的支架 36 上拧着螺塞 27。

调整过程：调整履带时，用专用扳手转动分离蜗杆 32，使分离蜗轮 23 转动。分离蜗轮卡在支架 36 中，其与诱导轮轴是以螺纹连接，只能转动，不能轴向移动，因而分离蜗轮 23

的螺纹使诱导轮轴2轴向移动，使诱导轮轴2和支架36上的端面齿分开；分开后，用专用扳手转动调整蜗杆30，其带动调整蜗轮22转动，调整蜗轮与诱导轮轴以花键连接，其带动诱导轮轴2转动，这样，诱导轮被带动向前或向后摆动，调整履带松紧程度。履带松紧程度调整好之后，向相反方向转动分离蜗杆32，分离蜗轮23的转动使诱导轮2向里移动，使两端面齿重新结合，固定诱导轮的位置。

## 第二节 行动装置拆卸

### 一、履带

**（一）拆卸**

（1）拆下后挡泥板，掀起前挡泥板并固定住。

（2）从一侧履带的主动轮（或诱导论）下方冲击一根履带销。

（3）在车辆能行驶的前提下，以一挡或倒挡行驶至负重轮脱离履带或顶起车体脱出履带。

（4）在车辆不能行驶的情况下，把被履带一侧的操纵杆拉至分离或第一位置，用两根撬杠在诱导轮前上方分别交替转压诱导轮，直至上支履带脱离负重轮。

平时如只需更换单板履带板时，可倒驶车使要更换的履带板位于主动轮下方进行。

**（二）安装**

1. 把履带铺在车体前面或后面并组合好

每条履带不得少于88块（新的为90块），两条履带的数目应一致，新旧履带应两边平均装配。

履带板四个连接耳的一端应朝前，履带销头应朝向车体。

分别将两侧（每条1/3长）的履带拖至负重轮下方（如不是中修车或一侧履带以连好时可把车辆开到履带上）使第五负重轮后边多出二、三块履带板。

2. 连接履带（待坦克原地发动后进行）

（1）在负重轮之间点上三角木（防止坦克移动）。

（2）将钢丝绳拴在履带销上，另一端以螺旋（右旋）式绕于主动轮2~3圈并拉住。

（3）把已连接好履带一侧的操纵杆拉到第二位置，挂倒挡，使履带上主动轮轮齿为止，停车并取下钢丝绳。待钢丝绳取下后，继续转动主动轮至上方履带拉紧后再一次进行停车熄火连接（转动主动轮是要防止履带下垂顶地）。

（4）调整履带的松紧程度。

**技术条件：**

——履带应接触二、三、四负重轮，但在负重轮之间不应下垂（左、右诱导轮的前后位置以及两侧履带的松紧程度应基本一致）。

（5）放下前挡泥板，安装后挡泥板。

**注意事项：**

① 在绷紧履带时，应在履带末端（最后一块履带）柴上一根履带销或在主动轮后方斜立一根撬杠进行诱导，以防止履带在垂直下落后顶地。

② 严禁在车辆后方站人及操作人员面对被连履带的主动轮，以防伤人。

**思考题：**

（1）当履带调整完毕后，其诱导轮应处在何位置为合适？

（2）连接履带时，驾驶员的操作顺序及要领是什么？

## 二、主动轮的拆卸、分解与安装

### （一）拆卸

（1）拆下后挡泥板，断开履带，并使履带脱离主动轮；

（2）拧下主动轮固定螺塞的止动螺栓，见图3-2；

（3）用专用工具（WZ120·ZG5）拧下主动轮固定螺塞，取下带齿垫圈，见图3-8；

（4）抬下主动轮；

（5）必要时拆下齿圈固定螺栓，取下齿圈。

### （二）分解

拧下不合格齿圈端的固定螺帽，取下固定螺栓和齿圈。

### （三）组合

将齿圈装在主动轮轮盘结合面上，插入固定螺栓，拧紧固定螺帽并锁紧。

**技术条件：**

——两齿圈的轮齿应对正，偏差不得超过3mm（两齿外侧记号的中心应对正）。

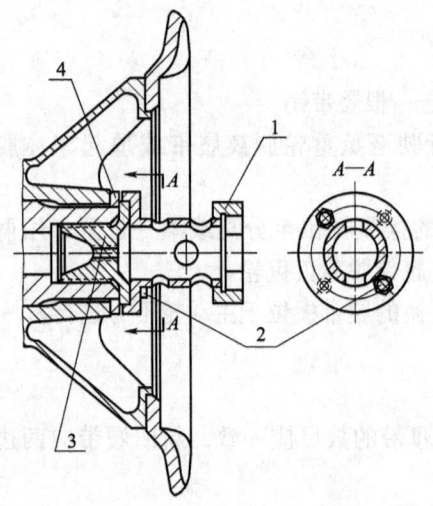

图3-8 主动轮固定螺塞拆装套筒使用方法

1—固定螺塞拆装套筒（WZ120·ZG5）；
2—螺栓（WZ120·ZG5·002）；
3—固定螺塞；4—带齿垫圈

### （四）安装

（1）在侧减速器被动轴花键上涂上一层石墨润滑脂。

（2）将主动轮装至侧减速器被动轴上。

（3）套上带齿垫圈，在固定螺塞螺纹上涂上石墨润滑脂，将上胶皮圈。

（4）将固定螺塞拧侧减速器被动轴上，并拧到底。

（5）将固定螺塞专用工具（WZ120·ZG5）用两个螺栓连接在固定螺塞上。

（6）拧紧固定螺塞。

**技术条件：**

——固定螺塞拧紧力矩为1960~2548N·m（200~260kg·m）。拧紧过程中，用铜冲均匀地轻轻冲击螺塞四周。

（7）拧上止动螺栓并锁紧，并用铁丝把加油螺塞与另一个止动螺栓共同锁紧。

**注意事项：**

① 由于主动轮必须在传动装置侧减速器被动部分安装后进行，因此，安装行动装置各部件时，可暂不安装主动轮，待侧减速器被动部分安装后进行；

② 如固定螺塞与带齿垫圈的止动螺栓孔不对正，可在固定螺塞止动螺栓孔与主动轮轮毂上作一记号，松开固定螺塞，转动带齿垫圈，使止动螺栓孔与记号对正，再重新拧紧固定

螺塞。禁止松回固定螺塞对正带齿垫圈止动螺栓孔;

③ 安装主动轮前,应将主动轮轮毂上回绕挡油环槽内的污物清理干净,防止主动轮安装不到位。

### 三、诱导轮的拆卸、分解与安装

**(一) 拆卸**

(1) 断开履带并使履带脱离诱导轮;

(2) 拆下诱导轮轮轴盖,见图3-9;

(3) 拔出或切断固定螺帽的插销;

(4) 把专用工具(WZ120·ZG15)装到诱导轮固定螺帽上,并用两个螺栓将专用工具固定在诱导轮轮毂上,见图3-10;

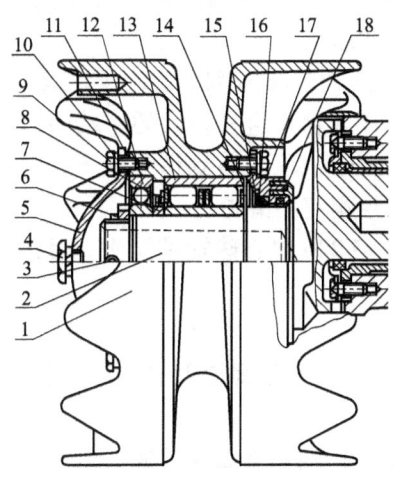

图3-9 诱导轮

1—诱导轮;2—诱导轮轴;3—插销;4—螺塞;
5—轮轴盖;6—固定螺帽;7—支撑环;8—游动垫圈;
9—螺栓;10—弹性垫圈;11—226球轴承;
12—782726双列滚子轴承;13—游动垫圈;
14—油挡压环;15—自压油挡;16—回绕挡油盖;
17—毡垫;18—回绕挡油环

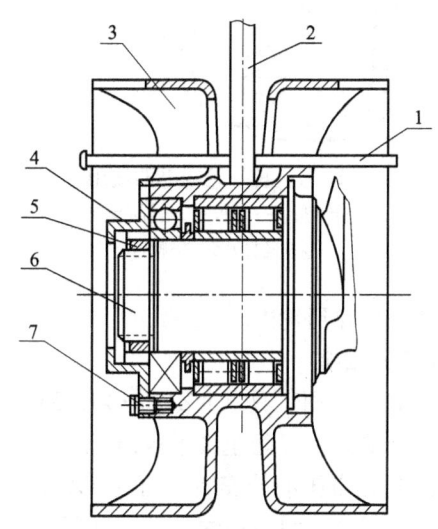

图3-10 诱导轮圆螺帽的拆装

1—履带销;2—撬杠;3—诱导轮;
4—诱导轮固定螺帽套筒(WZ120·ZG15);
5—固定螺帽;6—诱导轮轴;7—固定螺栓

(5) 转动诱导轮,拧松固定螺帽;

(6) 拔出诱导轮并抬下,见图3-11。

**(二) 分解**

(1) 拆下回绕挡油盖,取下游动垫圈、782726双列向心滚子轴承、226向心球轴承、止推环及游动垫圈,见图3-7;

(2) 从轮毂内冲出782726双列向心滚子轴承外圈;

(3) 必要时用专用工具从曲臂轴上拨下782726双列向心滚子轴承内圈,见前图3-9;

(4) 必要时,从回绕挡油盖上拆下油挡压环,取出自压油挡及毡垫。

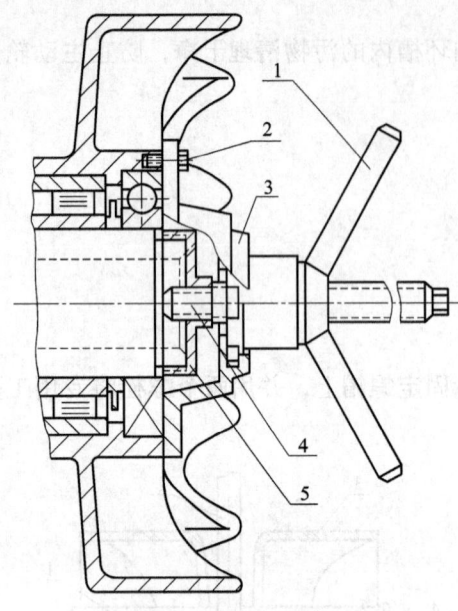

图 3-11 诱导轮拔具的使用
1—转把；2—螺栓；3—拆卸盘；
4—丝杠；5—护帽

（三）组合

（1）将自压油挡、油挡压环和用石墨混合液浸煮过的毡垫装到回绕挡油盖上，将油挡压环铆住，然后在自压油挡与回绕挡油盖之间加满2号坦克润滑脂。

**技术条件：**

——在回绕挡油盖与油挡压环接缝圆周的八个等距离上进行冲铆，铆坑深度不小于1.5mm，冲铆后搭盖在油挡压环上的金属不小于0.7mm。

（2）将782726双列向心滚子轴承内圈压到诱导轮轴上（内圈端面应顶住台肩），外圈压到诱导轮轮毂内。

（3）将782726双列向心滚子轴承、游动垫圈及止推环（台肩直径较大的一端朝向782726双列向心滚子轴承）装到诱导轮上，并在轴承上涂满2号坦克润滑脂。

（4）将226向心球轴承涂满2号坦克润滑脂后装到诱导到轮内。

（四）安装

（1）用专用工具（WZ120·ZG15）或17~19mm开口扳手用螺栓固定在226球轴承和诱导轮内鼓端面上（防止轴承脱出）。

（2）用自压油挡安装导筒（WZ120·ZG31）将回绕挡油盖装到诱导轮轴台肩上，然后将游动垫圈放到回绕挡油盖内，见图3-12。

（3）在回绕挡油盖与诱导轮结合面上放上两面涂有铅油的纸垫。

（4）取下自压油挡安装导筒，将诱导轮轴螺纹护帽拧在诱导轮轴端部。

（5）将诱导轮总成装到诱导轮轴上，取下固定螺帽专用工具及螺纹护帽。

（6）拧紧带弹性垫圈的回绕挡油盖螺栓和诱导轮固定螺帽。检查诱导轮转动情况。

**技术条件：**

——圆螺帽与226球轴承内圈之间应紧密贴合，用0.1mm塞尺能插入的长度不应超过1/4圆周，而其余位置用0.05mm塞尺不得插入；

在诱导轮轮缘上加196N（20kg）力时，诱导轮应能灵活转动。

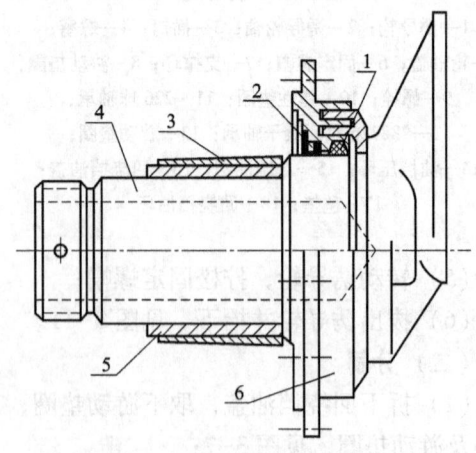

图 3-12 诱导轮自压油挡安装
1—毡垫；2—自压油挡；
3—诱导轮自压油挡安装导筒；
4—诱导轮轴；5—滚子轴承内圈；6—回绕挡油盖

(7) 装好插销，在轮轴盖内加满 2 号坦克润滑脂，并装上两面涂有铅油的纸垫，然后将轮轴盖装好。

(8) 连接履带，行驶试车检查诱导轮的工作情况。

**注意事项：**

安装诱导轮总成前，应将诱导轮总成内侧回绕挡油环内污物清理干净，防止诱导轮转动困难。

### 四、履带调整器的拆卸与安装

**（一）拆卸**

(1) 拆下诱导轮；

(2) 拧下螺盖，取出止动垫圈，见图 3-13，用专用工具转动分离蜗杆（面对车体左边为反时针转，右边为顺时针转），直到分离蜗轮脱离曲臂螺纹为止，见图 3-14；

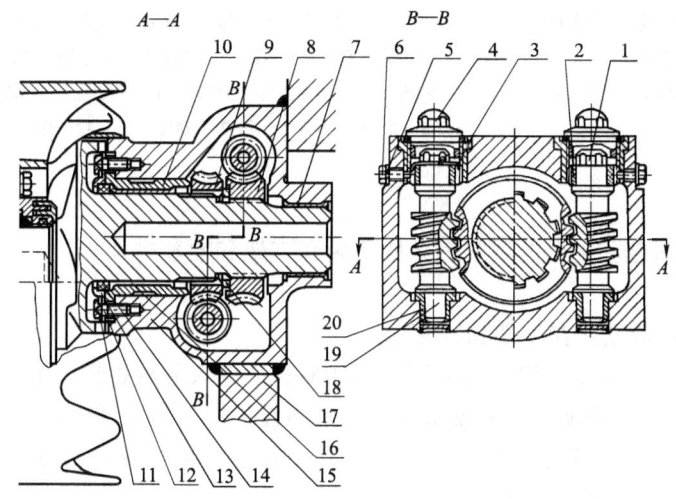

图 3-13 履带调整器的局部图

1—调整蜗杆；2—蜗杆上衬套；3—锁紧垫圈；4—螺塞；5—弹簧垫圈；6—螺栓；7—曲臂轴内衬套；8—分离蜗杆；9—调整蜗轮；10—轴套；11—锁紧垫片；12—螺栓；13—密封环盖；14—橡胶密封环；15—诱导轮支架；16—曲臂轴外衬套；17—侧装甲板；18—垫环节；19—分离蜗杆；20—蜗杆下衬套

(3) 必要时用专用工具（WZ120·ZG24·012、WZ120·ZG24·001、WZ120·ZG24·01、WZ120·ZG24·006、WZ120·ZG24·002）从曲臂轴上拔出 782726 双列滚子轴承内圈，见图 3-15、图 3-16；

(4) 拆下曲臂；

(5) 拧下轴套固定螺栓，取下密封环盖、橡胶密封环和轴套（轴套过紧时可通过轴承上的拆卸孔用螺栓顶出轴套）；

(6) 拧下蜗杆上衬套止动螺栓后，拧出蜗杆上衬套，取出分离蜗杆和调整蜗杆；

(7) 取出调整蜗轮、游动垫圈和分离蜗轮；

(8) 必要时，从轴套和曲臂支架内取出铜衬套和蜗杆下衬套。

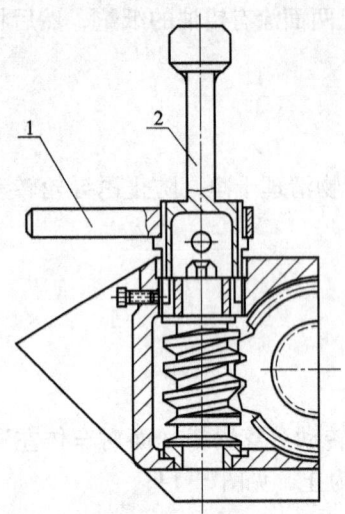
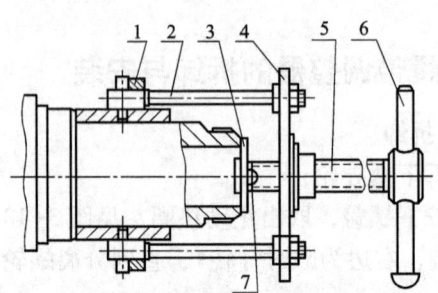

图 3-14 履带调整器扳手的使用
1—扳手（WZ120·ZG7·01）；
2—履带调整器扳手（WZ120·ZG18）

图 3-15 曲臂轴轴承内圈拔具的使用
1—卡箍（WZ120·ZG24·012）；2—起拔杆（WZ120·ZG24·01）；
3—垫盘（WZ120·ZG24·006）；4—拆卸圆盘（WZ120·ZG24·002）；
5—螺杆（WZ120·ZG24·001）；6—履带销；7—钢球（$\Phi 19$）

### （二）安装

（1）将蜗杆下衬套和轴套的铜衬套分别压装在支架和轴套内。

**技术条件：**

——铜衬套棱边应紧贴在支架和轴套上。

（2）向蜗轮室内加入 2 号坦克润滑脂（约 100g），放入分离蜗轮、游动垫圈及调整蜗轮（分离蜗轮有凹槽的一面应朝外，调整蜗轮轮齿斜面较长的一面应朝里）。

（3）装上分离蜗杆、调整螺杆及蜗杆上衬套，调整好蜗杆轴向移动量，并使蜗杆上衬套槽对正止动螺钉孔，拧紧止动螺钉。

**技术条件：**

——蜗杆的轴向移动量应为 0.5~1mm。

**调整方法：**

拧紧蜗杆上衬套至蜗杆轴向间隙消失，然后松回 1/2~1/4 圈。

（4）装上轴承、胶皮密封环及密封环盖（胶皮密封环的内径带斜边的一面朝外），拧紧固定螺栓并锁紧垫片。

**技术条件：**

——蜗杆、蜗轮应能自如转动。

（5）将曲臂轴表面涂上 2 号坦克润滑脂，然后插入支架内并拧动分离蜗杆，使分离蜗轮拧在曲臂轴螺纹上，检查曲臂转动情况。

**技术条件：**

——用 147~196N·m（15~20kg·m）的力矩拧转调整蜗杆，曲臂应能自如的从最前上方转动到最后下方或相反。

（6）转动分离蜗杆，使齿盘结合。

**技术条件：**

——齿盘齿一侧的间隙用1mm塞尺能连续插入的空隙数不多于5个齿。

（7）安装分离蜗杆止动垫圈，拧上螺盖。

（8）装上诱导轮。

**注意事项：**

如果轴套拧紧后，曲臂很难安装时，可将以上步骤中的（2）~（5）用以下方法进行：

① 将密封环盖、胶皮密封环、轴套、调整蜗轮、游动垫圈及分离蜗轮依次装到曲臂轴上，将分离蜗轮拧入1~2圈；

② 将带调整蜗轮、游动垫圈及分离蜗轮的曲臂轴总成一起装入曲臂支架，装上分离蜗杆、调整蜗杆及蜗杆上衬套，拧紧轴承固定螺栓，用锁紧垫片锁紧轴套固定螺栓；

③ 轴套固定螺栓锁紧垫片应预先将边角弯折一定角度，以便轴套固定螺栓拧紧后，锁紧方便。

## 五、负重轮的拆卸、分解与安装

**（一）拆卸**

（1）拆卸负重轮轮轴盖，拔出或切断固定螺帽锁紧插销；

（2）用专用工具（WZ120·ZG21）拧下固定螺帽，见图3-16；

（3）将负重轮轴螺纹护帽（WZ120·ZG16·020）拧在负重轮轴螺纹处；

（4）使用吊车及吊具将负重轮总成吊下，也可使用专用拔具将负重轮拔出并抬下，见图3-17；

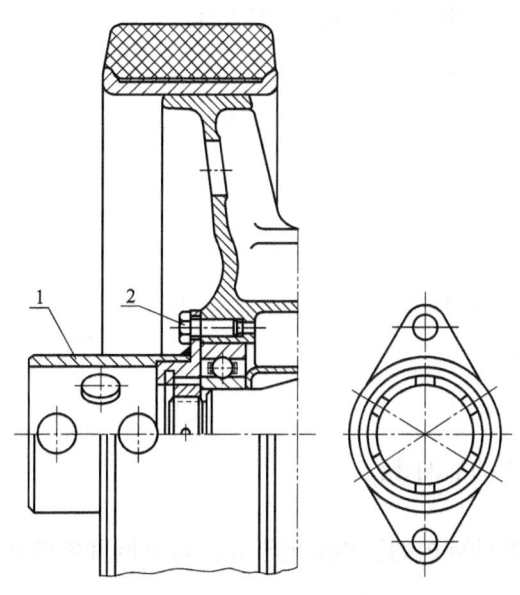

图3-16 负重轮圆螺帽拆装
1—负重轮圆螺帽套筒（WZ120·ZG21）；
2—螺栓

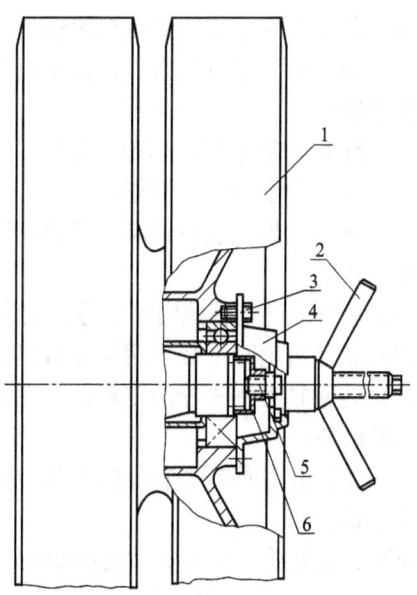

图3-17 负重轮起拔工具使用示意图
1—负重轮；2—转把（WZ120·ZG16·01）；
3—螺栓；4—拆卸盘（WZ120·ZG16·001）；
5—丝杠（WZ120·ZG16·011）；
6—护帽（WZ120·ZG16·020）

(5) 从负重轮轴上分别取下自压油挡和隔圈,见图3-4。

**注意事项:**

① 拆卸负重轮固定螺帽时,如没有专用工具,可用一把32~36mm开口扳手或一根长300mm的钢管,一端顶在被拆螺帽外圆槽口处,另一端顶在负重轮内毂壁上,反时针方向转动负重轮,也可拆卸固定螺帽;

② 用手转动负重轮时,切忌用手扶住负重轮靠车体一侧的轮缘,以防负重轮转动时,将手指挤在内毂壁与平衡肘支座之间,造成严重伤害。

**(二)分解**

(1) 拆下回绕挡盖,冲出142220向心滚子轴承及挡圈支承套和317向心球轴承,见前图3-4;

(2) 从负重轮轮毂内冲出142220向心滚子轴承外圈。

**(三)组合**

(1) 向自压油挡空腔及317向心球轴承、142220向心滚子轴承内涂满2号坦克润滑脂;

(2) 将142220向心滚子轴承及挡圈装到负重轮内,装好两面涂有铅油的纸垫及回绕挡油盖;

(3) 向负重轮的轮毂内涂上2号坦克润滑脂,装上支承套(大端朝向142220向心滚子轴承)、317向心球轴承。

**(四)安装**

(1) 在317球轴承和负重轮鼓端面装上一个19~22mm开口扳手或固定螺帽拆卸专用工具(防止安装过程中,轴承被负重轮轴顶出)。

(2) 将隔圈(平面向外)、两个自压油挡(开口向车体)装到负重轮轴上。

(3) 在负重轮轴头螺纹处装上螺纹护帽(WZ120·ZGXX)。

(4) 将负重轮总成装到负重轮轴上,取下扳手或固定螺帽拆卸专用工具。

(5) 用专用扳手或加力杆,拧紧固定螺帽。

**技术条件:**

——负重轮应能在轴上灵活转动。

(6) 装好负重轮固定螺帽插销。

(7) 在负重轮轴盖内涂满2号坦克润滑脂。

**技术条件:**

——每个负重轮轴盖内注2号坦克润滑脂1.2~1.5kg。

(8) 在负重轮鼓上装上两面涂有铅油的纸垫。

(9) 将轮轴盖用螺栓固定在负重轮鼓上。

**技术条件:**

——与油道相通的两个螺孔上安装两个涂红漆的加油螺栓。

**注意事项:**

安装负重轮前,应将负重轮内侧轮鼓上回绕挡油环内的污物清理干净,防止负重轮转动困难。

## 六、悬挂系统的拆卸与安装

**(一)拆卸**

(1) 拆卸下负重轮;

(2) 拆下平衡肘支座盖（也叫扭力轴盖）；

(3) 取下卡环；

(4) 用扭力轴拔具（WZ120·ZG7·01、WZ120·ZG16·02、WZ120·ZG16·04、WZ120·ZG16·011、WZ120·ZG16·022）拔出扭力轴，见图3-18；

(5) 取下15个滚子及毡垫盖；

(6) 拧下限制器螺栓，取下限制器及调整垫，拆下液力减振器拉杆连接销（指第一、五负重轮）；

(7) 用41mm×36mm套筒扳手（WZ120·ZG2·01）、扳手（WZ120·ZG7·01）拧下平衡肘支座螺栓，取下平衡肘支座，见图3-19；

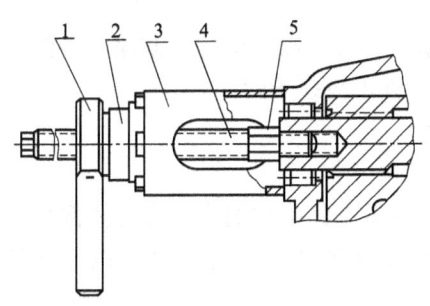

图3-18 扭力轴起拔
1—扳手（WZ120·ZG7·01）；
2—棘轮转把（WZ120·ZG16·02）；
3—支撑筒（WZ120·ZG16·04）；
4—丝杠（WZ120·ZG16·011）；
5—接头（WZ120·ZG16·022）

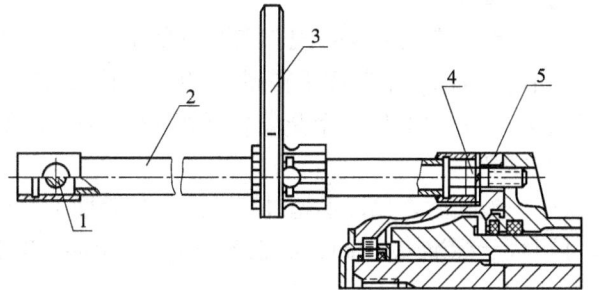

图3-19 平衡肘支座固定螺栓拆卸专用工具
1—履带销；2—41×36套筒扳手（WZ120·ZG2·01）；
3—扳手（WZ120·ZG7·01）；
4—固定螺栓；5—平衡肘支座

(8) 抬下平衡肘，取出平衡肘支架内的两组毡垫；

(9) 必要时，用平衡肘铜衬套拔具（WZ120·ZG7·01、WZ120·ZG16·02、WZ120·ZG16·010、WZ120·ZG16·011、WZ120·ZG16·03）拔出铜衬套，见图3-20。

**注意事项：**

(1) 完全拔出扭力轴之前，应注意防止平衡肘突然下落；

(2) 当扭力轴端面记号不清时，应在拆卸后及时在其端面进行标记，以便于安装。

**（二）安装**

(1) 选配铜衬套。

**技术条件：**

——支架孔椭圆度未超过0.8mm时，用铜衬套12.007-2；当支架孔椭圆度为0.8～1.3mm时，用铜衬套12.072；当整个孔增大，但未超过105.2mm时，用铜衬套12.073；未超过105.3mm

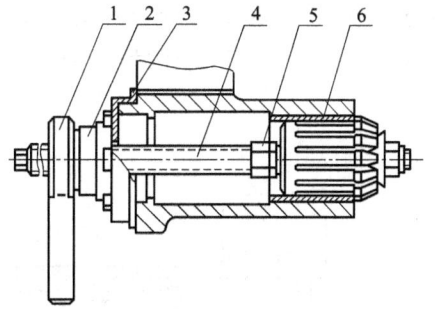

图3-20 平衡肘铜衬套起拔
1—扳手（WZ120·ZG7·01）；
2—棘轮转把（WZ120·ZG16·02）；
3—两用支撑筒（WZ120·ZG16·010）；
4—丝杠（WZ120·ZG16·011）；
5—拔衬套工具头（WZ120·ZG16·03）；
6—平衡肘铜衬套

时，用铜衬套 12.074，以上几种铜衬套的技术参数如表 3-1 所示。

表 3-1 各铜衬套的内、外径尺寸表

| 零件号 | 外径尺寸 | 内径尺寸 | 衬套长度 | 零件号 | 外径尺寸 | 内径尺寸 | 衬套长度 |
|---|---|---|---|---|---|---|---|
| 12.007-2 | $105^{+0.18}_{+0.09}$ | $90^{+0.225}_{+0.12}$ | 110-0.7 | 12.073 | 105.2±0.05 | 89.5±0.05 | 110-0.7 |
| 12.072 | $105^{+0.18}_{+0.09}$ | 89.5±0.05 | 110-0.7 | 12.074 | 105.3±0.05 | 89.5±0.05 | 110-0.7 |

（2）将选配好的铜衬套用平衡肘衬套安装专用工具（WZ120·ZG28）压入支架内，见图 3-21。

**技术条件：**

——铜衬套与支架孔配合表面间允许有局部间隙，用 0.75mm 塞尺检查，能插入的深度不得超过 50mm，沿圆周不得超过 30°（圆周长的 1/12），并不得多于两处；

（3）将铜衬套镗孔至 $90^{+0.235}_{+0.12}$（用 12.007-2 时不镗孔）。

**技术条件：**

——镗孔后，允许不超过三分之一的表面上有黑皮和细微不集中的划伤，在这些部位上尺寸可大于标准 0.2mm，而在衬套两端 10mm 范围内允许整个圆周尺寸增大，但不得超过 0.4mm。

（4）将三个（或一大一小）用石墨混合液浸煮过的毡垫装在支架内。

（5）在平衡肘支架内涂上 2 号坦克润滑脂（每个支架内应注入 300~350g）。

（6）将平衡肘插入平衡肘支架内，在平衡肘支架与支座结合面上涂上浓铅油，装上平衡肘支座（固定螺栓暂不拧紧）。

（7）安装扭力轴，并校正平衡肘角度。

**校正方法：**

（1）将行动装置校正工具（WZ120·ZG6）套在负重轮轴向心滚子轴承安装部位，见图 3-22；调整平衡肘角度使校正工具指针对正限制铁上的"+"记号，如没有校正工具，也可用钢板尺测量负重轮轴承上配合面至"+"记号中心的距离，第 1、5 负重轮平衡肘为 245 mm；第 2、3、4 平衡肘为 278 mm。

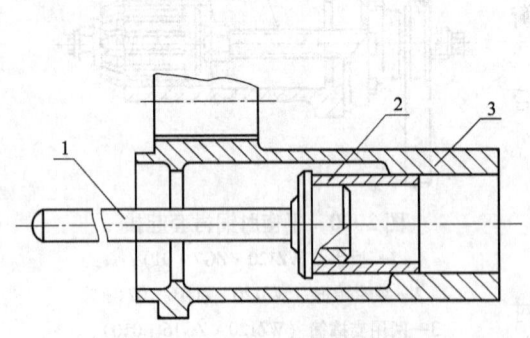

图 3-21 平衡肘铜衬套的安装
1—平衡肘铜衬套安装冲子（WZ120·ZG28）；
2—平衡肘铜衬套；3—平衡肘支架

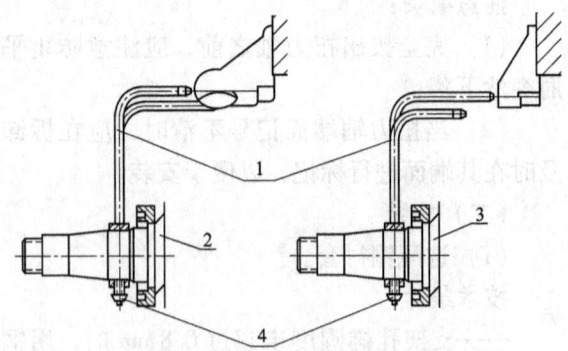

图 3-22 平衡肘安装角度校正专用工具使用
1—平衡肘角度校正器（WZ120·ZG6）；
2—第 1、5 平衡肘；3—第 2、3、4 平衡肘；4—螺栓

(2) 在扭力轴两头键齿上从插入端 $35^{+5}$ mm 的距离上涂满防水腻子，然后装上扭力轴（暂不装到底，留出 20 mm，便于安装滚子）。

**技术条件：**

——左一到四和右五平衡肘应装带有"左"或"Z"记号的扭力轴，右一至四和左五平衡肘应装带有"右"或"Y"记号的扭力轴。

(3) 将扭力轴安装接头专用工具（WZ120·ZG35·002）装到扭力轴上。

(4) 安装带毡垫的毡垫盖（毡垫盖平面向外）。

(5) 往平衡肘支座与滚子配合的孔内涂上适量 2 号坦克润滑脂，放入 15 个滚子，并装上卡环。

(6) 用扭力轴安装冲子（WZ120·ZG35·001）和安装接头（WZ120·ZG35·002）将扭力轴和卡环安装到底，见图 3-23。

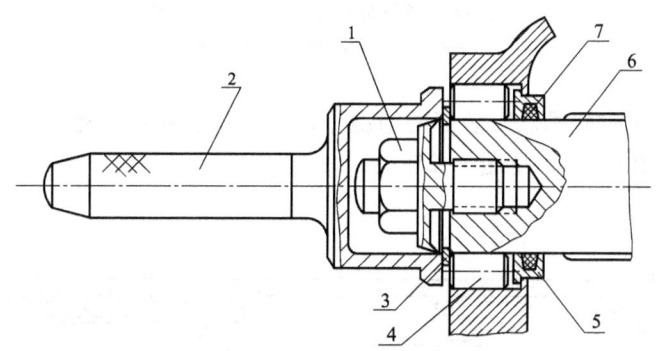

图 3-23　扭力轴卡环的安装
1—安装接头（WZ120·ZG35·002）；2—安装冲子（WZ120·ZG35·001）；
3—卡环；4—扭力轴滚子；5—毡垫盖；6—扭力轴；7—毡垫

**技术条件：**

——滚子应能以手较轻便地装进配合位置。

(7) 拆下安装接头专用工具，向支座盖（扭力轴盖）内加满 2 号坦克润滑脂，并在支座盖结合面上装上两面涂有铅油的纸垫，将支座盖用螺栓安装在平衡肘支座上。

(8) 毡垫盖、15 个滚子、卡环及平衡肘支座盖，拧紧平衡肘支座螺栓。

**技术条件：**

——平衡肘支座螺栓的拧紧力矩应不小于 490 N·m（50 kg·m）。

(9) 校正行动装置中心线，并装上调整垫和限制器（限制器厚的一面朝车体）；

**技术条件：**

——负重轮轴台肩端面至中心线的距离应为 94±1 mm；
——限制器与平衡肘支座诱导铁两边的间隙差不大于 1 mm，调整垫不多于 3 片；
——第一平衡肘端至限制板的距离应为 2~5 mm。

**校正方法：**

A. 在未安装侧减速器被动部分总成和诱导轮及曲臂轴情况下进行校正行动装置中心线时，可在距侧减速器箱体结合面 $345^{+0.5}$ mm 及距履带调整器支架齿盘的齿顶 155±0.5 mm 处拉一直线即可校正；

B. 在侧减速器被动部分总成没有安装而曲臂轴已安装的情况下，可将校正杆（WZ120·ZG33·002）、校正器筒（WZ120·ZG33·001）分别装到侧减速器箱体和诱导轮轴上，然后拉一条直线，见图3-24；

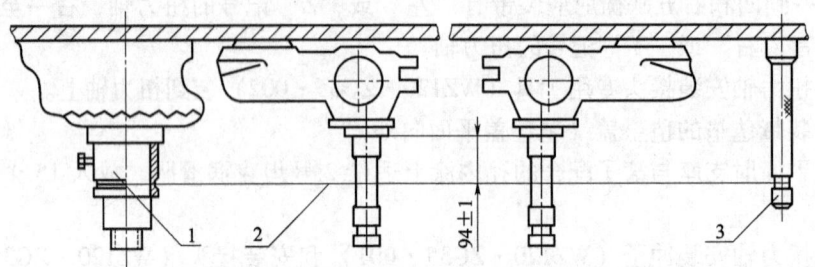

图3-24　行动装置中心线校正方法（一）
1—校正器筒（WZ120·ZG33·001）；2—测量线；
3—校正杆（WZ120·ZG33·002）

C. 当诱导轮和主动轮都已安装好的情况下，以诱导轮履带导槽中心和主动轮两齿圈中心距拉一直线（即中心线），见图3-25；

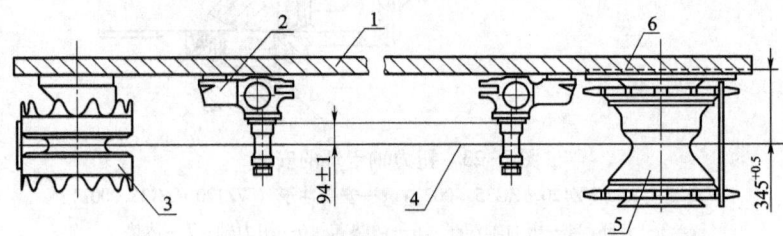

图3-25　行动装置中心线校正方法（二）
1—侧装甲板；2—平衡肘；3—诱导轮；4—中心线；
5—主动轮；6—侧减速器齿轮箱体结合面

D. 可根据上述任一方式用行动装置校正工具（WZ120·ZG6）测量负重轮轴台肩端面到中心线的距离应为94±1mm，不正确时可向里或向外撬动平衡肘；

E. 在不动平衡肘的情况下，选择调整垫保证限制器与平衡肘支座诱导铁两边的间隙差不超过1mm；

F. 将限制器和调整垫固定在平衡肘上。

（10）连接好液力减振器拉杆（第一、五负重轮）。

**注意事项：**

当限制铁上的记号不清或无行动装置校正工具时，按下述方法进行：

① 在第一平衡肘支架上放上厚为10mm的前专用垫，在第五平衡肘支架上放上厚为20mm的后专用垫，见图3-26；

② 在两专用垫上拉一条定位线；

③ 改变平衡肘角度，使一至四负重轮轴轴心与定位线的垂直距离为$213_{-4}$mm；第五负重轮轴轴心与定位线的垂直距离为$214_{-4}$mm，然后装上扭力轴。

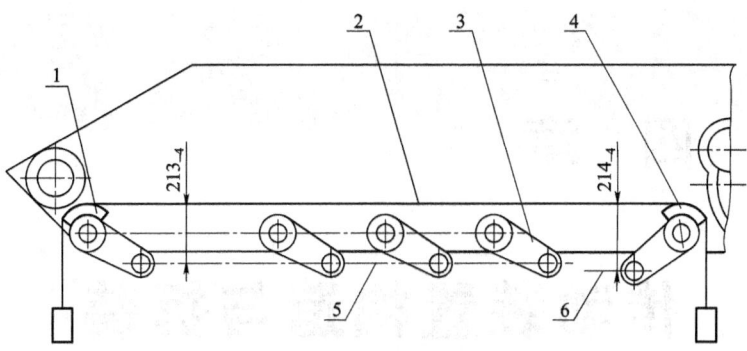

图 3-26 校正扭力轴角度示意图

1—前专用垫（WZ120·ZG34·001）；2—校正基准线；3—平衡肘；
4—后专用垫（WZ120·ZG34·002）；5—第 1、2、3、4 负重轮轴中心线；
6—第 5 负重轮轴中心线

# 第四章

# 传动装置构造与拆装

59式坦克传动装置主要指连接发动机和主动轮之间的所有部件。包括联轴节、传动箱、主离合器、变速箱、行星转向机、侧传动组成。如图4-1所示。

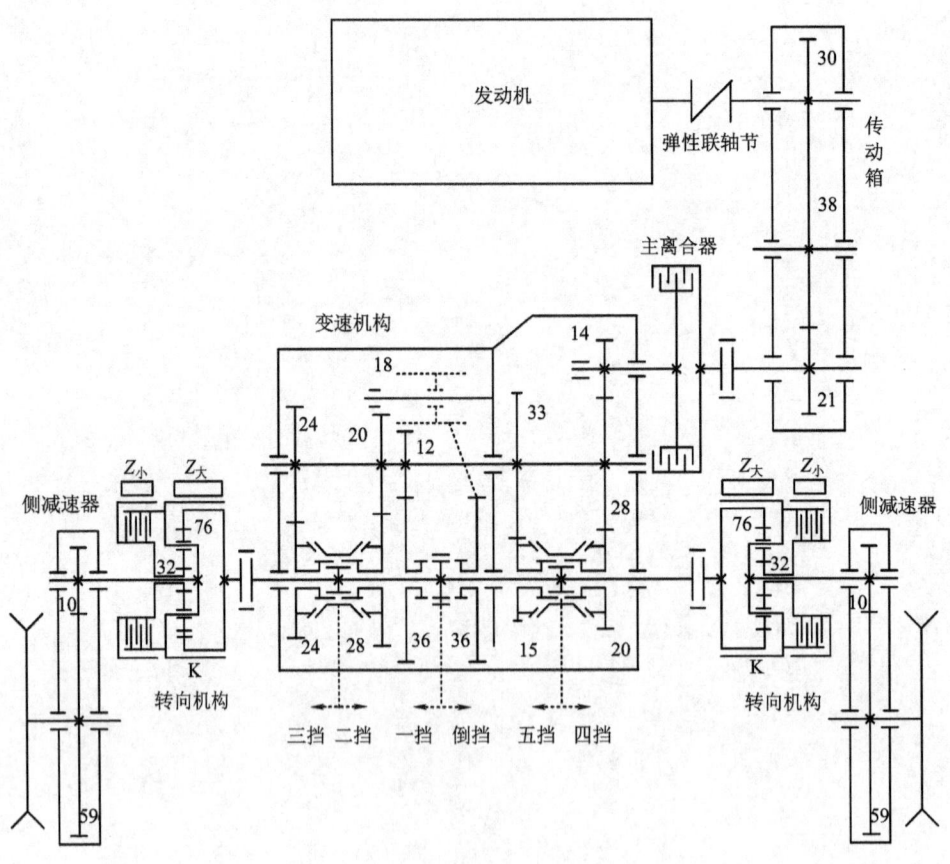

图4-1 59式坦克传动简图

# 第一节 齿轮传动箱的构造与拆装

## 一、齿轮传动箱构造

齿轮传动箱是发动机在车内横向布置时，为解决发动机动力向其他传动机件传输或满足匹配工作要求时所采用的一种传动部件（见图 4-1）。

### （一）功用

（1）连接发动机和主离合器，适应发动机和变速机构都横向布置的匹配。通过增速来减小主离合器、变速箱和行星转向机构所承受的扭矩及结构尺寸。

（2）发动机启动电机安装在传动箱支座上，经传动箱反向拖动发动机启动，可增大启动力矩。

### （二）构造

如图 4-2 所示，传动箱由主动轴总成、中间轴总成、被动轴总成、箱体和箱盖等组成。

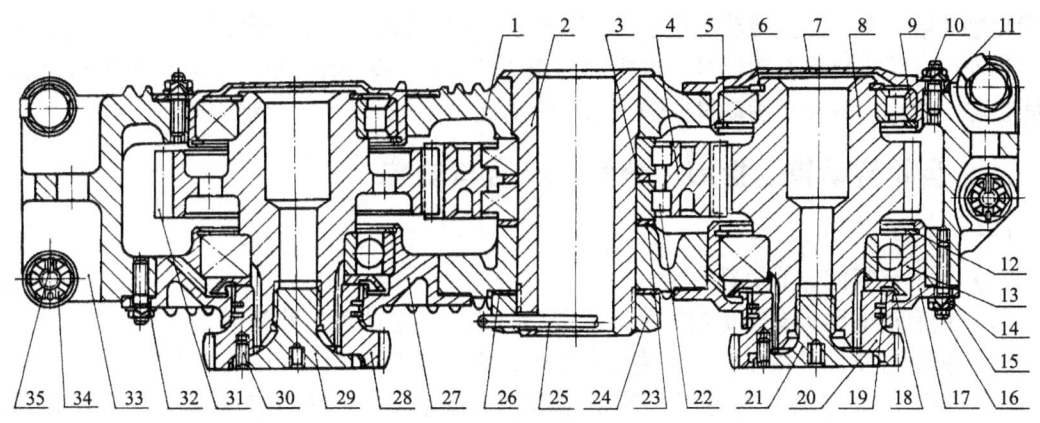

图 4-2　59 式坦克传动箱

1—传动箱体；2—中间齿轮轴；3、23—调整垫；4—中间齿轮；5、6、12—弹性挡圈；7、17、27—轴承座；8—被动齿轮；9—2218 向心滚子轴承；10、15、34—螺帽；11—纸垫；13—315 向心球轴承；14、32—锁紧垫片；16—双头螺栓；18—挡油盘；19—密封环；20—被动连接齿轮；21、29—固定螺塞；22—502218 滚子轴承；24—固定螺帽；25—插销；26—垫圈；28—主动连接齿轮；30—止动螺钉；31—主动齿轮；33—固定脚；35—开口销

1. 主动轴总成

由主动齿轮轴、连接齿轮、球轴承、滚子轴承及轴承座、固定螺塞、挡油盘、卡环、密封环等组成。

主动齿轮与轴制成一体。输入端用球轴承、远端用滚子轴承，分别支撑在箱体上。输入端轴承直接作用在铝制箱体上。球轴承外圈里端用卡环定位。滚子轴承的内环用轴肩和装在轴上的卡环定位。滚动轴承轴承座用双头螺栓和螺母固定在箱体上，并用锁片锁紧螺母。

连结齿轮通过花键套装在主动齿轮轴上，用固定螺塞固定。固定螺塞则用止动螺钉固定。

在连结齿轮小端外径上加工有左旋回油螺纹，并装有二道铸铁密封环；在连接齿轮与球轴承之间还装有挡油盘；在轴承座与箱体的结合面上装有石棉橡胶垫。

2. 中间轴总成

中间轴总成由中间齿轮、中间轴、两个滚子轴承、固定螺母和调整垫等组成。

中间齿轮用两个没有外圈的滚子轴承支撑在中间轴上，而中间轴采用压装方法装在箱体孔内。中间轴的伸出端用螺母固定后再用插销将轴与螺母锁住。中间轴中间齿轮工作时旋转而轴不转。为了防止中间轴转动，在中间轴有凸缘一端装有拧入箱体进行定位用的止动销。在轴承与箱体之间，还装有为压紧轴上零件的调整垫圈。

3. 被动轴总成

被动轴总成结构与主动轴总成基本相同。

4. 箱体与箱盖

箱体与箱盖采用铝合金铸成。箱体上设计有启动电机座、固定耳和散热片，其底部有放油口及螺塞。箱盖上装有通气管及注油管。

### （三）工作原理

发动机工作时，其动力经联轴器传至传动箱主动齿轮轴，再由主动齿轮、中间齿轮、被动齿轮轴传给主离合器。传动比小于1，传动箱输出转速增高，转矩降低。

当使用电动机启动发动机时，电机动力由主离合器启动齿圈反向通过传动箱被动齿轮、中间齿轮、主动齿轮传至发动机曲轴，这时传动比大于1，增大了启动力矩。

## 二、齿轮传动箱的拆卸、分解、组合与安装

### （一）拆卸

（1）拆下空气滤清器及其支架；

（2）用启动电动机支座螺帽扳手拆下带支座的启动电动机，见图4-3；

（3）拆下与发动机相连接的连接齿套卡板，将连接齿套推向发动机一边；

（4）拆下齿轮传动箱与主离合器相连的连接齿套卡板，将连接齿套推向齿轮传动箱一边；

（5）拆下齿轮传动箱的定位螺栓（靠左侧的）和固定螺栓；

（6）用传动箱吊具（WZ120·ZG1·01）吊出齿轮传动箱（注意保存好原配调整垫），见图4-3。

### （二）分解

（1）放出机油，拆下箱盖，取下纸垫；

（2）拆下主、被动连接齿轮固定螺塞：

A. 拧下主、被动连接齿轮固定螺塞的止动螺钉（拧不动时用 $\phi 6.5mm$ 的钻头钻掉），见图4-2；

B. 将固定齿弧（WZ120·ZG3·006）装到被动连接齿轮上，用专用扳手（WZ120·ZG3）拧下主、被动连接齿轮的固定螺塞，见图4-5。

（3）拔出主、被动连接齿轮，并从主、被动连接齿轮上取下密封环；

（4）拆下带齿轮的主、被动轴总成：

A. 拧下2218滚子轴承固定座的螺帽，从带齿轮的主、被动轴中心孔冲出2218滚子轴承固定座，再从轴承固定座上取下卡环及2218滚子轴承外圈；

第四章 传动装置构造与拆装  79

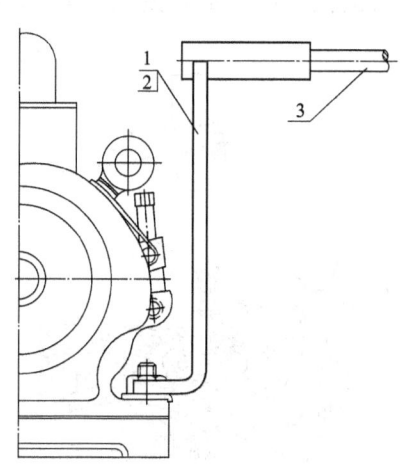

图 4-3 启动电动机拆装
1、2—启动电动机支座螺帽专用扳手（WZ120·ZG11、
WZ120·ZG42）；3—加力杆

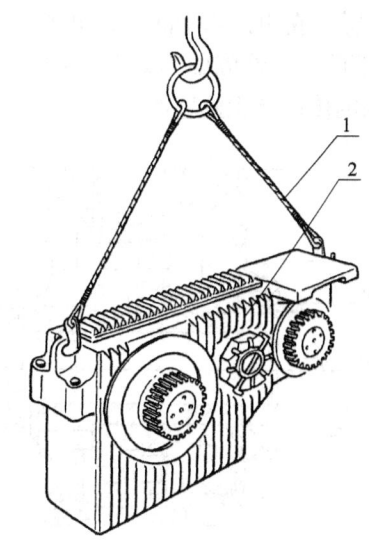

图 4-4 传动箱吊卸（安装）
1—吊绳（WZ120·ZG1·01）；2—齿轮传动箱

B. 拧下315球轴承固定座的螺帽，从2218滚子轴承一端冲出带齿轮的主、被动轴总成。

（5）分解带齿轮的主、被动轴总成：

A. 从带齿轮的主、被动轴上冲出315球轴承固定座总成，然后从轴承固定座内取下卡环、315球轴承及挡油盘，见图4-6；

B. 必要时，从带齿轮的主、被动轴上取下卡环，拔出2218滚子轴承，见图4-6。

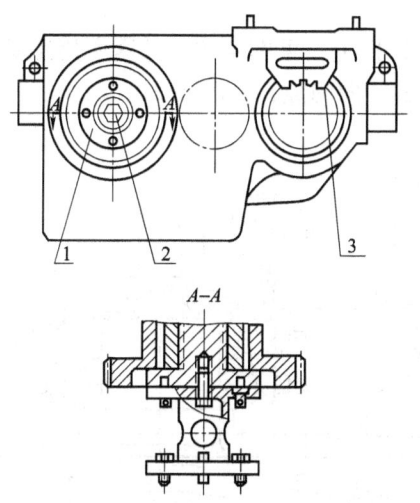

图 4-5 传动箱主、被动连接齿轮固定螺塞拆卸
1—传动箱螺塞扳手（WZ120·ZG3）；
2—中心固定螺栓（WZ120·ZG3·003）；
3—固定齿弧（WZ120·ZG3·006）

图 4-6 用专用卡环钳拆卸内卡环和外卡环
1—改锥；2—卡环钳；3—卡环

（6）拆下并分解中间齿轮总成：

A. 冲出插销，用专用工具（WZ120·ZG5）拧下固定螺帽，取下垫圈，见图4-7；

B. 压（或冲）出中间轴，见图4-8，从箱体中取出中间齿轮总成及调整垫，从中间齿轮上取下两个无外圈的502218滚子轴承和调整垫（有的没有调整垫）及两个O型密封圈（原结构的传动箱无此零件）。

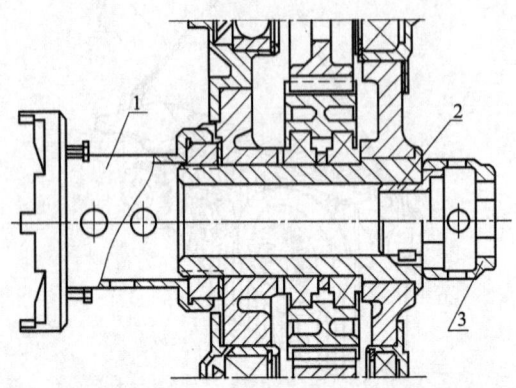 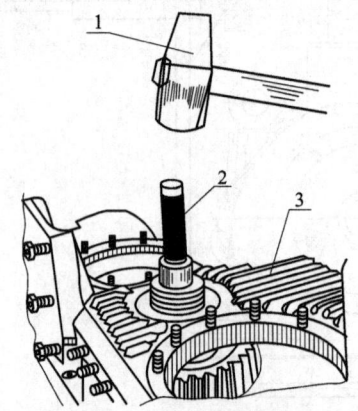

图4-7 传动箱中间轴固定螺帽拆卸
1—传动箱中间螺帽套筒（WZ120·ZG5）；
2—传动箱中间轴固定工具（WZ120·ZG5·005）；
3—变速箱主轴及中间轴螺帽套筒（WZ120·ZG4）

图4-8 中间轴的拆卸
1—大锤；2—安装冲子（WZ120·ZG35·001）；
3—齿轮传动箱箱体

**（三）组合**

（1）组合与安装中间齿轮总成。

A. 将两个无外圈的502218滚子轴承装在中间齿轮内；

**技术条件：**

——轴承的径向间隙应为0.08~0.25mm。

B. 将中间齿轮总成装到专用工具（WZ120·ZG22）上，见图4-9，拧紧专用工具固定螺帽（无专用工具时用虎钳夹紧），检查并调整齿轮的轴向间隙，见图4-10；

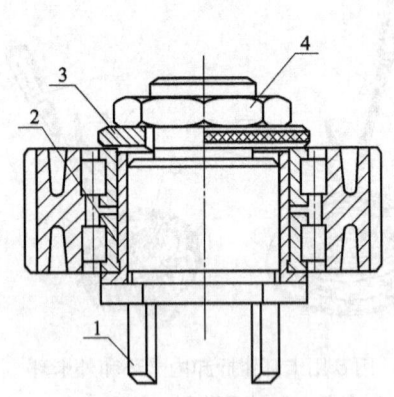 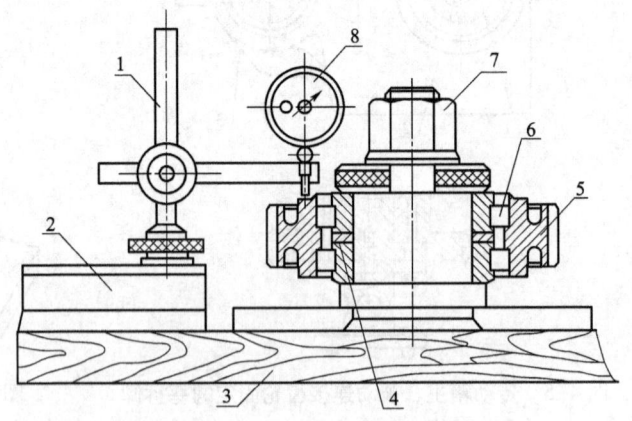

图4-9 滚子轴承调整工具使用
1—圆锥滚子轴承专用工具（WZ120·ZG22）；
2—衬套（WZ120·ZG22·005）；
3—压紧盖（WZ120·ZG22·003）；
4—螺帽（WZ120·ZC22·002）

图4-10 检查中间齿轮的轴向间隙
1—百分表架；2—平台；3—工作台；4—调整垫；5—中间齿轮；
6—502218滚子轴承；7—固定螺帽；8—百分表

**技术条件：**

——齿轮在轴承上的轴向间隙应为 0.1~0.5mm。不正确时，可增减调整垫的厚度进行调整。

C. 将中间齿轮总成和调整垫放入箱体内；

**技术条件：**

——调整垫的厚度应保证箱体与调整垫之间的间隙为 0.1~0.2mm。

D. 将 O 型密封圈放入中间轴轴端面的倒角内（原结构无此件）；

E. 在中间轴上涂上一层机油，在轴台肩处涂上铅油，然后将中间轴压入（或冲入）箱体内（装中间轴时应使调整垫、轴承、箱体孔同心，以免切断调整垫和碰坏螺纹，冲压中间轴时不应冲击台肩边缘，以免凸边变形断裂）；

F. 在中间轴装垫圈处涂高岭土腻子或缠上石棉绳，装垫圈时两面涂上铅油并套在中间轴上，拧紧固定螺帽，装上插销；

**技术条件：**

——中间轴固定螺帽的拧紧力矩应不小于 980N·m（100kg·m），拧紧后箱体与调整垫之间的间隙应消失，齿轮应能自如地转动。

G. 为防止中间轴转动，应在轴的凸缘端装上一个 φ8mm 止动销或 M8×1mm 止动螺钉，见图 4-11。

（2）组合带齿轮的主、被动轴总成，见图 4-12。

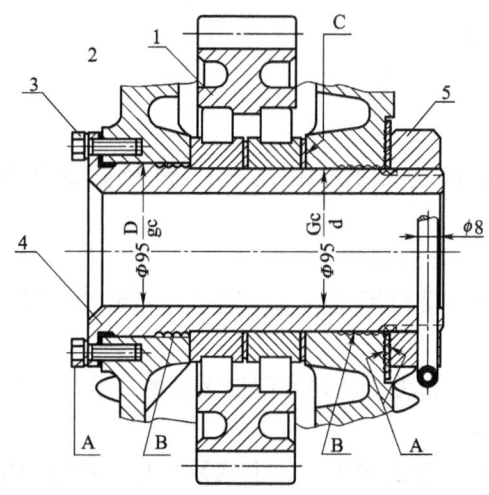

图 4-11 中间轴总成的装配
1—中间齿轮总成；2—箱体；3—止动螺栓；
4—中间轴；5—固定螺帽；A—涂腻子；B—涂铅油；
C—拧紧大固定螺帽前应有 0.1~0.2mm 间隙

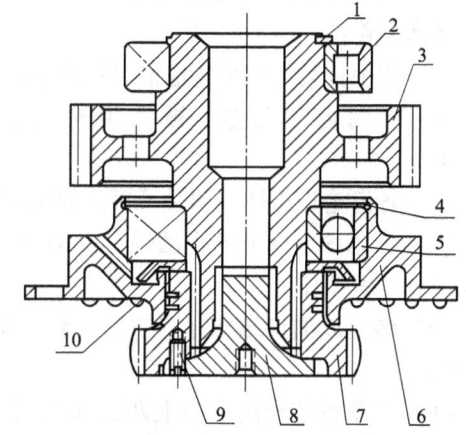

图 4-12 主动轴总成（被动轴结构与此相似）
1—卡环；2—2218 轴承；3—主动齿轮轴；4—卡环；
5—315 向心球轴承；6—轴承固定座；7—连接齿轮；
8—固定螺塞；9—止动螺钉；10—挡油盘

A. 选配密封环；

将密封环放入轴承固定座的配合孔内，用塞尺检查密封环的切口间隙与径向配合间隙。间隙合格后，取下密封环，按技术要求进行弯曲；

**技术条件：**

——切口间隙应为 0.1~0.25mm，若小时，可锉修切口端面；若大时，应更换密封环；

——径向配合间隙不大于 0.05mm（用 0.05mm 的塞尺应不能插入）；

——将密封环按右螺旋方向弯曲，弯曲后，切口对接处高度应为 6±0.5mm。

B. 将密封环上薄薄的涂上一层 2 号坦克润滑脂后，装到连接齿轮上；

**技术条件：**

——密封环的切口翘起面应紧贴糟壁，用 0.05mm 塞尺应不能插入。

C. 将 2218 滚子轴承压装到带齿轮的主、被动轴上，装上卡环；

D. 将挡油盘、315 球轴承装到轴承固定座内、装上卡环，然后一并压到带齿轮的主、被动轴上，直至轴承内圈顶紧轴的台肩。装上主、被动连接齿轮，拧上固定螺塞。

(3) 安装带齿轮的主、被动轴总成。

A. 在 315 球轴承固定座与箱体的结合面上，装上两面涂有铅油的纸垫，然后将带齿轮的主、被动轴总成装到箱体内（轴承固定座回油孔应朝下方），放上锁紧垫片，拧紧轴承固定座的固定螺帽；

B. 将 2218 滚子轴承外圈装到轴承固定座内，装上卡环；

C. 在 2218 滚子轴承固定座与箱体的结合面上，装上两面涂铅油的纸垫，然后装上 2218 滚子轴承固定座总成，放上锁紧垫片，拧紧固定螺帽。

(4) 放上专用齿轮齿弧，拧紧固定螺塞，见前图 4-8。

**技术条件：**

——固定螺塞的拧紧力矩应不小于 343N·m（35kg·m），拧紧过程中应用铜锤敲击固定螺塞和连接齿轮。

(5) 检查各轴总成的安装质量。

**技术条件：**

——用手转动连接齿轮应能灵活转动；

——中间齿轮与主、被动齿轮的啮合齿隙应为 0.12~0.85mm，齿隙差应不超过 0.15mm；

——各齿轮与箱体壁和轴承固定座的间隙不小于 1.5mm。

(6) 拧紧固定螺塞的止动螺钉（对新止动结构应装好固定螺塞锁紧垫片和弹性垫圈），并以两点冲铆锁住。

(7) 装上放油口螺塞并用铁丝锁紧，加注 6~7L 机油（从箱底起油平面的高度为 150±2mm）。

(8) 在箱盖结合面上装上两面涂有铅油的纸垫，装上箱盖，放上锁紧垫片，拧紧固定螺帽，将各轴承固定座及箱盖固定螺帽的锁紧垫片锁好。

(9) 在固定注油管的箱盖结合面上装上两面涂有铅油的纸垫后，装上注油管。

**（四）试验**

1. 试验规范

(1) 主动轴转速：1 400~1 600 r/min；

(2) 试验时间：30~40 min。

2. 试验要求

(1) 油温不应超过 80 ℃，不允许有局部过热现象；

(2) 各齿轮不应有不正常的响声；

(3) 各结合面不应有漏油现象。

3. 试验后，重新紧固所有外部螺帽并锁紧。

**注意事项：**

(1) 如主、被动连接齿轮固定螺塞拧紧后，止动螺钉孔未对正，应重新钻 $\phi6.8\times25$ 的孔，用 M8×1 的丝锥加工螺纹并配制相应的螺钉；

(2) 安装 2218 轴承固定座时，为防止滚子脱出滚道，应在 2218 轴承上涂满 2 号坦克润滑脂，在装入轴承固定座的同时转动齿轮轴，以防滚子顶卡轴承外圈端面；

(3) 2218 轴承固定座安装后，双头螺栓不应突出太长，以防传动箱在车上安装时顶住侧装甲板，影响定位螺栓的固定。

**（五）安装**

(1) 检查齿轮传动箱支架平面有无划痕、毛刺，有缺陷时应用细锉锉平。

(2) 将连接齿套套在被动连接齿轮上（带环槽的一端朝向主离合器）。

(3) 吊上齿轮传动箱，检查与支架的贴合情况。

**技术条件：**

——齿轮传动符与支架应紧密贴合，允许局部有间隙，但用 0.3mm 塞尺能插入的长度不大于 15mm，超过要求时可修整支架平面。

(4) 放上原来的调整垫，打入定位螺栓后，拧紧固定螺栓和定位螺栓的螺帽，校正好与发动机和变速箱的中心线，校正中心线的方法见第五章第五节。

**技术条件：**

——齿轮传动箱与变速箱的中心线，上、下、左、右径向间隙差不应超过 1mm，在半径 120mm 处测量左、右端面间隙差不应超过 1mm；

——齿轮传动箱与发动机中心线，上、下、左、右径向间隙差不应超过 1mm，在半径 200mm 处测量上、下，左、右端面间隙差不应超过 1mm。

若中心线不符合技术要求时，可取下定位螺栓重新校正，当箱体与支架孔不同心时，以支架孔为准锉修箱体螺栓孔，然后一起铰孔至修理尺寸，其修理尺寸为：$24.25D_5$ $(^{+0.084})$ $24.5D_5$ $(^{+0.084})$；$24.75D_5$ $(^{+0.084})$；$25D_5$ $(^{+0.084})$；$25.5D_5$ $(^{+0.084})$；$26D_5$ $(^{+0.084})$，铰孔后选配相应的定位螺栓（应用：手锤打入孔中，能用手插入螺栓时为不合格）。

(5) 复查中心线后，取下中心线校正器，检查连接齿套能否在连接齿轮全长上自如移动，否则要查明原因，然后用锁紧垫片将固定螺栓锁紧，用开口销锁紧定位螺栓。

(6) 用石墨润滑脂涂在发动机、齿轮传动箱、主离合器的连接齿轮、连接齿套的轮齿上。

(7) 将两个连接齿套套合后，装上卡板分别用开口销和铁丝锁紧卡板固定螺栓。

## 第二节　主离合器的构造与拆装

### 一、主离合器的构造

**（一）主离合器的功用**

在坦克装甲车辆的机械式传动系统中，一般在发动机与变速结构之间安装一个用来切断或传递发动机动力的主离合器，其主要实现如下功能：

（1）便于启动发动机。与发动机主轴连接的传动零件主要有离合器、变速机构主动部分，这些零件在启动发动机时跟随发动机曲轴一起旋转，增大了发动机启动的惯量。因此，为减小启动惯量，要断开发动机与变速机构之间的联系，应分离主离合器，使主离合器的被动部分以及和被动部分相联系的所有零件与发动机分开。

（2）便于坦克平稳起步和加速。启动发动机后，车辆起步行驶前，传动系大部分零件是不旋转的。旋转的发动机曲轴与静止的传动系如果突然结合，对坦克突然施加动力，车辆传动系统与坦克的平动质量产生巨大的惯性阻力，使发动机熄火，甚至损坏机件。当在发动机后装有主离合器时，就可通过主离合器逐渐柔和的接合，而使坦克平稳地起步。利用主离合器的柔和结合，保证坦克加速过程平稳，提高乘员的舒适度。

（3）便于换挡。为了适应不断变化的行驶条件，获得不同的行驶速度，变速机构经常要换用不同的排挡。对采用齿套来换挡的定轴变速箱，变速机构在传递动力时，那么啮合着的齿轮啮合齿面间的压力很大，换挡时，必须断开发动机与变速机构之间的动力连接，这样消除齿轮啮合齿面间的压力，使前一挡位的啮合齿轮脱开，摘挡容易。待啮合的主动齿轮，如果和发动机的动力没有断开，主被动齿轮间因啮合部位的圆周速度不等而难于进入啮合，且产生很大的齿端冲击，容易损坏机件。通过主离合器的分离，将待啮合的主动齿轮与发动机动力断开，降低主动边的转动惯量，采用合适的换挡动作，使待啮合齿轮的啮合部位的圆周速度接近相等，从而减轻齿轮间的冲击。使挂挡轻便。

（4）过载保护。坦克在行驶过程中可能遭遇到各种障碍如深沟、巨石、树木、堑壕等使车速突然减低，或各种情况下紧急制动使车速突然降低，而发动机与传动系等存在较大的惯量，这样在传动系中产生很大的惯性负荷而使传动零部件。装备主离合器后，传动系在出现各种超负荷的情况时，主离合器的主动部分与被动部分之间会过载打滑，可保护传动系的零部件。

59式主战坦克采用常闭可操纵多片干摩擦式主离合器。

**（二）59坦克多片主离合器构造**

59式主战坦克上使用的多片干摩擦式主离合器（图4-13）。该离合器装在变速箱主动轴上。主要由主动部分、被动部分、加压机构和分离机构组成。

1. 主动部分

主离合器的主动部分有与连接齿轮2做成一体的接合盘32，其上用螺栓固有轴承座5；通过向心球轴承3支承在变速箱主动轴上；接合盘32与主动鼓11用螺栓连接。主动鼓11上的内齿用来与主动摩擦片9的外齿套在一起。主动摩擦片9与被动摩擦片10间隔放置。

为保证在发动机工作状态下，动力舱可靠冷却，发动机冷却风扇传动主轴与主离合器主动部分的连接齿轮2相连接，其通过外花键与连接齿轮2内部的内花键连接。防止风扇传动主轴的轴向窜动通过盖板1实现。

动力通过连接齿套从传动箱传递给主离合器的连接齿轮2，进而传递到主动片9上。

2. 被动部分

被动部分由八片被动摩擦片10和被动鼓14组成。被动片10与被动鼓14通过花键连接，并能在被动鼓14上滑动。而被动鼓14与变速箱主动轴用花键相连接，用螺帽34轴向固定。

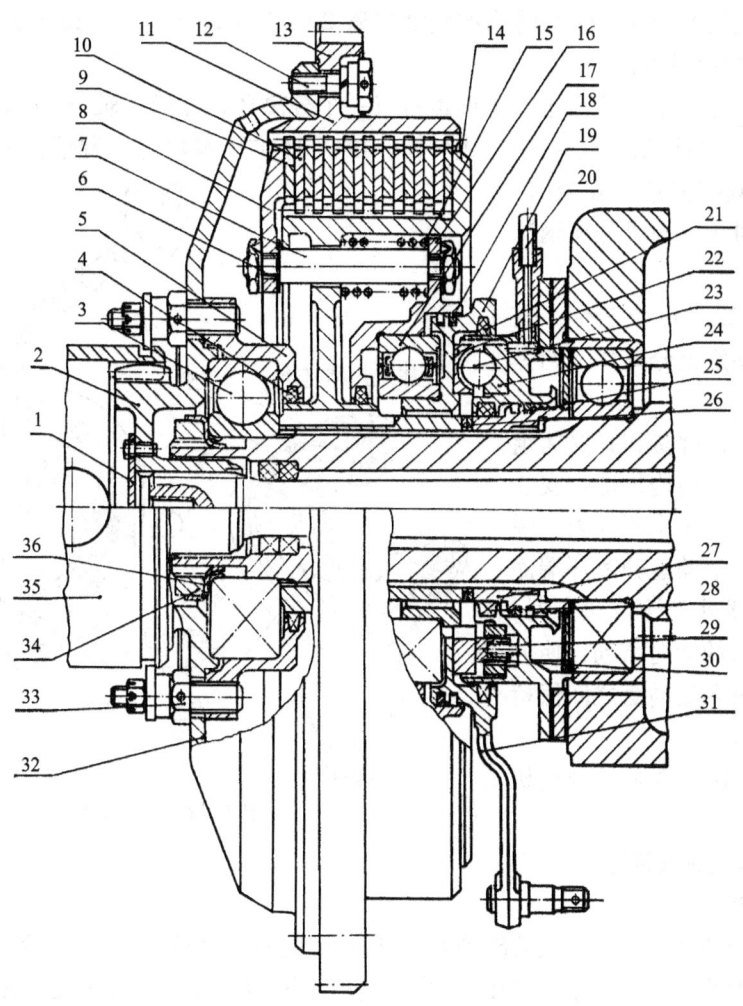

图 4-13 多片主离合器

1—盖板；2—连接齿轮；3—314 向心球轴承；4、21、28—毡垫；5—轴承座；6—调整垫；7—弹簧销；8—压板；9—主动摩擦片；10—被动摩擦片；11—主动鼓；12、33—固定螺栓；13—启动齿圈；14—被动鼓；15、29—弹簧；16—压缩轮盘；17—60722 向心球轴承；18、25—密封环；19—活动盘；20—注油管；22—活动盘分离环；23—分离钢球；24—固定盘分离环；26—调整垫；27—支承套；30—弹簧筒；31—活动盘拉臂；32—接合盘；34—主动轴螺帽；35—连接齿轮；36—锁紧垫圈

### 3. 加压机构

加压机构包括压板 8，十八根弹簧销 7，十八根弹簧 15 和压缩轮盘 16。

十八根弹簧销 7 穿过被动鼓 14 的十八个孔的一端与压板 8 相连接，另一端与压缩轮盘 16 相连接。压板 8 的工作表面和被动鼓 14 的凸边端面，都与主动摩擦片相接触。套在弹簧销上的十八根弹簧 15 的一端压在被动鼓 14 上，另一端压在压缩轮盘 16 上。压缩弹簧的弹力使压板压紧主被动摩擦片。

### 4. 分离机构

分离机构包括活动盘 19，固定盘分离环 24、三个分离钢球 23、球轴承 17 和顶压装置。

固定盘分离环 24：与变速箱主动轴轴承座一起固定在变速箱箱体上。在其外圆柱表面上焊有向分离机构及轴承加注润滑脂的注油接管 20。分离环上有三个球形倾斜弹子凹槽和三个安装顶压装置的圆孔。

活动盘 19：套装在固定盘上，上面也铆有一个分离环，并通过轴承 17 支撑在压缩轮盘 16 内。活动盘 19 与活动盘拉臂 31 做成一体，拉臂 31 的下端焊有拉臂销。两个分离环上各有三个圆弧形倾斜凹槽。安装时，两倾斜凹槽相对正，构成分离钢球 23 的工作滚道。

分离钢球 23：共计三个，安装在活动盘与固定盘分离环上的弹子槽内。

顶压装置：由弹簧和弹簧筒组成，共有三个。它们均匀地被安装在固定盘分离环的三个圆孔内。弹簧将弹簧筒压在活动盘分离环端面上。当主离合器处于结合状态时，它能防止活动盘的轴向窜动，使分离弹子与固定盘和活动盘之间保持一定的间隙。

图 4-14 是该离合器的分离机构立体图。

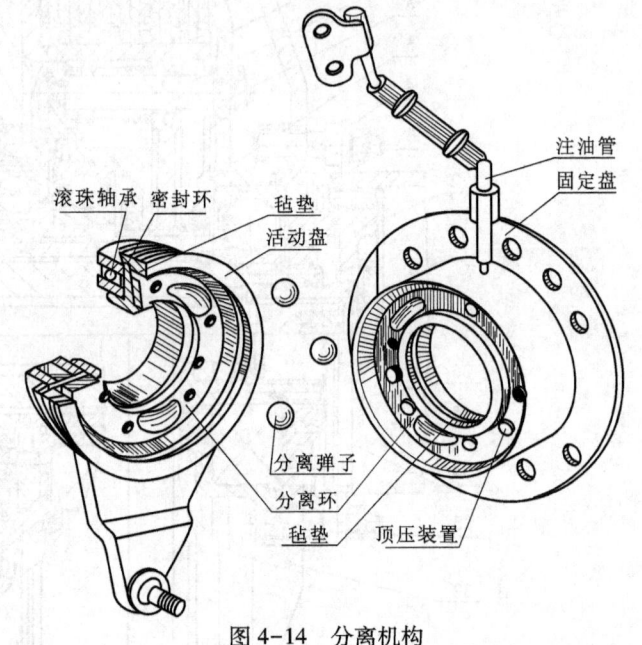

图 4-14 分离机构

### （三）工作过程与调整

**1. 动力传递**

当主离合器结合时，发动机输出动力经过弹性联轴器、齿轮传动箱传给主离合器主动部分。主离合器中的主、被动摩擦片在加压机构中弹簧的作用下被压在一起。主动部分和被动部分整体旋转。动力即传递给变速箱。

**2. 分离**

当驾驶员踏下主离合器踏板，操纵装置工作，带动活动盘拉臂向前转动。在没有操纵前，分离弹子在固定盘和活动盘间的状态如图 4-15 中（a）所示。而此时，由于活动盘拉臂向前转动使得活动盘和固定盘之间的斜槽相对位置发生变化，轴向的对应深度减小。三个分离弹子与活动盘和固定盘在斜槽中的轴向间隙逐渐减小，直至消失，此时，分离弹子状态如图 4-15（b）所示。继续踩踏板，这时，由于间隙消失，固定盘和活动盘之间的相对深度无法继续变小，分离弹子迫使活动盘向左轴向移动，并通过球轴承 17、压缩轮盘 16、弹簧销 7 等零件压缩弹簧 15，使压板 8 也向左轴向移动，使得原来压紧的主、被动摩擦片之间失去压力，中断了动力的传递，主离合器分离。当踏板踩到极限位置时，主离合器被彻底分离，发动机动力被切断。这时分离弹子状态如图 4-15（c）所示。

**3. 结合**

驾驶员松开主离合器踏板，活动盘 19 向后转动一个角度，十八根弹簧 15 的力量，一端压在被动鼓上，另一端向右推动压缩轮盘 16、弹簧销 7、压板 8、轴承 17 和活动盘 19。迫使分离

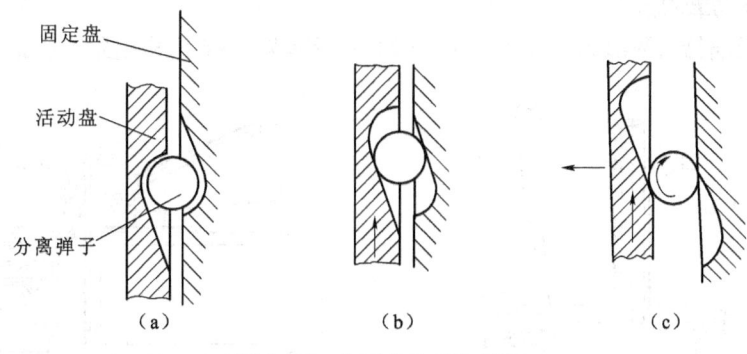

图 4-15　分离机构工作原理

弹子由浅槽向深槽滚动，压板 8、活动盘 19、压缩轮盘 16 轴向向右移动。主、被动摩擦间的间隙逐渐消失而被压紧。发动机动力经主离合器传给变速箱。当活动盘回复到初始位置时，分离弹子与活动盘、固定盘之间的轴向间隙重新得到恢复，主离合器结合过程结束。

4. 打滑

当坦克负载剧烈变化时，在旋转机件上的惯性力矩将大于主离合器能够传递的最大力矩，此时主离合器内的主、被动摩擦片之间将自行产生滑摩，从而保护传动机件不致因过载而损坏。

5. 分离弹子间隙调整

为保证主离合器主被动摩擦片可靠压紧，传递动力可靠，装配时，在分离机构中应留有弹子自由间隙。经过一段时间的使用，因摩擦片的磨损会使弹子间隙逐渐减小。如果自由间隙减小到一定程度，主被动摩擦片不能够可靠地压紧，就必须调整自由间隙。在设计之初，每个弹簧销的凸肩与压板之间存在两个 0.5mm 厚的调整垫 6。当摩擦片磨损变薄而使自由间隙变小时，可从 18 根弹簧销上各取下一个调整垫。使自由间隙恢复。当通过取消两个调整垫都已经满足不了自由间隙时，则需要更换摩擦片。

## 二、主离合器的拆卸、分解、组合与安装

**（一）拆卸**

（1）从车内吊出带主离合器的变速箱；

（2）拆下接合盘与毡垫盖连接的固定螺栓，取下主动鼓总成和风扇联动装置主动轴；

（3）用专用扳手（WZ120·ZG4）拧下固定螺帽；

（4）用起拔器（WZ120·ZG24·001·002·007·009）拔出（或撬出）带 314 向心球轴承的毡垫盖；

（5）取下带活动盘的被动鼓总成，调整垫、分离钢球及顶压装置。

**注意事项：**

A. 取下被动部分后，应注意保存好分离钢球和原有调整垫；

B. 顶压装置弹簧筒与行星转向机闭锁离合器顶压装置弹簧筒不同，应注意保存，防止混淆。

**（二）分解**

（1）从被动鼓上撬出活动盘总成，见图 4-13，从活动盘上取下密封环，冲出 60722 向心球轴承，取下毡垫，见图 4-16；

(2) 分解被动鼓总成：

A. 用弹簧压缩器（WZ120·ZG25·01、02）压缩弹簧，拧下压板固定螺帽，见图4-17；

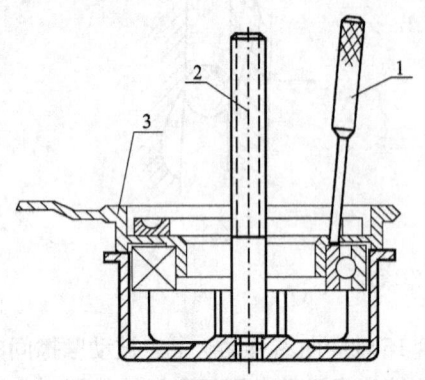

图 4-16 60722 向心球轴承的拆卸
1—60722 向心球轴承冲子（WZ1·20·ZG13）；
2—底座（WZ120·ZG25·02）；3—活动盘

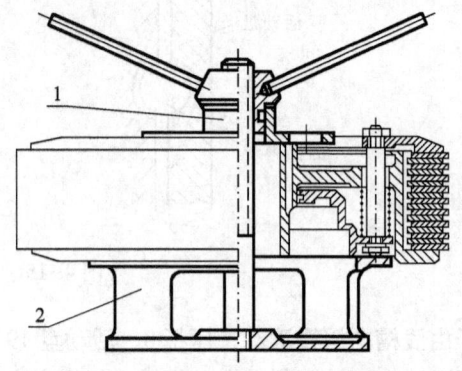

图 4-17 主离合器被动部分分解
1—转把（WZ120·ZG23·01）；
2—弹簧压缩器底座（WZ120·ZG25·02）

B. 松开弹簧压缩器，取下压板、调整垫圈、摩擦片、被动鼓及弹簧；

C. 从压缩轮盘上取下毡垫，拧下必须更换的弹簧销（经鉴定后进行）。

(3) 必要时，拧下接合盘固定螺栓，从主动鼓上拆下接合盘；

(4) 从 314 轴承座上冲出 314 向心球轴承，取下毡垫。

（三）组合

(1) 组合活动盘。

A. 将用机油浸透过的毡垫，装到活动盘上；

B. 将 60722 向心球轴承内涂满 2 号坦克润滑脂（约30g），然后装入活动盘（有防尘盖的一面朝向活动盘）；

C. 选配密封环：将密封环放入压缩轮盘配合孔内，用塞尺检查切口间隙和径向配合间隙，上述间隙合格后，取下密封环进行弯曲；

技术条件：

——切口间隙应为 0.1～0.6mm，若小于 0.1mm，可锉修切口端面，大于 0.6mm 时需更换；

——径向配合间隙用 0.05mm 的塞尺应不能插入；

——上述间隙合格后，将密封环弯曲成弧形，弯曲后的弧形高度应为 3±0.5mm。

D. 在密封环上涂上一薄层 2 号坦克润滑脂，将其装入活动盘环形槽内并使切口互相错开。

技术条件：

——密封环切口与槽壁有间隙的一面应朝向压缩轮盘（来油方向），而切口处翘起的一面应紧贴槽壁，用 0.05mm 的塞尺不应通过。

(2) 组合压缩轮盘总成。

A. 选配弹簧销；

技术条件：

——全套弹簧销从台肩处测量，其长度公差不大于 0.1mm。

B. 将弹簧销螺纹短的一端装到压缩轮盘上，放上锁紧垫片，拧紧固定螺帽，检查弹簧销与压缩轮盘的垂直度，合格后锁好锁紧垫片；

技术条件：

——弹簧销应能自如地通过被动鼓的弹簧销孔。

C. 将用机油浸透过的毡垫装到压缩轮盘内。

（3）选配全套摩擦片。

技术条件：

——摩擦片应能借自身重量自如地在主、被动鼓齿槽内移动；

——摩擦片压紧后的总厚度应为 85.3~86.2mm（原结构的主离合器摩擦片总厚度为 84.7~85.5mm），在最大直径处的对角厚度差不应大于 0.3mm。如果安装旧摩擦片，可增加摩擦片一至二片，但不得增加摩擦面。

（4）将压缩轮盘总成放在弹簧压缩器上，放上弹簧、被动鼓和摩擦片（先装主动摩擦片，然后被、主动摩擦片交替安装）。

（5）在每个弹簧销上套上两个各为 0.5mm 厚的调整垫圈，放上压板，对称交替拧紧 18 个弹簧销的固定螺帽，拧紧弹簧压缩器转把，压缩弹簧。

（6）放上锁紧垫片，拧紧压板固定螺帽，使摩擦片牙齿对正后，松开弹簧压缩器，锁好锁紧垫片。

（7）将接合盘装到主动鼓上，拧紧固定螺栓并用铁丝锁紧。

（8）将活动盘总成装入压缩轮盘。

技术条件：

——活动盘应能在压缩轮盘内灵活地转动。

（9）将用机油浸透过的毡垫，装到 314 轴承座内。

（10）往 314 轴承内涂上 2 号坦克润滑脂，然后装到 314 轴承座内。

（四）试验

将主离合器安装在试验台上，并在半分离的状态下进行试验。

1. 试验规范

（1）试验时压板工作行程（保持半分离状态）为 1.5~2mm；

（2）试验转数：1 700~2 000 r/min；

（3）试验时间：20~30 min；

（4）在齿圈上测量主离合器的最大径向摆差不得大于 0.4mm；

（5）在齿圈的端面测量主离合器的最大端面摆差不得大于 0.8mm（在主离合器分离时测量）。

2. 试验要求

（1）轴承温度不应超过 85 ℃；

（2）试验中不应有不正常的响声。

3. 试验后检查

（1）主离合器应能自如地进行分离，不得有卡住现象。主离合器完全分离时，主动鼓应能用手灵活转动；

（2）转动分离的主离合器，在活动盘拉臂销端面处测量，其端面摆盖应不大于 0.3mm；

(3) 主离合器压板行程应为 7~8mm。

**注意事项：**

（1）冲出 60722 轴承时，冲子要对准轴承内圈，以免损坏轴承上的防尘盖；

（2）分解主离合器被动部分时严禁不用弹簧压缩器压缩就分解，以防零件弹出伤人；

（3）主离合器弹簧销是分组的，销上冲有点标记，相同的点数为一组，全套弹簧销同时更换时，应选配相同点数的销子；

（4）有的主离合器在 314 轴承座与接合盘的结合部位装有 O 形密封圈；

（5）安装前应将摩擦片擦净，并用高压空气吹干；

（6）每个弹簧销顶端的 2 片调整垫厚度为 0.5mm，各弹簧销上的调整垫数量应相等。

**（五）安装**

（1）调整钢球间隙，见图 4-18。

**技术条件：**

——每组钢球直径差不得超过 0.05mm；

——拧紧主动轴固定螺帽的拧紧力矩为 882N·m（90kg·m）；

——钢球间隙：

新结构应为 2.2~2.6mm，相当于活动盘拉臂的自由行程弦长 27~30mm；

原结构应为 1.3~1.6mm，相当于活动盘拉臂的自由行程弦长 17~22mm。

**调整方法：**

A. 将调整垫（一般厚度为 4.5~5mm）、分离钢球、带活动盘的被动鼓总成及专用支承套装在变速箱主动轴上，以不小于 882N·m（90kg·m）的力矩拧紧主离合器固定螺帽，见图 4-19；

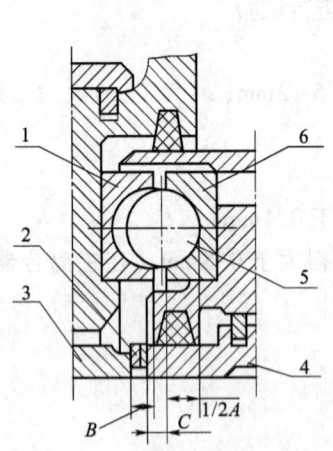

图 4-18 钢球间隙调整示意图

1—活动盘；2—调整垫；3—被动鼓；4—密封衬套；
5—分离钢球；6—固定盘

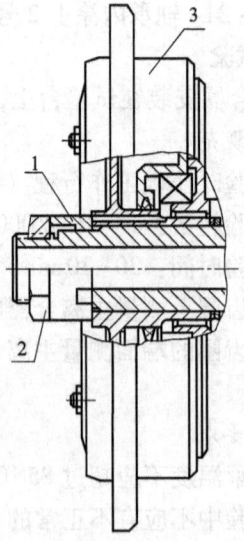

图 4-19 主离合器钢球间隙调整套使用

1—钢球间隙调整套（WZ120·ZG14）；
2—固定螺帽；3—主离合器

B. 在活动盘拉臂连接销处测量自由行程（应先分离主离合器数次），若小于17mm，应增加调整垫，若大于22mm，则减少调整垫，调整垫增加或减少0.1mm时，活动盘拉臂自由行程相应改变1.3~1.4mm；

C. 钢球间隙调整合格后，拧下主离合器固定螺帽，取下专用支承套、带活动盘的被动鼓总成及分离钢球。

（2）在钢球槽内涂上2号坦克润滑脂，然后将顶压装置、分离钢球装在固定盘上。

（3）装上带活动盘的被动鼓总成（钢球槽应对正分离钢球，活动盘拉臂应垂向下方）。

（4）装上毡垫盖及向心球轴承（轴承内应涂满2号坦克润滑脂），放上锁紧垫片，拧紧主离合器固定螺帽，锁好锁紧垫片。装上风扇联动装置主动轴（有螺孔的一端向外）。

**技术条件：**

——主离合器固定螺帽的拧紧力矩应不小于882N·m。

（5）将纸垫分别装到314轴承外圈两端面上，往接合盘连接齿轮毂内涂2号坦克润滑脂，然后装上主动鼓总成（对正螺孔），拧紧接合盘与毡垫盖的固定螺栓（双头螺栓对称地装在螺孔间距较小的位置上）并用铁丝锁紧。

（6）装上活动盘拉杆，并绑在变速箱上，往车内安装带主离合器的变速箱总成。

（7）调整主离合器操纵装置的自由行程和压板行程。

**技术条件：**

——纵拉杆自由行程应为7~9mm；

——压板行程应为6.5~7.5mm。

**注意事项：**

A. 安装锁紧垫片时，应在垫片两面涂上石墨粉或润滑脂，防止摩擦力过大损伤锁紧垫止动爪；

B. 如锁紧垫片止动爪过长，安装时可将止动爪向外装入垫片；

C. 固定螺帽拧紧力矩不宜过大，应按标准力矩拧紧，以防损伤螺纹造成固定螺帽松动；

D. 安装、调整钢球间隙时，应使活动盘先分离数次后再测量活动盘拉臂摆动行程，否则，易出现假行程。

# 第三节 变速箱的构造与拆装

## 一、变速箱的构造

### （一）变速箱的作用

变速箱是车辆传动系中的一个重要部件。它装在主离合器与转向机构之间，用来改变发动机与主动轮间的传动比（即发动机转速与主动轮转速之比），以便在较大的范围内改变坦克主动轮上的扭矩和坦克行驶速度的大小。

对于定轴或行星变速箱来说，其功用可以归结为：

**1. 扩大了车辆动力装置的转速与扭矩范围**

坦克等装甲车辆，行驶阻力的变化很大，变化范围一般在十倍以上，要求坦克主动轮上的扭矩变化范围也很大。坦克的行驶速度从障碍行驶到高速行军，变化范围也很大。

目前坦克上采用较多的活塞式内燃发动机,它适应外界阻力的变化较小,工作转速变化范围也不大,不能满足坦克行驶速度和主动轮上扭矩变化范围的要求。因此,在传动系中安装变速箱后,扩大了动力装置的转速和扭矩范围,满足坦克对行驶速度和输出牵引力的需要。

2. 使车辆具有倒向行驶功能

由于内燃发动机的曲轴只能向一个方向转动,因此无法直接利用发动机实现车辆的倒向行驶。需要在车辆的变速机构中增加倒向行驶功能。

3. 使车辆具有空挡功能

变速箱内的空挡机构可使发动机动力传至变速箱时,实现动力不输出,方便了离合器的换挡操作。另一方面,坦克装甲车辆的主离合器为常闭可操纵式,空挡状态下驾驶员可以在发动机不熄火的条件下离开座椅,为驾驶、维修等操作带来了方便。空挡也是有级式变速箱换挡时所必须的。

4. 可实现发动机动力的分流

通过变速箱可以将发动机的部分动力用于驱动风扇传动、助力(或辅助)油泵装置,以实现动力与传动装置的冷却、助力操作和传动机件的润滑等多项功能。或者某些工程用的履带车辆,可以通过变速箱输出部分动力进行特种作业或水上行驶功能。

(二)59 坦克变速箱工作原理与构造

59 坦克变速箱具有五个前进挡和一个倒挡(图 4-20)。变速箱中有四根互相平行的轴,即主动轴、中间轴、主轴和倒挡轴,它们在车内都是横向放置。在主动轴伸出变速箱的一端,安装着主离合器。主轴两端通过联轴器与左右两侧的行星转向机连接。

1. 变速箱的工作原理

图 4-20 是该主战坦克变速箱传动简图。图中的数字为各齿轮的齿数。动力经主离合器传至主动轴后,经过主动齿轮 Z14 和四挡主动齿轮 Z28,带动中间轴传动。中间轴上由右向左依次用花键连接着四挡、五挡、一倒挡、二

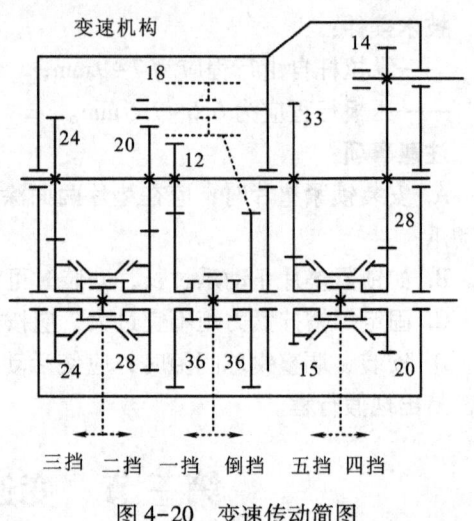

图 4-20 变速传动简图

挡、三挡主动齿轮。主轴上的各挡被动齿轮都是通过滚针轴承支承在主轴上。除了倒挡外,各挡主动齿轮又分别与主轴上各相应挡的被动齿轮相啮合。倒挡动力传递中,增加了一个中间齿轮。在一挡与倒挡被动齿轮之间装有一个滑动齿套,二挡和三挡被动齿轮中间、四挡与五挡被动齿轮中间各装有一个同步器。

(1)空挡

滑动齿套和同步器都在中间位置,它们与各挡被动齿轮未结合。各个主轴上的各挡被动齿轮与主轴之间没有动力传递,中间轴上各挡主动齿轮带动主轴上各挡被动齿轮空转,主轴上无动力输出。此时坦克处于空挡状态。

(2)前进挡

变速箱传动比将使坦克在行驶中能够根据地面的条件,采用不同的行驶速度和获得不同

的牵引力。

当变速箱挂一至五挡时，发动机动力经联轴器、传动箱、主离合器、变速箱主动齿轮轴、四挡主动齿轮、中间轴上各挡主动齿轮、主轴上各挡被动齿轮、滑动齿套或同步器换挡机构传至主轴。由主轴两端再输往左右行星转向机。

应当指出，同一时刻只能挂一个排挡，变速箱才能正常工作（该功能由操纵装置完成）。变速箱各挡传动比 $i$ 可计算如下（各挡齿轮的齿数见图 4-20）：

一挡：$i_1 = \dfrac{28}{14} \dfrac{36}{12} = 6$

二挡：$i_2 = \dfrac{28}{14} \dfrac{28}{20} = 2.8$

三挡：$i_3 = \dfrac{28}{14} \dfrac{24}{24} = 2$

四挡：$i_4 = \dfrac{28}{14} \dfrac{20}{28} \approx 1.43$

五挡：$i_5 = \dfrac{28}{14} \dfrac{15}{33} \approx 0.91$

（3）倒挡

车辆需要倒向行驶时，需要变速箱挂倒挡。在中间轴与主轴之间增加了一根倒挡轴。动力传递增加了一次齿轮啮合，多改变一次齿轮旋转方向。

倒挡：$i_{-1} = -\left(\dfrac{28}{14} \dfrac{18}{12} \dfrac{36}{18}\right) = -6$（负号表示输出方向与输入方向相反）

2. 变速箱的构造

变速箱用三个支点支承在坦克车体的底部装甲板上的支架上。箱体前部通过箱体上的固定脚支承在变速箱前支架上，用四个螺栓固定，变速箱后部通过主轴两侧的轴承座支承在左右支架上。变速箱由主动轴、中间轴、倒挡轴、换挡机构、风扇传动、箱体等几部分组成。如图 4-2 所示。

（1）主动轴部分

主动轴部分由主动齿轮轴、一个球轴承、一个滚子轴承、轴承座、挡油盘、调整垫、密封衬套及密封环等组成，其作用是将主离合器传来的动力传给中间轴和风扇传动装置。

主动轴 14：主动轴 14 与主动齿轮制成一体，通过两个向心球轴承 13 和 16 支承在箱体上。主动轴 14 两端的螺帽 1 和 21 分别用锁紧垫 2 和 22 锁紧防松。主动轴 14 是空心的，风扇传动主动轴 3 从其中间穿过。在主动轴 14 的内孔中，风扇传动主动轴 3 上，套装有两个橡胶密封环。轴 3 的右端用花键与主离合器主动盘连接，轴 3 左端也通过花键与风扇传动主动齿轮盖 23 连接。盖 23 用螺栓与支承在两个球轴承 19 上的风扇传动主动齿轮 18 连成一体，保证了无论主离合器是处于分离还是结合状态，只要发动机一工作，就可带动风扇传动主动齿轮 18 转动，使发动机得到可靠的冷却。轴 3 的轴向位置，左端被盖 23 上的卡环限制，右端被主离合器主动盘上的盖限制。

主动轴轴承座 11：与主离合器固定盘 7 一起固定在箱体上。为防漏油，在轴承座与箱体及固定盘的结合面之间均装有纸垫。在固定盘与球轴承之间还装有密封环 6 和调整垫。

球轴承 13、16：轴承 13 的内环、支承套 5 和主离合器一起用螺帽 1 轴向固定。轴承 16 的内环、间隔环 17、两个球轴承 19 的内环等轴向用螺帽 21 固定。轴承 13 的外环通过轴承套 11 支承在箱体上。在轴承 13 外边有挡油盘 9，并在固定盘 7、轴承套 11 和箱体上都开有回油孔道。轴承 16 的外环则是直接支承在箱体上，轴向没有固定，这样就可满足装配和工作时，零件轴向尺寸变化的要求。轴承 13 承受径向力和承受分离主离合器时所产生的轴向力，而轴承 16 只承受径向力。

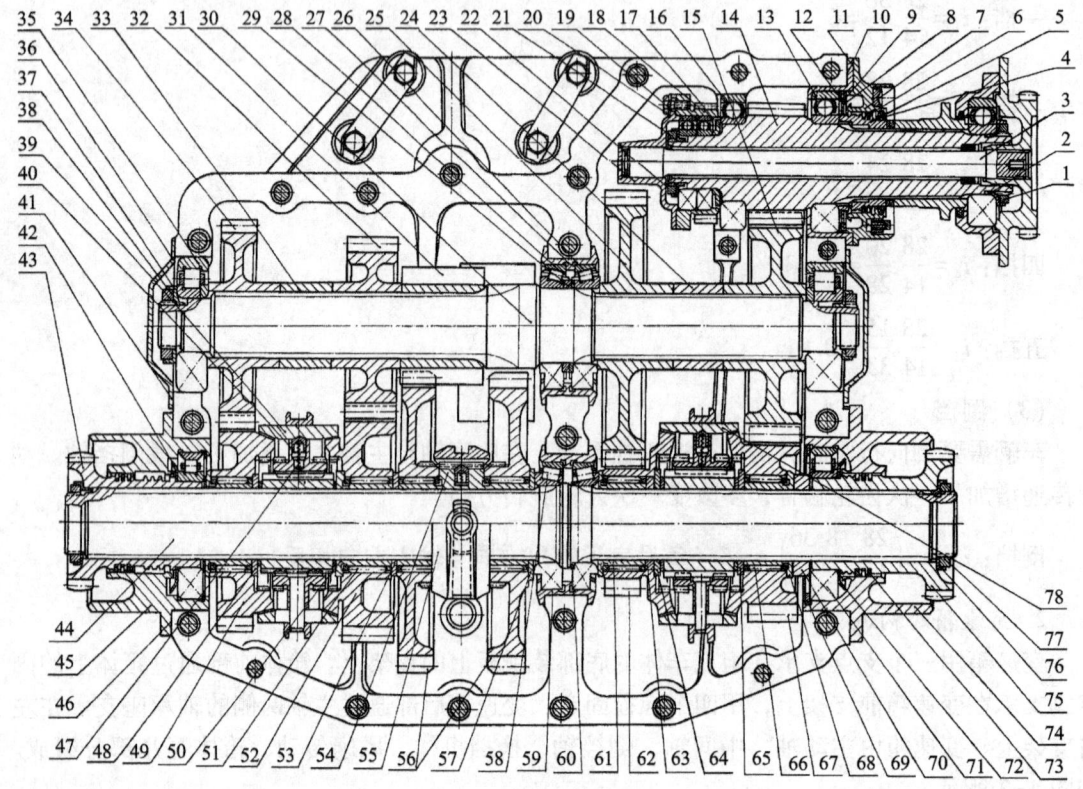

图 4-21 变速箱结构

1、21、38、77—固定螺帽；2、22、37、76—锁紧垫圈；3—风扇传动主动轴；4—毡垫；5—密封衬套；
6、73—密封环；7—固定盘；8、12、28、60—调整垫；9、42、72—挡油盘；10、41、46—纸垫；
11、27、45、59、74—轴承固定座；13、16—218 向心球轴承；14—主动轴；15—四挡主动齿轮；
17、48、53、57、64、65—间隔环；18—风扇联动主动齿轮；19—212 向心球轴承；20—螺栓；
23—主动齿轮盖；24、33—支承套；25—五挡主动齿轮；26、58—7216 圆锥滚子轴承；29—支撑环；
30—中间轴；31——、倒挡主动齿轮；32—二挡主动齿轮；34—三挡主动齿轮；35—92412 向心滚子轴承；
36—中间轴盖；39—二、三挡同步器体；40—定位器弹簧筒；43—左连接齿轮；44—主轴；47—定位器弹簧；
49—三挡被动齿轮；50、61、68—滚针衬套；51、66—滚针；52—二挡被动齿轮；54——、倒挡连接齿轮；
55—滑接齿套；56——、倒挡被动齿轮；62—五挡被动齿轮；63—衬环；67—四挡被动齿轮；69—卡环；
70—调整环；71—2218 向心球轴承；75—右连接齿轮；78—四、五挡同步器体

密封衬套 5：通过花键装在主动轴 14 上。衬套前端顶住轴承 3 内圈，后端装有调整主离合器弹子间隙的调整垫圈。衬套上还加工有回油螺纹和装有两道铸铁密封环 6，外端还装有密封毡垫 4。防止变速箱内的油液外漏。

(2) 中间轴部分

中间轴 30：中间轴 30 通过三个轴承支承在箱体上。中间支点是两个向心推力圆锥滚子轴承 26，其外环较厚的端面与中间支承座 27 内孔凸肩接触，两内环之间有支撑环 29 和调整垫 28。中间支承座 27 用其左右两端的凸缘卡在箱体隔板上，故中间支承座是固定的。轴两端各有一个短圆柱滚子轴承 35，直接支承在箱体上，轴向没有固定。

主动齿轮：轴上各挡主动齿轮和支撑套 24 及 33 都靠花键与轴连接。轴上所有零件分别由轴两端的螺帽 38 固定，用锁紧垫 37 防松。

(3) 主轴部分

主轴 44：主轴 44 的结构形式与中间轴相同，也有三个支点。中间支点也是两个向心推力圆锥滚子轴承 58。两个圆锥滚子轴承 58 之间放置调整垫 60 以调整轴承间隙。中间支承座是固定的。主轴两端各有一个向心短圆柱滚子轴承 71，分别支承在主轴座 45 和 74 上，轴向没有固定。主轴座 45 和 74 用双头螺栓固定在箱体上，是变速箱的左右两个支点。

被动齿轮：主轴 44 上各挡被动齿轮都是通过滚针轴承支承在轴上的。滚针之间有隔圈。一倒挡被动齿轮的滚针装在一倒挡连接齿轮 54 两边的圆柱面上，二、三、四、五挡被动齿轮的滚针装在衬套上。一倒挡连接齿轮两端和各滚针衬套不带凸边的一端都放有间隔环。这些凸边和间隔环用来限制滚针和各挡被动齿轮的轴向位置。各滚针隔圈、滚针衬套、滚针、间隔环 48/57/64/65 可互换。

在一倒挡被动齿轮之间的连接齿轮 54 上套有换挡的滑动齿套 55。二、三挡之间安装有限压式同步器，四、五挡被动齿轮之间装有一个惯性式换挡同步器。

主轴 44 上所有的零件靠轴两端的螺帽 77 固定，并用锁紧垫 76 防松。

密封：在连接齿轮 43 和 75 上装有挡油盘 42 和 72。在主轴座 45 和 74 上以及箱体上开有回油孔道。在两个连接齿轮上还套有三道铸铁密封环 73。右侧连接齿轮 75 上还切有右旋回油螺纹。

左连接齿轮 43 上制有单线螺旋线（蜗杆），与装在左主轴座 45 上的铜蜗轮相啮合，这是坦克里程速度表的驱动机构。

(4) 倒挡轴部分

如图 4-22 所示，倒挡齿轮 4 通过两个无外环的滚子轴承 3 和 5 支撑在倒挡轴 6 上。倒挡轴 6 压入下箱体隔板上的孔中，轴向用固定板 2 固定和防转。固定螺栓 1 用铁丝防松。两轴承内环之间放有支撑套 7。

(5) 风扇传动

发动机动力带动主离合器主动盘转动后，再经风扇传动主动轴带动风扇传动主动齿轮 18（图 4-23）。风扇传动主动齿轮通过一个中间齿轮将动力传给风扇传动被动齿轮，再经一锥齿轮对，通过连接轴而带动风扇转动。

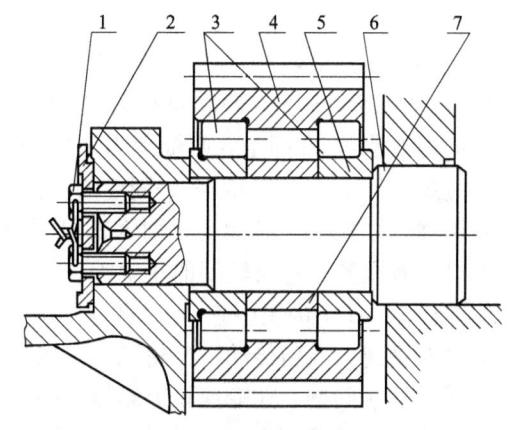

图 4-22 倒挡齿轮轴总成
1—固定螺栓；2—固定板；3—752412 向心滚子轴承；
4—倒挡齿轮；5—轴承内圈；
6—倒挡齿轮轴；7—支承套

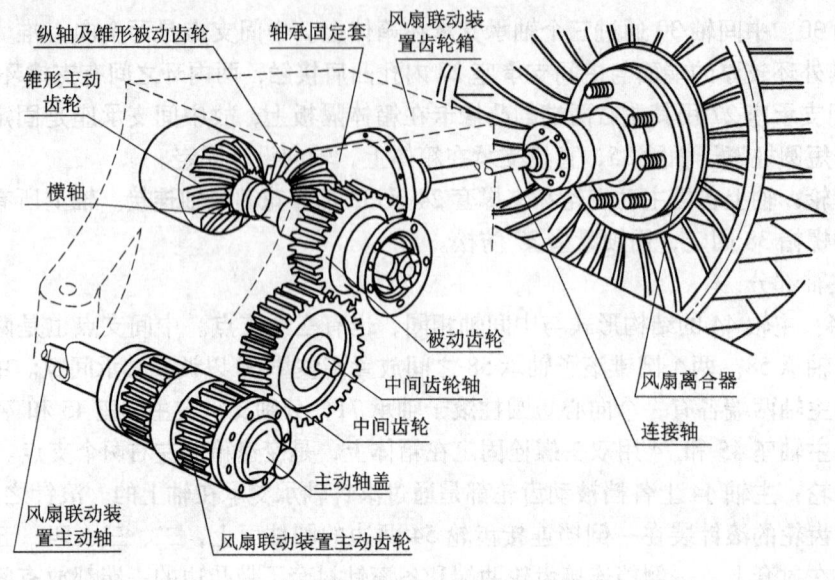

图 4-23 风扇传动

中间齿轮：风扇传动的中间齿轮是通过两个向心球轴承支承在中间齿轮轴上，轴向由卡环限制。轴 6 压入上箱体中，用螺钉 7 防止其轴向移动和转动（图 4-24）。

风扇传动锥齿轮副（图 4-25）：风扇传动锥齿轮副位于变速箱右侧前部凸起的上箱体内。风扇传动横轴 3 与变速箱输入轴平行，通过两个轴承 8 和 27 以及轴承套 7 支承在变速箱上箱体内。轴向用横轴 3 上两端的螺帽固定，用开口销锁紧防松。轴承 27 固定，而轴承 8 自由。锥齿轮副工作时，产生的轴向力背离锥顶，轴承 27 承受锥齿轮对的轴向力，轴向不受力。

纵轴与被动锥齿轮 17 制成一体，通过两个轴承 14 和 18 支撑在轴承套 13 上。两轴承外环之间装有外支撑环 15，轴向用轴承盖 20 固定。两轴承内环轴向与接合盘 22 一起通过螺帽 23 固定。轴承 18 是固定的，轴承 14 是自由的，纵轴轴向力由轴承 18 承受，轴承 27 不承受轴向力。

啮合位置调整：锥齿轮副的正确啮合位置，通过主动锥齿轮 6 前的调整垫 5 和被动锥齿轮 17、轴承套 13 下的调整垫 26 来调整。

润滑和密封：风扇传动锥齿轮副位置较高，依靠齿轮搅油飞溅润滑比较困难。为解决齿轮的轴承的润滑问题，在变速箱上箱体的凸起部上面，加工有一个集油的平面，并钻有一个向下的油孔。在轴承套 13 向上的相应部位也钻有相应的油孔，两孔正对，以便润滑油流通。在接合盘 22 与轴承盖 20 之间装有骨架密封。

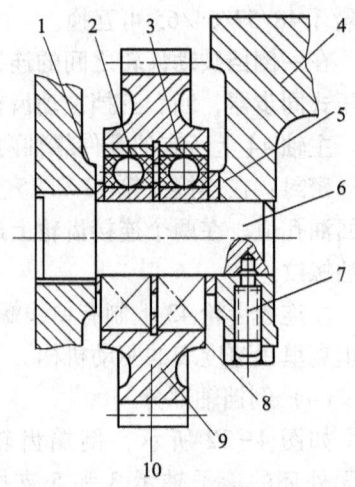

图 4-24 风扇传动中间齿轮
1—垫圈；2、3—307 轴承；4—上箱体；
5—垫圈；6—中间齿轮轴；7—紧定螺钉；
8—垫圈；9—中间齿轮；10—卡环

（6）箱体

上、下箱体由铝合金铸造而成。重量轻，散热好。沿三根轴中心线的平面将箱体分为上

第四章 传动装置构造与拆装　97

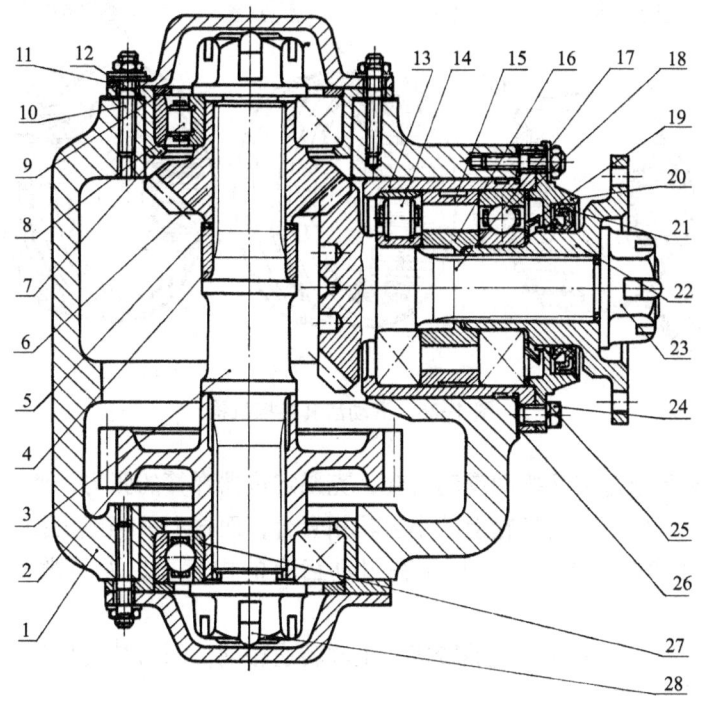

图 4-25　风扇传动锥齿轮副

1—上箱体；2—被动齿轮；3—横轴；4—支承套；5、25、26—调整垫；6—主动圆锥齿轮；7、13—轴承套；
8、14—2309 滚子轴承；9—调整环；10、24—轴承盖；12—纸垫；15—外支承环；16—内支承环；
17—被动齿轮；18—309 球轴承；19—挡油盘；20—轴承盖；21—油挡；22—接合盘；
23—螺帽；27—309 球轴承；28—开口销

箱体和下箱体，这样便于变速箱的装配。并用二十个螺栓和三个双头螺栓按一定的顺序依次均匀拧紧。

上箱体：上箱体上加工有拨叉轴安装孔、设计有挡位标记和风扇传动装置的检查窗及通气器等。

下箱体：下箱体上有倒挡轴安装孔和放油口及螺塞等。箱体中的隔板和加强筋用于防止坦克侧倾行驶时，润滑油集中到箱内一侧。

（7）滑动齿套换挡机构

坦克及其他车辆在行驶时，驾驶员通过操纵机构操纵变速箱的换挡机构，从而改变变速箱的排挡，使车辆获得各种不同的速度。

59 式坦克一挡和倒挡采用滑动齿套换挡机构（图 4-26）。由连接齿轮、滑动齿套和定位器组成。

连接齿轮：连接齿轮通过内孔花键与变速箱主轴相连接，在主轴上的位置通过轴上零件由两端的固定螺母固定。外花键齿上套有滑动齿套。一、倒挡齿轮上加工有与连接齿轮相同的小齿轮。

定位器：在连接齿轮上有两个径向盲孔，其中各放有一个弹簧和顶销组成的定位器。定位器顶销卡入滑动齿套内的环形凹槽中，使滑动齿套保持在中间空挡位置。

滑动齿套：通过花键套装在连接齿轮上，可在连接齿轮上滑动。其内径中部加工有定位环槽，外径环槽中装有换挡滑块。

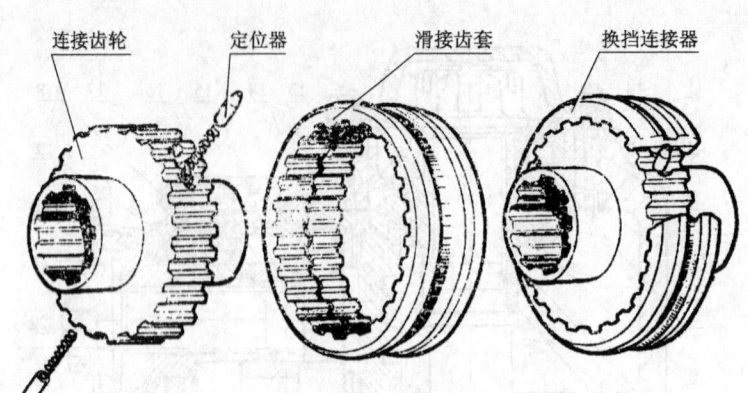

图 4-26　滑动齿套换挡机构

换挡时，驾驶员通过拨叉拨动滑动齿套，克服定位器弹簧的张力，使滑动齿套向左或向右作轴向移动与一、倒挡被动齿轮上的小齿轮相套合，而挂上一挡或倒挡。此时，定位器顶销从滑动齿套的环形凹槽中滑出，顶压在滑动齿套的内齿上，而将滑动齿套保持在所挂挡位。

滑动齿套换挡时，因滑动齿套的转速与主轴转速相同，而与被动齿轮的转速不同，所以换挡时，会产生冲击打牙。

（8）同步器的构造及工作原理

同步器是在滑动齿套换挡机构的基础上发展起来的。目的是解决滑动齿套挂挡过程中的打齿现象。同步器中除有与滑动齿套换挡机构中作用相同的连接齿轮和滑动齿套、弹簧定位器外，还增设了使滑动齿套与被套合的齿轮达到同步的机构和防止发生冲击打牙的机构。

59式坦克二挡采用了限压式同步器，三、四、五挡应用了惯性式同步器。两种同步器的不同只是同步器体上的特性孔的不同（图4-27）。

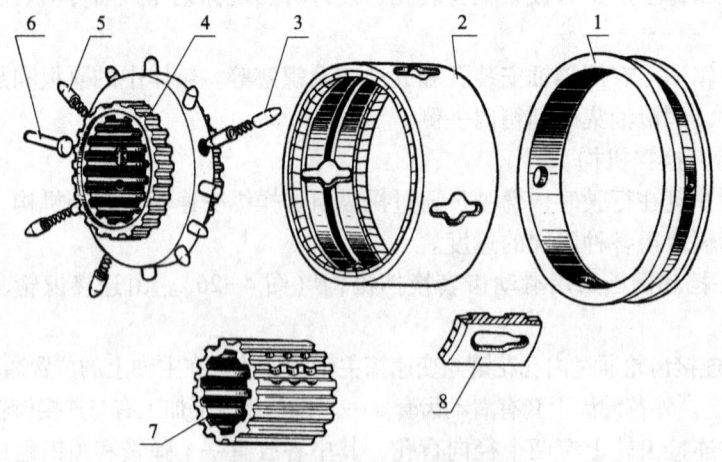

图 4-27　同步器换挡机构
1—拨叉环；2—同步器体；3—双头定位器；4—滑接齿套；5—单头定位器；
6—同步器销；7—连接齿轮；8—二、三挡特形孔

#### A. 限压式同步器

59主战坦克变速箱同步器的零件由拨叉环1,同步器体2,双头定位器3,滑动齿套4,单头定位器5,同步器销子6(4个),连接齿轮7,二、三挡特形孔组成。

连接齿轮7:通过内花键装在主轴上,外齿与滑动齿套4相连。在外齿中部有两组对称三个换挡定位用的梯形槽。连接齿轮在主轴上的位置通过轴上零件由两端的固定螺母固定。

滑动齿套4:通过花键套装在连接齿轮7上,可在滑动齿轮上滑动。齿套上加工有十二个孔:四个通孔安装销子,二个通孔安装双头定位器,六个盲孔安装单头定位器。齿套两侧的外齿用于换挡时与待挂挡被动齿轮上的内齿圈相套合。

单头定位器5:由弹簧和1个弹簧筒组成。定位器外端顶在同步器体内的环槽中,作用是在换挡操作时产生的轴向力经定位器去推动同步器体实现轴向移动。

双头定位器3:由弹簧和2个弹簧筒组成。定位器外端顶在同步器体内的环槽中,内端顶在连接齿轮的梯形槽中。作用是在换挡前后限定滑动齿套和同步器体在连接齿轮上的正确位置。

同步器体2:套装在滑动齿套上。同步器体上加工有四个特形孔:每个孔中穿有销子。内径中间有同步器体处于空挡状态时,定位用的环形槽。同步器体内孔两侧加工有锥面,锥面上还切有放射状沟槽,其作用是破坏换挡时两个摩擦锥面之间的油膜,防止摩擦系数降低而增大同步时间。

拨叉环1:套装在同步器体上。环上开有四个销子孔。

销子6:每个同步器上有四个销子。从滑动齿套内孔中装入,通过同步器体特形孔插入拨叉环孔中。销子用来传递换挡力。

调整垫12:调整垫12用来调整两摩擦锥面之间的间隙。在装配时,空挡状态下,应使两锥面间有0.2~0.3mm间隙。间隙的作用是保证在空挡时,两锥面不会产生摩擦而烧毁摩擦表面;也不会在两锥面尚未压紧时,滑动齿套上的外齿圈与被动齿轮的内齿圈已进入套合而挂挡。

限压式同步器工作原理:空挡位置时,同步器的八个定位器将同步器体保持在中间位置,两个双头定位器9的内定位器卡入连接齿轮上中间的凹槽中。四个销子处于同步器体传力销孔的中间位置。如图4-29(a)中的1所示。

如图4-28所示,驾驶员挂挡时,操纵机构的拨叉带动滑块轴向移动,滑块带动拨叉环13作轴向移动,拨叉环13通过四个销子带动滑动齿套6一起移动。销子14、滑动齿套6、定位器7和9、同步器体10一起向二挡被动齿轮方向移动。滑动齿套6上的八个定位器带动同步器体7也一

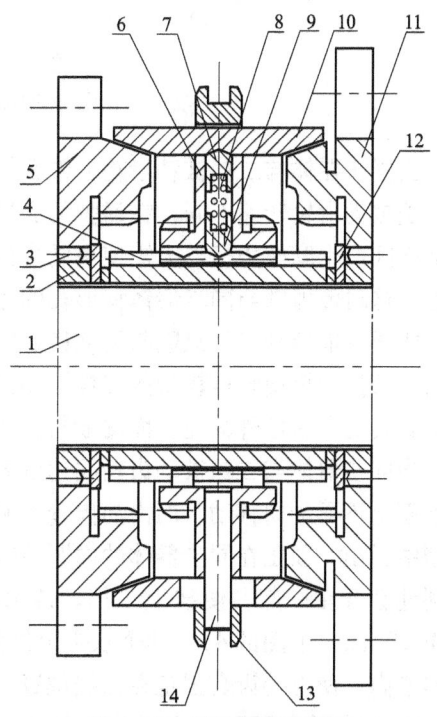

图4-28 同步器换挡机构

1—主轴;2—滚针衬套;3—滚针;4—连接齿轮;
5—被动齿轮;6—滑动齿套;7—定位器;
8—弹簧;9—定位器;10—同步器体;
11—被动齿轮;12—调整垫;
13—拨叉环;14—传力销

起作轴向移动。二挡被动齿轮上有与同步器体相同锥角的锥面。当滑动齿套与二挡被动齿轮内齿面尚未接触，同步器体与二挡被动齿轮二者之间的锥面间隙消失而即将产生摩擦时，此时销子与同步器体特形孔的相对位置如图4-29（a）中的2所示。此时同步器体停止移动，双头定位器的内端压缩弹簧后开始脱离连接齿轮中间的梯形槽。

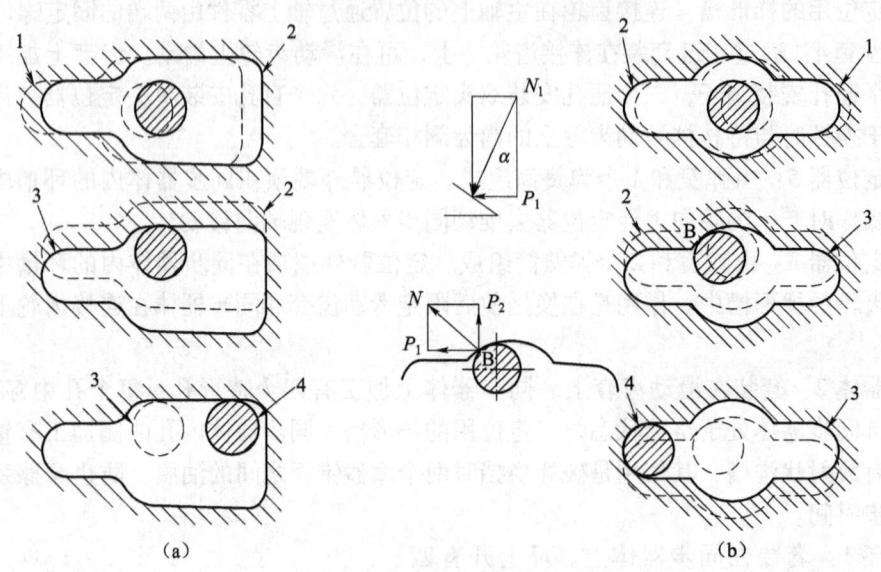

图 4-29 同步器工作原理
(a) 限压式同步器；(b) 惯性式同步器

当同步器体与二挡被动齿轮上锥面接触后，同步器体就不能再继续移动了。因同步器体与二挡被动齿轮转速不同，在驾驶员通过拨叉环推动齿套时的推力作用下，通过8个定位器使锥面间产生摩擦力矩，力矩使得同步器体转动一个角度后，其上的特形孔壁紧压在销子表面上，这时传力销与同步器体特形孔的相对位置如图4-29（a）中的3所示。此后，同步器体不能再超前转动了，只能与滑动齿套同步旋转。此时，同步器体与二挡被动齿轮转速仍然不同，摩擦力矩使转得较快的二挡被动齿轮及其相联系的主离合器被动部分和变速箱中间轴一起旋转的所有零件减速，而逐渐与转速较低的同步器体、滑动齿套和连接齿轮趋于同步。

当同步器体与二挡被动齿轮间达到同步后，在驾驶员推力作用下，同步器体靠在被动齿轮锥面上不再轴向移动，而滑动齿套克服八个定位器弹簧张力，使定位器从同步器体的环形凹槽中脱出，顶压在同步器体的内圆柱表面上。滑动齿套继续移动而与二挡被动齿轮的内齿顺利地套合在一起，便挂上二挡。传力销随滑动齿套沿同步器体销子孔宽槽的一端（见图4-29（a）下图的4）。两个双头定位器的内定位器9（见4-28）也落入连接齿轮上的另一凹槽内，使滑动齿套固定在二挡位置。

限压式同步器阻止滑动齿套轴向移动的阻力是由八个定位器弹簧张力形成，其大小有限，因此称为"限压式同步器"。如果驾驶员用的操纵力过猛、过大，不管滑动齿套是否与二挡被动齿轮同步，滑动齿套也会克服八个定位器弹簧张力使定位器从同步器体的环形凹槽中脱出，滑动齿套将继续移动强制挂挡，显然，这时仍会产生换挡冲击。

B. 惯性式同步器

惯性式同步器与限压式同步器机构上相同，区别在于同步器体的特性孔与二挡的特性孔不同（图4-29）。

以59式坦克从四挡换入五挡为例解释惯性式同步器的工作原理。

空挡位置：位置与状态如图4-28所示。四个销子与同步器体特形孔的相对位置如图4-29（b）中的1所示。

挂挡过程：挂挡开始直至同步器体与被动齿轮两锥面之间开始摩滑的工作状况与限压式同步器相同。此时五挡被动齿轮带动同步器体相对于滑动齿套和销子超前转过一个角度，同步器体上的销子孔壁紧靠在销子圆柱表面的 A 点（图4-29（b）中的图3）。同步器体即被挡住，仍只能与滑动套同步转动。继续用力时，销子将从 A 点移动到 B 点。此时，由于同步器体上的倾斜面对销子的锁止作用，滑动齿套不能再作轴向移动。这时锥面间的摩擦力矩迫使与五挡被动齿轮相联系的所有旋转零件迅速减速，直至与滑动齿套同步为止。

达到同步时，锥面间的转速差消失，锥面间的摩擦力也随之消失。驾驶员的推力使同步器体及五挡被动齿轮相对销子退转一个角度。滑动齿套在驾驶员的操纵力作用下，克服定位器弹簧张力，压下定位器继续作轴向位移与五挡被动齿轮上的内齿圈进入套合而挂上挡（4-29（b）下图4）。换挡过程到此结束。

同步前，同步器销子孔壁斜面对销子的锁止作用是五挡被动齿轮及与其相联系的变速箱主动系统所有旋转零件的惯性力所引起的，故把这种同步器叫"惯性式同步器"。

## 二、变速箱的拆卸、分解、组合与安装

### （一）变速箱的拆卸（图4-30和图4-31）

**注意事项：**

（1）起吊变速箱前，必须先拆下启动电动机，其拆卸方法见齿轮传动箱拆卸；

（2）起吊过程中，操作人员应手持撬杠分别站在四周，当有部件碰卡时，用撬杠撬开；

（3）吊具的长吊钩应挂在变速箱前吊环上；

（4）主要碰卡点为变速箱右上部碰废气抽尘管及排气歧管；主离合器齿圈卡右侧支架；变速箱左后部碰机油箱。

### （二）变速箱的分解

1. 分解变速箱总成

变速箱外观见图4-32，分解按照如下步骤进行：

（1）放出变速箱的齿轮油，取下主轴两端的连接齿套；

（2）结合两个挡，拆下主离合器，风扇联动装置主动轴；

（3）拆下中间轴两端的轴盖，用专用扳手（WZ120·ZG4）拧松中间轴固定螺帽和拧下主轴两端的固定螺帽（中间轴右端是左旋螺纹），见图4-33；

（4）拆下拨叉轴拉臂、挡位指针、方键、拨叉轴衬套；

（5）拧下主轴两端的轴承固定座及主动轴轴承固定座的固定螺帽；

（6）打出四个定位螺栓，拆下上、下箱体系紧螺栓；

（7）用变速箱主轴轴承座拔具拔出主轴两端的轴承固定座总成，见图4-34；

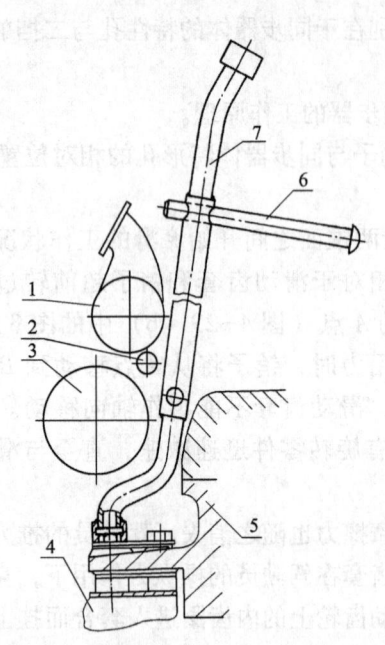
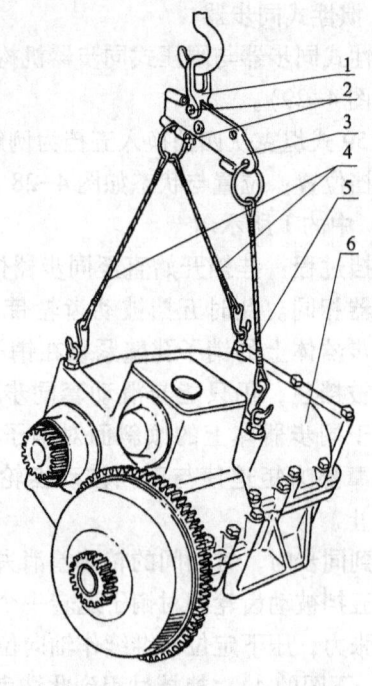

图 4-30 变速箱前支架固定螺栓拆卸
1—排气管；2—抽尘管；3—机油滤清器；4—前支架；
5—变速箱；6—履带销；7—专用扳手（WZ120·ZG29）

图 4-31 变速箱吊卸（安装）
1—吊环（WZ120·ZG1·001）；2—锁销（WZ120·ZG1·04）；
3—吊板（WZ120·ZG1·03）；4—吊绳（WZ120·ZG1·01）；
5—吊绳（WZ120·ZG1·02）；6—变速箱

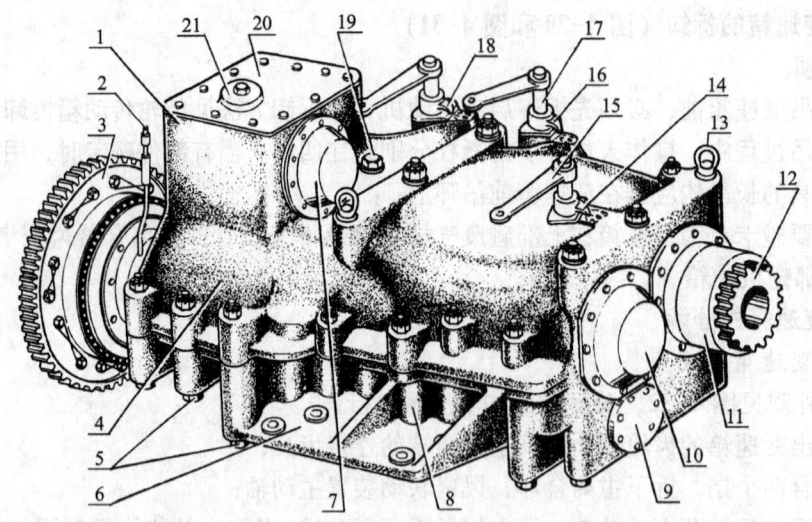

图 4-32 变速箱外观
1—风扇联动装置齿轮箱；2—注油管；3—主离合器；4—上箱体；5—固定螺栓；6—固定脚；7—轴承盖；
8—下箱体；9—倒挡齿轮轴盖；10—中间轴轴盖；11—主轴轴承固定座；12—连接齿轮；13—吊环；
14—二、三挡挡位指针；15—拉臂；16—一、倒挡挡位指针；17—拨叉轴；
18—四、五挡挡位指针；19—加油口螺塞；20—检查窗盖；21—通气器

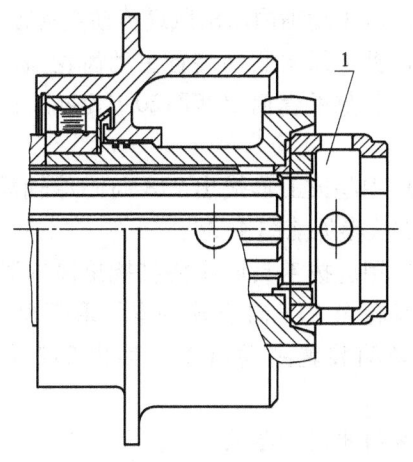
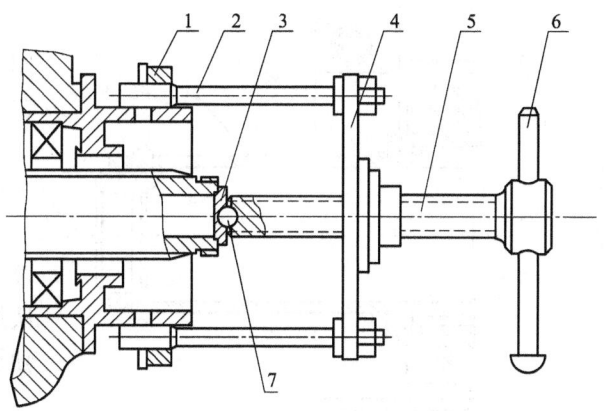

图 4-33　变速箱主轴和中间轴螺帽拆卸
1—变速箱中间轴螺帽套筒（WZ120·ZG4）

图 4-34　变速箱主轴轴承座起拔
1—卡箍（WZ120·ZG24·013）；2—起拔杆
（WZ120·ZG24·01）；3—小垫盘（WZ120·ZG24·008）；
4—拆卸圆盘（WZ120·ZG24·002）；5—螺杆
（WZ120·ZG24·001）；6—履带销；7—钢球（ϕ19）

（8）从箱体上取下固定盘、挡油环、调整垫、密封衬套，用变速箱主动轴轴承座拔具拔出带218向心球轴承的轴承固定座，见图4-35，从轴承固定座内冲出218向心球轴承，从密封衬套上取下密封环，从固定盘上取下毡垫；

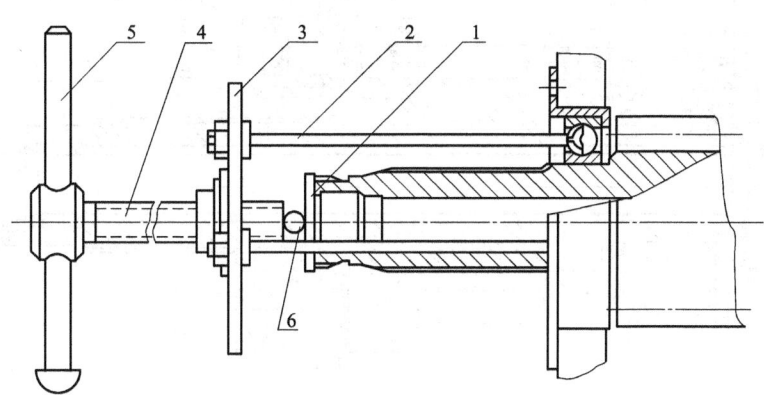

图 4-35　变速箱主动轴轴承座起拔
1—两用垫盘（WZ120·ZG24·007）；2—起拔爪（WZ120·ZG24·005）；3—拆卸圆盘（WZ120·ZG24·002）；
4—螺杆（WZ120·ZG24·001）；5—履带销；6—钢球（ϕ19）

（9）吊下上箱体（吊时应避免箱体倾斜，可在纵轴接合盘下伸入撬杠抬起，并防止中间轴、主轴随上箱体一起升起。）；

（10）在吊出主轴和中间轴之前将支承套、螺帽分别装到主轴和中间轴两端，见图4-36；

（11）取出拨叉及滑块；

（12）取出主动轴总成、中间轴总成及主轴总成。

2. 分解主动轴总成

主动轴总成结构如图4-37。

(1) 从主动轴内取出风扇传动主动轴；

(2) 拆下风扇联动装置主动齿轮盖，取下调整垫，用专用套筒（WZ120·ZG4）拧下固定螺帽；

(3) 用起拔工具拔出 218 向心球轴承，工具使用方法参见前图 4-34；

(4) 用起拔工具或小撬杠撬出风扇联动装置主动齿轮及 212 向心球轴承，取下间隔环，从风扇联动装置主动齿轮内冲出 212 向心球轴承。

3. 分解中间轴总成

中间轴总成结构如图 4-38 所示。

(1) 用专用套筒（WZ120·ZG4）从两端拧下固定螺帽，拔出或撬下 92412 向心滚子轴承；

(2) 从轴的短端取下四挡主动齿轮、支承套和五挡主动齿轮；

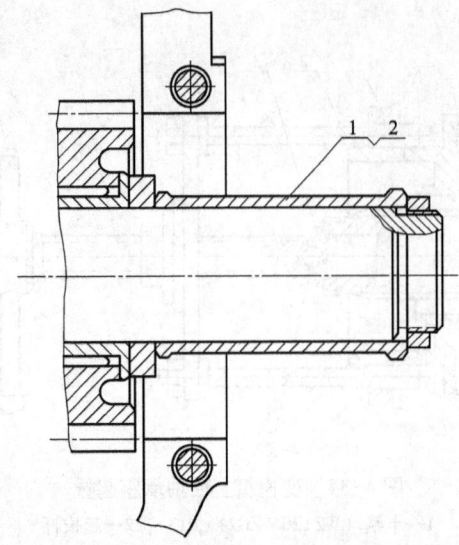

图 4-36 变速箱主轴支承套的使用
1—左支承套（WZ120·ZG27·001）；
2—右支承套（WZ120·ZG27·002）

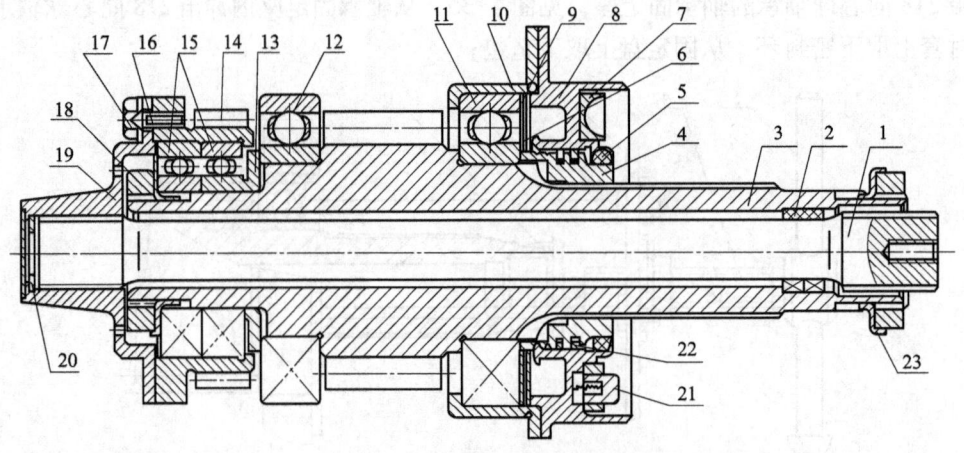

图 4-37 变速箱主动轴总成

1—风扇传动主动轴；2—密封环；3—主动轴；4—主动轴支承套；5—毡垫；6—挡油环；7—固定盘分离环；
8—固定盘；9、16—调整垫；10—主动轴轴承座；11、12—218 向心球轴承；13—间隔环；
14—风扇传动主动齿轮；15—212 向心球轴承；17—螺栓；18—主动轴螺帽；19—风扇传动主动齿轮盖；
20—弹性挡圈；21—弹簧筒；22—密封环；23—锁紧垫片

(3) 从轴的长端取下三挡主动齿轮、支承套、二挡主动齿轮和一、倒挡主动齿轮；

(4) 竖起中间轴（短端朝下），在轴的长端装上一个支承套，然后利用支承套冲压 7216 圆锥滚子轴承固定座，见图 4-39；

(5) 必要时，从轴承固定座内冲出轴承外圈。

4. 分解主轴总成

主轴总成的结构如图 4-40 所示。

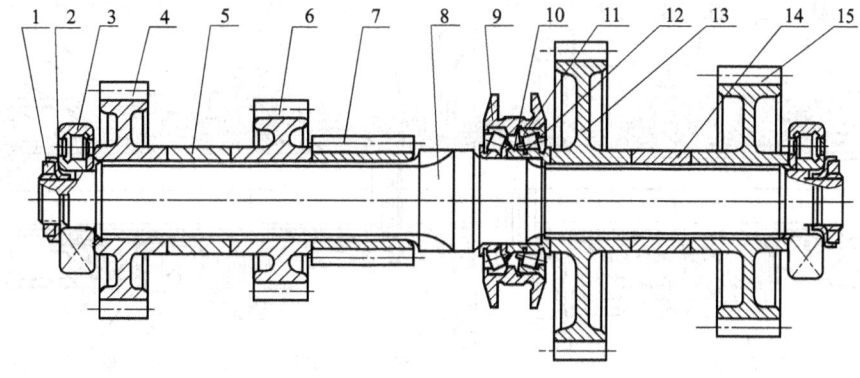

图 4-38 中间轴总成
1—固定螺帽；2—锁紧垫圈；3—92412 向心滚子轴承；4—三挡主动齿轮；5、14—支承套；
6—二挡主动齿轮；7——、倒挡主动齿轮；8—中间轴；9—轴承固定座；10—支承环；
11—7216 圆锥滚子轴承；12—调整垫；13—五挡主动齿轮；15—四挡主动齿轮

（1）从主轴短端取下调整环、四挡被动齿轮总成、间隔环、调整垫、四、五挡同步器总成、调整垫、间隔环、衬环及五挡被动齿轮总成；

（2）从主轴长端取下调整环（有的没有调整环）、三挡被动齿轮总成、间隔环、调整垫、二、三挡同步器总成、调整垫、二挡被动齿轮总成、间隔环、一、倒挡被动齿轮总成及间隔环；

（3）从二、三、四、五挡被动齿轮内取出滚针轴承衬套、滚针及滚针支架；

（4）从连接齿轮上取下一、倒挡被动齿轮、滚针、滚针支架、滑接齿套及定位器；

（5）拆下 7216 圆锥滚子轴承固定座总成：

① 竖起主轴（使短端朝下），用冲筒对称冲压轴承固定座，将一个轴承及固定座冲出，取下调整垫；

② 翻转主轴（使长端朝下），在短端上装上一个支承套，然后利用支承套冲压另一个 7216 轴承（防止打坏轴承）；

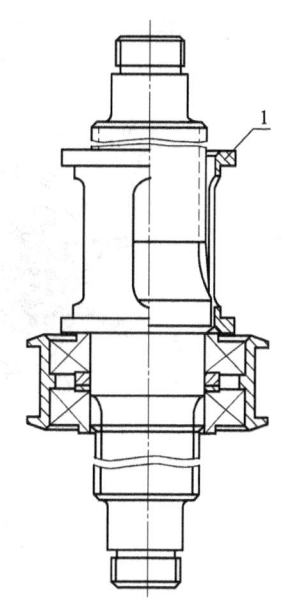

图 4-39 中间轴 7216 轴承拆卸
1—中间轴 7216 轴承冲筒
（WZ120·ZG36）

③ 必要时从轴承固定座内冲出轴承外圈。

（6）分解二、三挡和四、五挡同步器总成，见图 4-41：

① 冲出连接齿轮，取出四个同步器销、拨叉环及两个双头定位器；

② 从同步器体内冲出滑接齿套，取出六个单头定位器。

5. 分解主轴左、右轴承固定座总成

（1）拧下止动螺钉和空心螺塞，取下里程速度表蜗轮轴（右端轴承固定座无此工序），见图 4-42 和图 4-43；

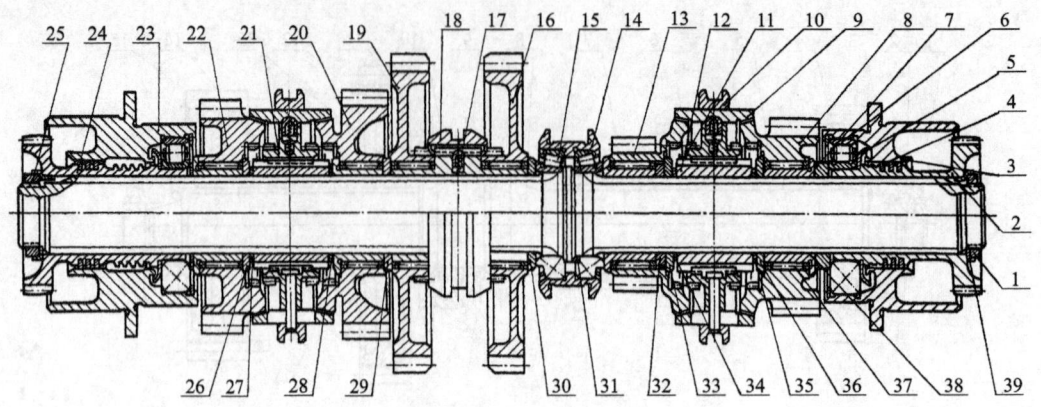

图4-40 变速箱主轴总成

1、25—固定螺帽；2—右连接齿轮；3—右轴承固定座；4—密封环；5—挡油盘；6—2218向心滚子轴承；
7—调整环；8—四挡被动齿轮；9—同步器；10—拨叉环；11、18—滑接齿套；12—连接齿轮；
13—五挡被动齿轮；14—圆锥滚子轴承固定座；15—7216圆锥滚子轴承；16—倒挡被动齿轮；
17—定位器；19——挡被动齿轮；20—二挡被动齿轮；21—滑接齿套；22—三挡被动齿轮；
23—左轴承固定座；24—左连接齿轮；26、29、30、32、36—间隔环；27、28、34、35—调整垫；
31—衬环；37—滚针；38—滚针衬套；39—锁紧垫圈

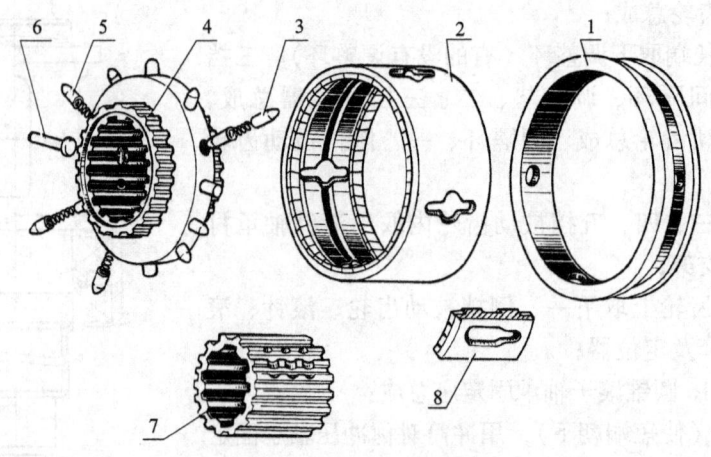

图4-41 同步器分解

1—拨叉环；2—同步器体；3—双头定位器；4—滑接齿套；5—单头定位器；
6—同步器销；7—连接齿轮；8—二、三挡特形孔

（2）用专用工具从轴承固定座上冲压出左、右连接齿轮，从轴承固定座内取出2218向心滚子轴承及挡油盘，见图4-44，从连接齿轮上取下密封环；

（3）必要时，从轴承固定座上取下卡环，拔出2218向心滚子轴承外圈。

6. 分解下箱体

（1）拆下倒挡齿轮轴的安装孔盖；

（2）从箱体隔墙上拆下倒挡齿轮轴的固定板，见图4-45；

（3）用倒挡轴起拔器（WZ120·ZG16）拔出倒挡齿轮轴，见图4-46，取出倒挡齿轮总成；

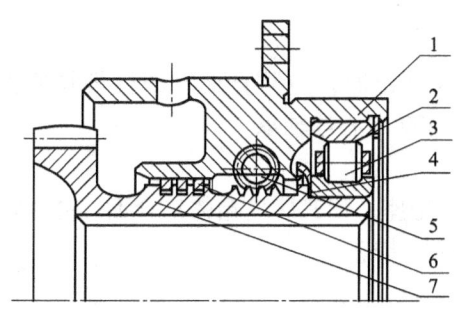

图 4-42 主轴左轴承固定座总成
1—左轴承固定座；2—卡环；3—2218 向心滚子轴承；
4—挡油盘；5—蜗轮轴；6—密封环；7—左连接齿轮

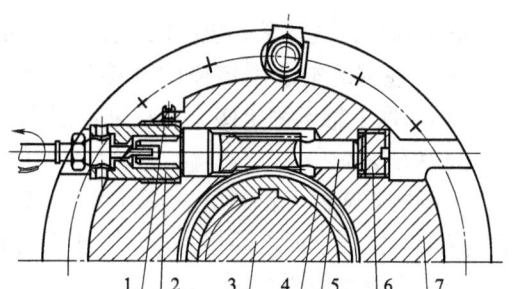

图 4-43 里程速度表联动机构
1—止动螺钉；2—空心螺塞；3—主轴；4—左连接齿轮；
5—蜗轮轴；6—螺套；7—左轴承固定座

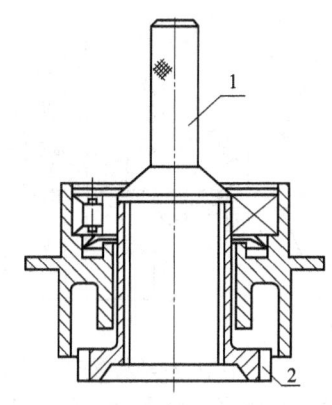

图 4-44 轴承固定座连接齿轮拆卸
1—圆盘冲（WZ120·ZG32）；2—变速箱连接齿轮

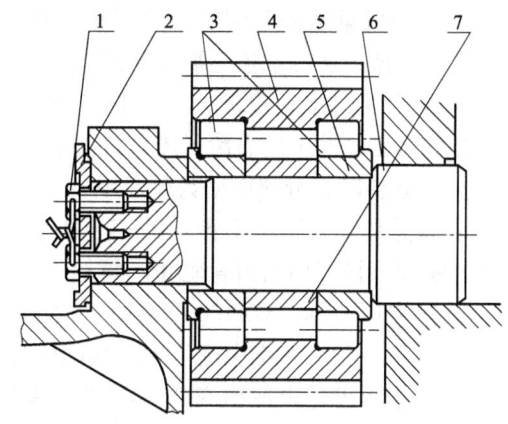

图 4-45 倒挡齿轮轴总成
1—固定螺栓；2—固定板；3—752412 向心滚子轴承；
4—倒挡齿轮；5—轴承内圈；6—齿轮轴；7—支承套

（4）从倒挡齿轮内取出 752412 向心滚子轴承，并取出支承套。

7. 分解上箱体

（1）拆下风扇联动装置的检查窗盖；

（2）分解横轴总成：

① 拆下横轴两端的轴承盖，取下调整环，见图 4-25；

② 分别拆下纵轴和横轴的固定螺帽开口销，用套筒拧下横轴两端的固定螺帽（同时拧松纵轴固定螺帽）；

③ 拧下纵轴轴承固定座的固定螺帽，取出纵轴总成；

④ 从左端向右端将横轴及向心滚子轴承固定座等一起冲出，然后从横轴上取下轴承固定座、主动圆锥齿轮、调整垫及支承套；

⑤ 必要时，从主动圆锥齿轮上压出 2309

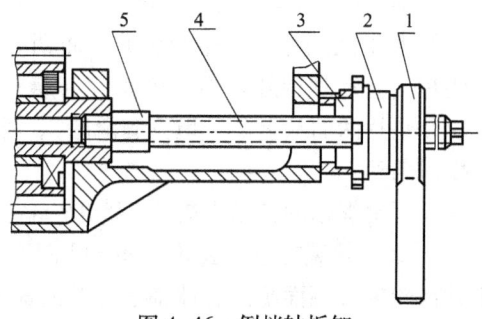

图 4-46 倒挡轴拆卸
1—扳手（WZ120·ZG7·01）；
2—棘轮转把（WZ120·ZG16·02）；
3—主离合器钢球间隙调整套（WZ120·ZG14）；
4—丝杆（WZ120·ZG16·011）；
5—接头（WZ120·ZG16·021）

向心滚子轴承，从轴承固定座内冲出轴承外圈；

⑥ 从左端的轴承固定座中冲出被动圆柱齿轮（冲出时，应防止被动圆柱齿轮撞击隔墙），然后取下轴承固定座，再从轴承固定座上冲出 309 向心球轴承。

**分解方法：**

先将被动圆柱齿轮冲出一段距离，然后冲轴承固定座，使其脱离箱体结合面，并在轴承固定座与箱体结合面之间垫上木块，最后冲出被动圆柱齿轮。

（3）分解纵轴总成：

① 拧下固定螺帽，取出接合盘，冲出带 2309 向心滚子轴承及内支承套的纵轴，见前图 4-25；

② 必要时，从纵轴上取下内支承套，拔出 2309 向心滚子轴承；

③ 拧下轴承盖固定螺栓，取下轴承盖、调整垫及挡油盘，从轴承盖上取下自压油挡；

④ 从轴承固定座中冲出 309 向心球轴承，取出外支承套，冲出向心滚子轴承外圈。

（4）必要时，分解中间齿轮总成：

① 从箱体上拆下中间齿轮的安装孔盖，从箱体的隔墙上拧下中间齿轮轴止动螺栓；

② 用专用工具（WZ120·ZG16）拔出中齿轮轴，见图 4-47，取出中间齿轮总成间隔环；

③ 从中间齿轮内冲出 307 向心球轴承，取出支撑环及卡环。

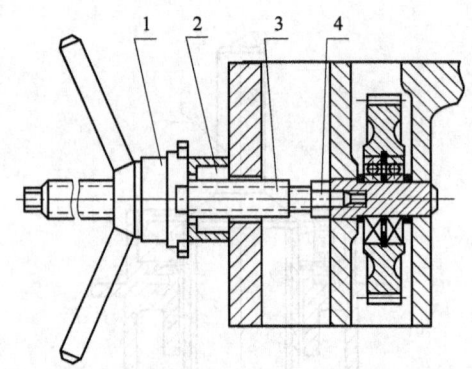

图 4-47 拔出风扇联动装置中间齿轮轴
1—转把；2—支承筒；3—螺杆；4—接头

**（三）变速箱的组合**

**1. 组合主动轴总成：**

总成图，见前图 4-40。

（1）竖起主动轴（花键端朝下），压上 218 向心球轴承至轴承内圈顶住主动轴台肩。

（2）向 212 向心球轴承内涂满 2 号坦克润滑脂，然后将两个 212 向心球轴承压入风扇联动装置主动齿轮内至轴承外圈顶住主动齿轮台肩。

（3）装上间隔环（不带凸肩的一面朝向主动轴 218 向心球轴承）、主动齿轮总成，放上锁紧垫片（止动耳朝外。为避免垫片与螺帽之间摩擦力过大，在拧紧固定螺帽时损伤止动耳，应在垫片两面涂上 2 号坦克润滑脂），拧紧固定螺帽，锁好锁紧垫片。

**技术条件：**

——固定螺帽的拧紧力矩约 735 N·m（75 kg·m）。

（4）确定安装在主动齿轮盖和 212 向心球轴承外圈之间的调整垫的厚度。调整垫厚度等于主动齿轮轮毂端面至向心球轴承外圈的深度，用此深度减去主动齿轮盖凸边的高度，再加上 0.1～0.5 mm。

**技术条件：**

——调整垫不应超过 3 个，其厚度要保证主动齿轮盖能压紧轴承外圈。

（5）将选好的调整垫放在 212 向心球轴承的外圈上，装上主动齿轮盖，拧紧固定螺栓，检查主动齿轮盖与 212 向心球轴承的压紧情况，然后锁好锁紧垫片。

**技术条件：**

——风扇联动装置主动齿轮与主动齿轮盖结合面间的间隙在拧紧固定螺栓前应为 0.05~0.15mm，风扇联动装置主动齿轮应能灵活转动；

——锁紧垫片不应突出盖的边缘。

（6）将两个密封圈套在风扇传动主动轴上，然后装到主动轴内（轴上有螺纹孔的一端应朝外）。

2. 组合中间轴总成：

中间轴总成结构如图 4-38。

（1）组合 7216 圆锥滚子轴承固定座总成。

① 检查轴承固定座与箱体座孔的配合情况；

**技术条件：**

——轴承固定座凸缘与箱体座孔隔墙的总间隙不大于 0.2mm；

——轴承固定座与箱体座孔的接触面积不应少于 60%（用印油检查）。

② 将圆锥滚子轴承外圈压入轴承固定座内至顶住台肩；

③ 在专用工具上调整 7216 圆锥滚子轴承的间隙，见图 4-48；

**技术条件：**

——轴承间隙应为 0.05~0.1mm，调整垫不多于 3 片。

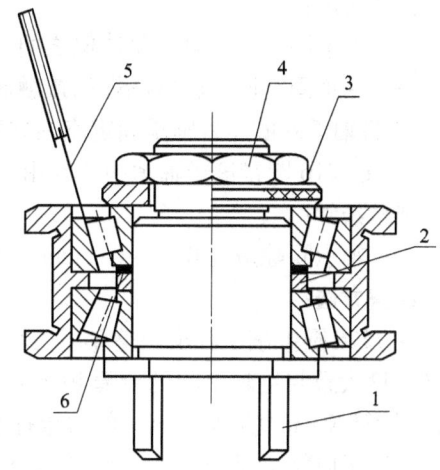

图 4-48 在专用工具上调整圆锥滚子轴承的间隙

1—圆锥滚子轴承调整专用工具；2—支承环；3—压紧盖；4—螺帽；5—塞尺；6—调整垫

**调整方法：**

往 7216 圆锥滚子轴承调整专用工具上依次套上一个 7216 圆锥滚子轴承、轴承固定座、支承环、调整垫、另一个 7216 圆锥滚子轴承，然后放上垫环，用 735N·m（75kg·m）的力矩拧紧固定螺帽。用 0.05mm 塞尺插入滚子与轴承外圈之间时，滚子应能灵活滚过；插入 0.1mm 塞尺时，滚子应卡住。如间隙过小应加垫，过大则减垫；每增减 0.2mm 调整垫，相应改变间隙约 0.1mm。调整合格后，两侧圆锥滚子轴承不得互换。

④ 往 7216 圆锥滚子轴承上涂机油，然后将圆锥滚子轴承固定座装到中间轴上（装配时，应使轴承沿圆周均匀受力，并使内圈顶住台肩，也可将轴承放在不超过 100℃ 的机油中加热后装配）。

（2）从轴的短端装上五挡主动齿轮、支承套、四挡主动齿轮；从轴的长端装上一、倒挡主动齿轮、二挡主动齿轮、支承套和三挡主动齿轮（各齿轮轮毂长的一端应朝向支承套）。

（3）将两个 92412 向心滚子轴承涂上机油后，分别装到中间轴的两端（轴承的平挡圈应朝向齿轮并使其平面朝向滚子）。

（4）在两端装好锁紧垫片，拧紧固定螺帽（固定螺帽可在变速箱总组合时拧紧）。

**技术条件：**

——固定螺帽的拧紧力矩约为 735N·m（75kg·m）；

——支承套与齿轮轮毂的端面应紧密贴合，用 0.05mm 的塞尺能插入的长度不得超过圆周长的1/4，不合格时可研磨或刮削支承套端面；

——轴承应灵活转动。

3. 组合主轴总成：

主轴总成的结构如图4-40所示。

（1）组合7216圆锥滚子轴承固定座总成：

① 检查轴承固定座与箱体座孔的配合情况；

**技术条件：**

——轴承固定座两侧与箱体壁之间的总间隙应不大于0.2mm；

——轴承固定座与箱体座孔的接触面积应不少于60%（用印油检查）。

② 将轴承外圈压入轴承固定座内并顶住台肩；

③ 在7216圆锥滚子轴承调整专用工具上调整轴承间隙，参见前图4-47；

**技术条件：**

——轴承间隙应为0.05~0.1mm，调整垫不多于三片。

**调整方法：**

往7216圆锥滚子轴承调整专用工具上依次套上7216圆锥滚子轴承、轴承固定座、标准环（厚度大致与主轴中间的台肩相等）、调整垫、另一个7216圆锥滚子轴承，然后放上垫环，用735N·m（75kg·m）的力矩拧紧固定螺帽。用0.05mm塞尺插入滚子与轴承外圈之间时，滚子应能灵活地滚过，而插入0.1mm塞尺时，滚子应被卡住。如间隙过大应减垫，间隙过小应加垫，每增减0.2mm调整垫，相应改变间隙约0.1mm。调整合格后，两侧圆锥滚子轴承不得互换。

④ 确定装在主轴上调整垫的厚度；

**确定方法：**

从专用工具上所测得的调整垫总厚度中（包括标准环厚度在内），减去主轴台肩的宽度，所得之差，即为装在主轴上所需调整垫的厚度。

⑤ 竖起主轴（短端朝上），套上调整垫（带内倒角的一边朝向台肩），然后压入一个7216圆锥滚子轴承。翻转主轴（使长端朝上），放上轴承固定座，压装上另一个7216圆锥滚子轴承（轴承也可放在不超过100℃的机油中加热后装入）。

（2）将滚针衬套、支架及滚针装入二、三、四、五挡被动齿轮内（二挡被动齿轮滚针衬套凸边应朝向齿轮有锥面的一边；三、四、五挡滚针衬套的凸边应在齿轮不带锥面的一边）。

**技术条件：**

——齿轮在滚针上能自如地转动，其径向间隙应为0.05~0.2mm。

（3）组合同步器：

① 检查同步器体与被动齿轮锥面的贴合面积。

**技术条件：**

——贴合面积应不少于工作面积的60%。

**检查方法：**

将同步器体放在专用工具上，在被动齿轮锥面上涂一薄层印油后，放在同步器体上，相对转动1~2圈，取下被动齿轮，检查同步器体锥面的印痕；不正确时可进行研磨或选配零件；检查合格后，在四、五挡同步器体上做记号，防止配合零件混装。然后将同步器体及被动齿轮擦洗干净。

② 检查滑接齿套在连接齿轮上的移动情况和与被动齿轮内齿圈的套接情况。

**技术条件：**

——滑接齿套应能在连接齿轮上灵活移动，并能顺利地与被动齿轮内齿啮合。

**检查方法：**

将五挡（二挡）被动齿轮总成、间隔环（二挡不装）、调整垫、连接齿轮、滑接齿套、调整垫、间隔环、四挡（三挡）被动齿轮总成装到主轴或同步器间隙调整工具上，插入两个同步器销子移动滑接齿套进行检查；合格后，拆下各零部件。

③ 将六个单头定位器装在滑接齿套的孔中，然后将滑接齿套装在同步器体内（注意对正同步器销孔）至定位器位于同步器体上的环槽中，见前图4-28。

④ 套上拨叉环，装上同步器销子、双头定位器和连接齿轮（连接齿轮上的定位槽应对正定位器）。

⑤ 调整同步器锥面与被动齿轮锥面的间隙，见图4-49。

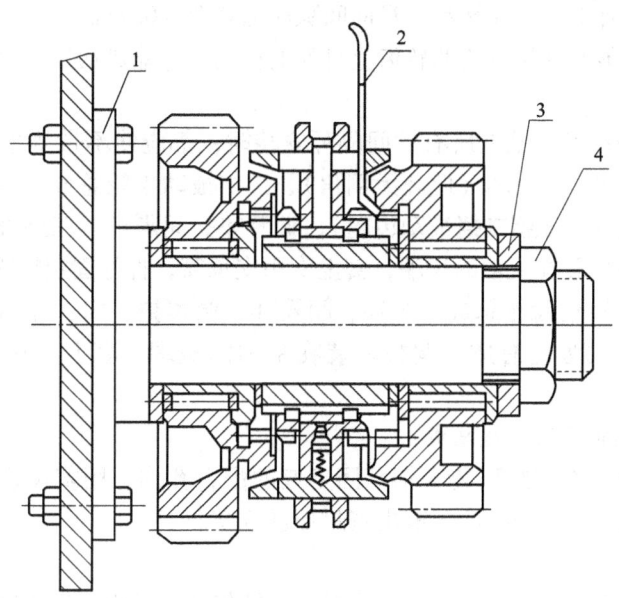

图4-49 同步器调整
1—同步器调整工具；2—同步器量规；3—压紧盖；4—螺帽

**技术条件：**

——空挡时，同步器体与被动齿轮锥面间的间隙应为0.2~0.3mm，相当于同步器体轴向移动量1.54~2.3mm；

——空挡时，滑接齿套与被动齿轮内齿圈齿倾斜面之间的法向间隙应为4.5~6.5mm（测量时，应使被动齿轮的轴向间隙向外消失）；

——调整垫的数量不多于2个。

**调整方法：**

将被动齿轮总成、间隔环、调整垫和同步器总成安装在同步器间隙调整专用工具上，拧紧固定螺帽，然后用深度卡尺测量被动齿轮端面至同步器体的距离（测量前，应将被动齿轮的轴向间隙向外消除）。共测量三次：$A$ 为空挡位置时测得的数值，$B$ 为向里推紧同步器体时的测量数值，$C$ 为向外推紧同步器体时测得的数值；$A$ 与 $B$ 之差和 $A$ 与 $C$ 之差即为同步器体的轴向移动量。不合乎标准时，用调整垫进行调整（两边的调整垫分别调整两个的轴向移动量），大于 2.3mm 时减垫，小于 1.54mm 时加垫（每增减 1mm 调整垫相应改变轴向移动量约 1mm）。

轮齿倾斜面之间的间隙用专用量规检查（测量前将被动齿轮的轴向余隙向外消除），不正确时，在同步器体轴向移动量的允许范围内用调整垫调整，无法调整时，需要更换同步器体。

（4）组合一、倒挡被动齿轮总成：

① 将定位器装在连接齿轮的定位器孔内，然后将滑接齿套装在连接齿轮上（定位槽应对正定位器）；

② 将滚针和滚针支架装在连接齿轮上，然后装上一、倒挡被动齿轮。

**技术条件：**

——齿轮应在滚针上自如地转动，径向间隙应为 0.05~0.2mm；

——滑接齿套应能在连接齿轮的轮齿上自如的移动，并能灵活地套接在被动齿轮的外齿上，定位应准确。

（5）依次将间隔环（主轴上所有的间隔环安装时，都应使不带倒角的一面朝向滚针）、一、倒挡被动齿轮总成、间隔环（此环无倒角）、二挡被动齿轮总成、调整垫、二、三挡同步器总成（特形孔大的一面朝二挡被动齿轮）、调整垫、间隔环、三挡被动齿轮总成、调整环（较薄的有时没有）装在主轴的长端，套上专用支承筒，拧好固定螺帽。

（6）依次将五挡被动齿轮总成、衬环、间隔环、调整垫、四、五挡同步器总成、调整垫、间隔环、四挡被动齿轮总成、调整环装在主轴的短端，套上专用支承筒，拧好固定螺帽。

4. 组合主轴两端轴承固定座总成：

（1）选配密封环：将密封环装入轴承固定座的配合孔内，用塞尺检查密封环切口间隙与径向配合间隙。上述间隙合格后，取出密封环进行弯曲。

**技术条件：**

——切口间隙应为 0.1~0.25mm，若小时，可锉修切口端面；若大时，应更换密封环；

——径向配合间隙用 0.05mm 的塞尺应不能插入；

——将密封环弯曲成弧形，弯曲后的弧形高度应为 2±0.5mm。

（2）在密封环上薄薄的涂一层 2 号坦克润滑脂后，装到连接齿轮上。

**技术条件：**

——密封环切口与槽壁有间隙的一面应朝向 2218 向心滚子轴承，而另一面应紧贴槽壁，用 0.05mm 的塞尺应不能插入。

（3）调整里程速度表蜗轮轴的轴向间隙。

**技术条件：**

——蜗轮轴应能灵活转动，轴向间隙不大于 1.5mm；间隙小时，允许松回空心螺塞，间隙大时重新选配蜗轮轴。

(4) 将2218向心滚子轴承外圈压入轴承固定座，装上卡环。然后将轴承固定座装在连接齿轮上（为防止密封环脱出，应在右侧轴承固定座下方垫上东西），装上挡油盘（右边的挡油盘较大，不可与左边互换），将2218向心滚子轴承涂上机油后，压入连接齿轮至顶住台肩（轴承可在不超过100 ℃的机油中加热后装入）。

(5) 将选配好的蜗轮轴涂上2号坦克润滑脂后，装在左轴承固定座内，拧紧空心螺塞，再拧紧止动螺钉并冲锁。

5. 组合、调整及安装倒挡齿轮轴总成：

倒挡齿轮总成的结构如图4-45所示。

(1) 选配调整倒挡齿轮及轴承。

**技术条件：**

——752412向心滚子轴承的径向间隙应为0.05~0.2 mm。

**调整方法：**

将轴承向一侧压紧，用塞尺插入倒挡齿轮内圆面与轴承滚子之间测量。若间隙过大或过小，以选配轴承或倒挡齿轮调整。

**技术条件：**

——倒挡齿轮在轴承上的轴向移动量应为0.15~0.55 mm。

**调整方法：**

将倒挡齿轮总成放在专用工具上或夹在虎钳上，压紧后用百分表检查，若间隙过大或过小，可选配支承套进行调整。

(2) 将选配好的轴承连同支承套装进倒挡齿轮内，然后将倒挡齿轮总成装入下箱体，装上倒挡齿轮轴，装时应注意使其端面上的两螺孔中心连线的延长线通过轴承座孔的中心线，以便安装倒挡齿轮轴固定板。

**技术条件：**

——倒挡齿轮应能在轴上灵活转动。

(3) 装上固定板，拧紧固定螺栓，并用铁丝锁紧。

(4) 放上两面涂有铅油的纸垫，并装上倒挡齿轮轴安装孔盖。

6. 组合风扇联动装置：

风扇联动装置，参考图4-25。

(1) 组合纵轴总成：

① 将2309向心滚子轴承及外圈分别压入纵轴和轴承固定座，然后将轴承固定座总成装在纵轴上，装上内、外支承套（内支承套不带齿的一端朝向齿轮），加2号坦克润滑脂，压入309向心球轴承。

② 确定轴承盖与309向心球轴承外圈之间的调整垫的厚度。

**技术条件：**

——调整垫厚度应保证轴承盖与轴承固定座之间装纸垫后能很好地密封，并压紧轴承外圈。

**确定方法：**

$$调整垫的厚度 = 凹 - 凸 + 纸垫厚度的 65\% \sim 75\%$$

凹——轴承固定座端面至309向心球轴承外圈的深度；

凸——轴承盖凸边的高度。

③ 将自压油挡装在轴承盖上。

④ 放上挡油盘和选好的调整垫，并将两面涂有铅油的纸垫放在轴承固定座与轴承盖的结合面上，然后装在轴承盖（回油孔应对正），拧紧三个固定螺栓。

⑤ 装上接合盘，在纵轴螺纹退刀槽处涂上高岭土腻子（或缠石棉绳），拧上固定螺帽，并检查纵轴能否灵活转动。然后放上调整垫，装上纵轴总成。

(2) 组合横轴总成：

① 将 2309 向心滚子轴承及其外圈分别压入主动锥形齿轮和轴承固定座。

② 将 309 向心球轴承压入轴承固定座，从检查窗放入被动圆柱齿轮，放上两面涂有铅油的纸垫，装上轴承固定座。

③ 装上横轴、支承套（有倒角的一面朝里）、调整垫、带 2309 向心滚子轴承的主动锥形齿轮，放上纸垫，装上轴承固定座。

④ 拧紧横轴、纵轴的固定螺帽。

**技术条件：**

——固定螺帽的拧紧力矩约为 392N·m（40kg·m）。

⑤ 选配横轴两个端的调整环。

**技术条件：**

——调整环的厚度应保证轴承盖与轴承固定座之间密封良好，并压紧轴承外圈。

**确定方法：**

$$调整环的厚度 = 凹 + 纸垫厚度的 65\% \sim 75\%$$

凹——轴承固定座端面至轴承外圈的深度。

(3) 检查调整主、被动锥形齿轮的啮合情况：

① 取下纵轴总成，放上纸垫、调整垫、纸垫，装上纵轴总成并对称拧紧三个固定螺帽（调整垫可预选，其厚度以纵轴装入后，锥形齿轮对的大端齿背平齐，用手感觉有适当齿隙为宜）。

② 装上横轴左端的调整环和轴承盖，并拧紧三个固定螺帽（防止检查印痕时，横轴作轴向移动）。

③ 在主动锥形齿轮轮齿工作面（即凹面）上涂一层薄薄的印油（不少于三个齿），按工作方向转动几周（纵轴应稍加阻力），检查齿轮对的印痕情况。

**技术条件：**

——印痕应位于节圆附近，不许成狭窄的长条，距离齿轮小端边缘不小于 2mm，长度不小于 16mm；

——横轴上的调整垫不应多于 3 个，纵轴处的调整垫不应多于 4 个。

**调整方法：**

印痕检查时各齿轮的调整方法见图 4-50。

印痕靠大端：靠大端的齿顶时，向里移动横轴齿轮，靠大端的齿根时，向里移动纵轴齿轮；

印痕靠小端：靠小端的齿顶时，向外移动横轴齿轮，靠小端的齿根时，向外移动纵轴齿轮。

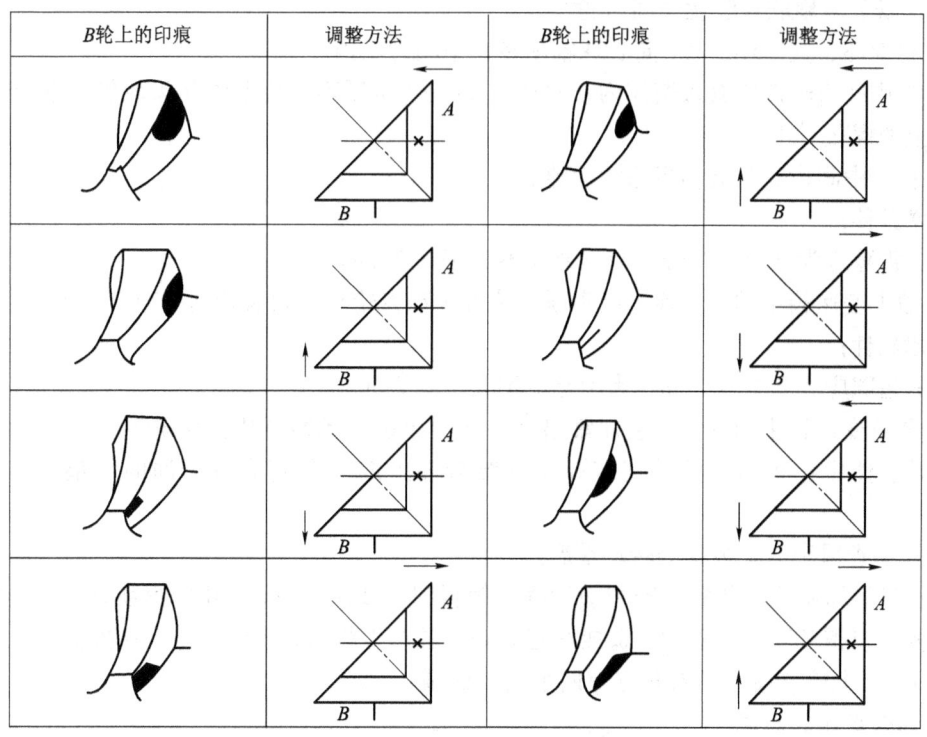

图 4-50 锥形齿轮啮合印痕调整图

注：A 表示风扇联动装置横轴上的锥形齿轮；B 表示风扇联动装置纵轴上的锥形齿轮

印痕靠中偏顶、偏根、偏一端时：靠大端的齿中时，同时向里移；靠小端的齿中时，同时向外移；靠齿中偏顶时，向里移动横轴齿轮、向外移动纵轴齿轮；靠齿中偏根时，向里移动纵轴齿轮、向外移动横轴齿轮。

④ 检查齿隙和齿轮大端齿背不齐差。

**技术条件：**

——齿隙应为 0.06~0.8 mm，齿隙差不应超过 0.34 mm，齿轮大端的齿背不齐差不应大于 1.5 mm。

不正确时，可增减横轴上和纵轴处的调整垫调整。由于印痕和齿隙是互相联系和互相影响的，调整时要同时考虑。

（4）齿痕、齿隙正确后，拆下纵轴总成、带 2309 向心滚子轴承的主动锥形齿轮（将齿轮擦拭干净）、横轴左侧轴承盖及调整环。

（5）在纵轴轴承固定座颈部退刀槽处涂上高岭土腻子或缠石棉绳，将两面涂有铅油的纸垫放在箱体与纵轴轴承固定座的结合面上，装上纵轴总成（回油孔应对正），放上锁紧垫片，拧紧固定螺帽。

（6）装上带 2309 向心滚子轴承的主动锥形齿轮，拧紧纵轴、横轴两端固定螺帽，装上开口销。

（7）在横轴两端的轴承固定座与轴承盖结合面上放上两面涂铅油的纸垫，向轴承盖内涂满 2 号坦克润滑脂，装上调整环和轴承盖，拧紧固定螺帽，复查锥形齿轮对的印痕和齿隙，合格后，锁好固定螺帽的锁紧垫片。

(8) 安装风扇联动装置中间齿轮：

① 将卡环、支撑环、307向心球轴承装在中间齿轮内。

② 将中间齿轮总成放入箱体内，每边放上一个间隔环，装上中间齿轮轴（轴上的孔应与箱体上的螺孔对正）。

③ 检查中间齿轮与被动齿轮的齿隙。

**技术条件：**

——齿隙应为0.15~1mm，齿隙差应不大于0.2mm。

④ 放上变速箱主动轴，检查风扇联动装置主动齿轮与中间齿轮的齿隙。

**技术条件：**

——齿隙应为0.15~1mm，齿隙差应不大于0.2mm。

⑤ 取下变速箱主动轴，放上锁紧垫片，拧紧风扇联动装置中间齿轮轴止动螺栓并锁好锁紧垫片，然后在中间齿轮轴安装孔盖的结合面上放上两面涂有铅油的纸垫，装上安装孔盖。

(9) 检查风扇联动装置的转动情况。

**注：** 锁紧风扇联动装置纵轴和横轴固定螺帽时，要用8mm的开口销锁紧，以防销子直径小于固定螺帽锁紧插销槽时，造成固定螺帽与轴产生相对转动改变啮合印痕。

(10) 装上检查窗盖（对角拧上两个固定螺帽）。

**7. 组合变速箱总成：**

(1) 将中间轴总成装到下箱体上，检查两侧92412向心滚子轴承外圈与下箱体轴承座孔的配合情况。

**技术条件：**

——92412向心滚子轴承与下箱体的轴承座孔用0.08的塞尺应不能插入。

(2) 检查一、倒挡主动齿轮与倒挡齿轮的啮合齿隙。

**技术条件：**

——倒挡齿轮与一、倒挡主动齿轮的啮合齿隙应为0.18~1.2mm，齿隙差不应大于0.2mm。

(3) 将主动轴总成抬到下箱体上，然后将218向心球轴承压入主动轴轴承固定座内，见前图4-25，并将其装在箱体上。

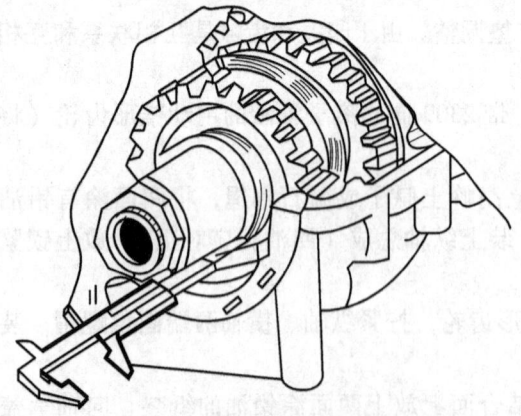

图4-51　测量主轴两侧调整环至箱体端面的距离

(4) 将主轴总成抬到下箱体上。

(5) 分别测量左、右轴承固定座与箱体结合的平面至轴上滚针衬套或调整环的距离，见图4-51。

**技术条件：**

——此距离左端应为34.5-0.5mm，右端应为44.5-1mm。不正确时，选配调整环调整。

(6) 拆下主轴两端的专用支承套，然后装上轴承固定座总成并拧紧主轴固定螺帽。

(7) 检查各齿轮的齿隙，齿隙不正确

时，可选配齿轮。

**技术条件：**

——主动齿轮与四挡主动齿轮的齿隙应为 0.15~0.8mm，齿隙差应不大于 0.12mm；

——各前进挡主、被动齿轮的齿隙应为 0.18~1mm，齿隙差应不大于 0.2mm；

——倒挡齿轮与倒挡被动齿轮的齿隙应为 0.18~1.2mm，齿隙差应不大于 0.2mm。

（8）检查一挡被动齿轮与二挡主动齿轮的端面距离（测量时，应将一挡被动齿轮向二挡主动齿轮方向推靠）。

**技术条件：**

——此距离应不小于 1mm。

（9）检查各齿轮与箱体之间的距离。

**技术条件：**

——此距离应不小于 1.5mm，不正确时，允许刮削箱体。

（10）装上上箱体。

① 安装上箱体前的准备：

取下主动轴和主轴两端的轴承固定座，将箱体内部彻底清洁，拧紧放油口螺塞并用铁丝锁紧。向各齿轮轮齿及轴承内涂上机油，将带有滑块的拨叉轴装到拨叉环内（滑块应能在拨叉环中灵活移动。四、五挡的拨叉轴比二、三的拨叉轴长，二、三挡拨叉轴开口向后，其余向前，拨叉轴上的方键槽方向一致）。

② 将上箱体装到下箱体上。

（11）将两面涂有铅油的纸垫在拨叉轴衬套上，装上拨叉轴衬套、密封胶皮环及盖，拧紧固定螺帽。

（12）将两面涂有铅油的纸垫，放在主动轴和主轴左、右轴承固定座与箱体的结合面上，将各轴承固定座装到箱体上。

（13）放上锁紧垫圈，拧紧主轴左、右轴承固定座的固定螺帽。

（14）按图 4-52 的顺序拧紧上、下箱体的系紧螺栓和紧配合螺栓，以防上下箱体结合面密封不良。

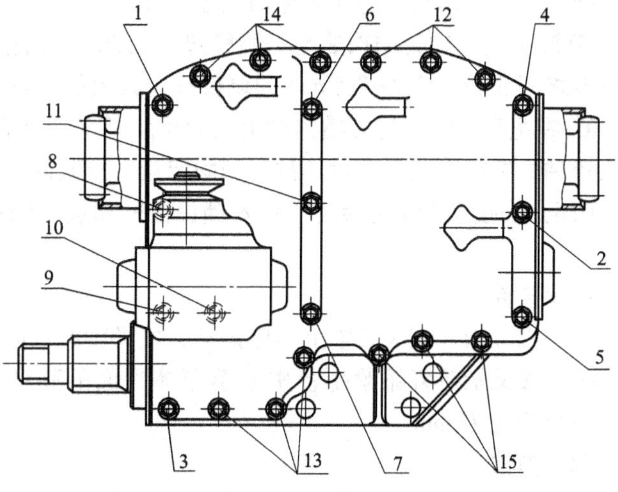

图 4-52 变速箱螺栓拧紧顺序

**技术条件：**

——拧紧力矩分别为：

直径 20mm 的螺栓 147~177N·m（15~18kg·m）；

直径 20mm 的螺栓 196~216N·m（20~22kg·m）；

直径 16mm 的螺栓 74~88N·m（7.5~9kg·m）；

直径 16mm 的螺栓 118~137N·m（12~14kg·m）。

——螺栓全部拧紧后，上、下箱体结合面应紧密贴合，用 0.05mm 的塞尺不应插入。

(15) 安装固定盘及密封衬套总成：

① 将石墨混合液浸煮过的毡垫装到固定盘上。

② 选配密封环，将密封环放入固定盘的配合孔内，用塞尺检查密封环的切口间隙与径向间隙。上述间隙合格后，取出密封环进行弯曲。

**技术条件：**

——切口间隙为 0.1~0.25mm，若小时，则可锉修切口端面；若大时，应更换密封环；

——径向配合间隙用 0.05mm 塞尺应不能插入；

——按左螺旋方向弯曲密封环。弯曲后切口对接处高度应为 6±0.5mm。

③ 在密封环上涂上薄薄的一层 2 号坦克润滑脂，装到密封环衬套的密封环槽内。

**技术条件：**

——密封环的切口翘起侧面应紧贴槽壁，用 0.05mm 的塞尺应不能插入。

④ 确定固定盘与 218 向心球轴承外圈之间的调整垫厚度，见前图 4-24。

**技术条件：**

——调整垫的厚度应保证固定盘与轴承固定座之间装上纸垫后能很好地密封，并压紧轴承外圈；

——调整垫不得多于 3 个。

**确定方法：**

$$调整垫的厚度 = 凹 - 凸 + 纸垫厚度的 65\% \sim 75\%$$

凹——轴承固定座端面至轴承外圈的深度；

凸——固定盘凸边的高度加挡油盘厚度。

⑤ 装上主动轴处的挡油盘、调整垫（为防止挡油盘和轴承内圈摩擦，应在挡油盘和轴承外圈之间放一个 0.2~0.5mm 的调整垫，其余的调整垫放在挡油盘和固定盘之间）。

⑥ 在主动轴键齿退刀槽内涂上高岭土腻子（或缠石棉绳），在固定盘与轴承固定座间放上涂铅油的纸垫，装上密封环衬套和固定盘，拧紧固定螺帽，用铁丝锁紧。

(16) 在拨叉轴上方装上平键及挡位指针和拨叉轴拉臂，拉臂上刻线应与拨叉轴上刻线对正。

**技术条件：**

——挡位指针在拨叉轴上不应摇动，拨叉轴的轴向移动量应为 0.5~1mm；

——拨叉轴拉臂系紧螺栓中心至箱体平面的高度：一、倒挡和四、五挡应为 127mm；二、三挡应为 75mm。

**调整方法：**

将拨叉轴向上提起，在挡位指针与拨叉轴衬套之间放上一个 0.5~1mm 厚的垫片，将挡位指针装到底并固定好，然后取出垫片。

(17) 在主轴两端放上锁紧垫圈，拧上固定螺帽，挂上任意两个挡，并拧紧主轴两端的固定螺帽，锁好锁紧垫圈。在中间轴轴承盖与箱体结合面上，放上两面涂有铅油的纸垫，然后装上轴承盖。

**技术条件：**

——主轴两端固定螺帽的拧紧力矩应不小于 1 176 N·m（120 kg·m）；

——中间轴两端固定螺帽的拧紧力矩应不小于 735 N·m（75 kg·m）。

（18）检查挂挡情况：

各挡应能自如的结合和退出，在挂挡或空挡位置均应能很好地定位；

空挡时，各挡位指针应对正"0"刻度线，挂挡后应对正相应的刻线，不正确时锉去旧的刻线，重新作刻线。

（19）挂挡（或空挡）时，各轴应能自如转动，无杂音。

（20）向变速箱加注 13±0.5L（相当于油平面高 59~62mm）CC50 机油或 GL-5 80W/90 或 GL-5 75W/90 重负荷车辆齿轮油。

（21）在风扇联动装置检查窗上放上两面涂有铅油的纸垫，并装好检查窗盖。

（22）挂挡检查各轴的转动情况。

### （四）变速箱的试验

**1. 试验规范**

（1）主动轴转速：1 700~2 000 r/min；

（2）从空挡开始试转 5~10 min，然后按一、二、三、四、五、倒挡的顺序，每挡试验 6~10 min。挂每一挡之前，应在空挡上工作 2~3 min。

**2. 试验要求**

（1）在空挡时，只允许主轴稍微转动，用双手的力量可将其制动并能反转；

（2）各结合面和密封装置处不得漏油；

（3）不应有撞击声或杂音；

（4）油温不得超过 75 ℃；

（5）应根据主离合器试验技术条件同时检查主离合器的工作。

**3. 试验后，须检查所有外部螺栓、螺帽的紧固情况。**

**注意事项：**

（1）起吊上箱体时，应避免箱体倾斜，可在纵轴接合盘下伸入撬杠抬起，并防止中间轴、主轴随上箱体一起升起；

（2）严禁用撬杠撬箱体各结合面，以防止损伤结合面造成密封不良；

（3）拆卸或安装 7216 双列向心圆锥滚子轴承时，要用专用套筒进行冲打，严禁用筒冲或手锤直接敲打，以防受力不均匀造成损坏；

（4）分解主轴各挡被动齿轮时，各齿轮的滚针与支架不应弄混，以保持同一齿轮所用的滚针直径相同；

（5）调整 7216 圆锥滚子轴承间隙时，要用塞尺多测量几处，保证间隙的精确性；

（6）调整主轴 7216 轴承间隙后，确定好厚度的调整垫在装入主轴上时，一定要将带内倒角的一面朝向主轴台肩，以免主轴台肩导角与调整垫干涉，使轴承安装不到位；

（7）安装一、倒挡主动齿轮轴时，若轴与轴承配合过紧，可用机油加温倒挡齿轮总成；

（8）将拨叉放入箱体前，用润滑脂粘挂滑块，以防拨叉安装时滑块掉入下箱体；

（9）组合变速箱上、下箱体时，如上箱体装不到位时，应检查风扇联动装置主动齿轮是否被中间齿轮顶住；

（10）装左、右轴承固定座时，应使连接齿轮与轴承固定座同时装入，以免密封环损坏，各轴承固定座的回油孔，应与箱体上的回油孔槽对正，同时注意将回油孔朝下，以防漏油；

（11）拧紧变速箱各固定套的固定螺帽时，应先拧紧下箱体上的固定螺帽。上箱体上的

固定螺帽待系紧螺栓拧紧后再拧;

(12) 在拧紧大固定螺帽时,由于止动垫圈与固定螺帽之间摩擦力较大,为避免止动垫圈损坏,应将止动耳朝外装并在垫圈两面涂上 2 号坦克润滑脂。

**(五) 安装**

(1) 安装变速箱前的准备工作:

① 将主离合器活动盘短拉杆装在活动盘销子上,拧紧螺帽并锁紧,然后将其绑在变速箱上。

② 将各连接齿套分别套在主轴左、右连接齿轮上(有环槽的一面朝向行星转向机)。

③ 将主离合器与齿轮传动箱的连接齿套装在齿轮传动箱被动连接齿轮上。

(2) 用变速箱吊具将变速箱吊入车体内。

(3) 将变速箱落到底后,摘掉后边两个吊钩,利用前面的吊钩将变速箱吊起一点,然后在变速箱与前支架间放上适当的调整垫。

(4) 检查变速箱与侧支架的同心度,见图 4-53,方法见本章第五节第二条。

**技术条件:**

——连接齿套应能在主轴及行星转向机两连接齿轮牙齿全长上灵活移动。

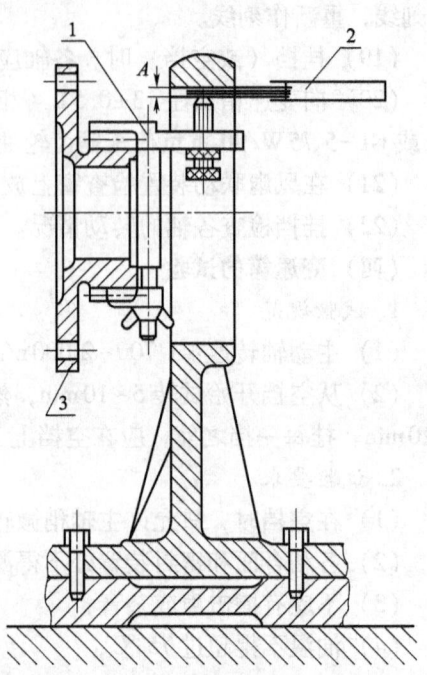

图 4-53 变速箱侧支架同心度校正
1—变速箱侧支架与行星转向机中心线校正器;
2—塞尺;3—行星转向机连接齿轮

(5) 检查变速箱在车体内的左、右位置,见图 4-54。

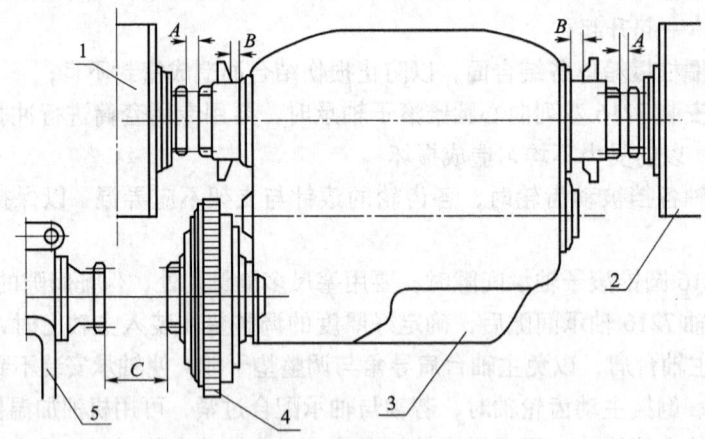

图 4-54 变速箱左右位置
1—右行星转向机;2—左行星转向机;3—变速箱前支架;4—主离合器;5—齿轮传动箱

**技术条件:**

——主轴连接齿轮与行星转向机连接齿轮端面距离"$A$"应为 29～32mm;主离合器连接齿轮与齿轮传动箱被动连接齿轮端面距离"$C$"应为 93～105mm。距离"$A$"和"$C$"不正确时，可在变速箱前支架孔的范围内移动变速箱调整；

——主轴轴承固定座的固定螺栓与侧支架的距离"B"应不小于1mm。

（6）装好侧支架盖，拧紧侧支架盖及前支架固定螺栓，前支架可先用两个螺栓固定紧，待中心线校正好后，再装入全部固定螺栓。

（7）校正变速箱与齿轮传动箱的中心线，校正方法见第五章第五节。

**技术条件：**

——在校正工具的上、下、左、右径向间隙差应不大于5mm。在半径100mm处的端面间隙差应不大于2mm。

（8）将主轴两端的连接齿套推向行星转向机，同时装上卡板，拧紧卡板固定螺帽，并用开口销锁紧。

（9）安装主离合器与齿轮传动箱的连接齿套，安装方法见。

（10）安装带支座的启动电动机，安装方法可见第五章第三节。

（11）安装里程速度表软轴、机油回油管并用固定卡固定（同时固定补偿软管），装上油温表感受器的电线、机油散热器进油管。

（12）连接主离合器活动盘短拉杆，检查调整主离合器操纵装置的自由行程和压板行程，调整方法见主离合器操纵装置的连接与调整。

（13）连接变速箱横拉杆，并检查调整变速箱操纵装置。

**技术条件：**

——在空挡或挂上挡后，挡位指针应与箱体上相应刻线对正，只允许一、倒挡有不超过1.5mm的偏差。

## 第四节　行星转向机的构造与拆装

### 一、行星转向机的构造

#### （一）坦克转向概念

坦克两侧履带速度保持一致，坦克直线行驶；当两侧履带速度存在差异时，坦克就实现转向。

坦克转向时，总是绕着空间某一点 $O$ 为中心进行转向，$O$ 点就叫坦克的瞬时转向中心。从坦克的瞬时转向中心 $O$ 到坦克纵向中心线的距离 $R$ 叫坦克的转向半径（图4-55（a））。若低速侧履带完全停止运动，而高速侧履带仍继续运动，转向中心 $O$ 在低速侧履带的中心线上，转向半径 $R$ 为履带中心距 $B$ 的一半，这种转向叫做"制动转向"或"原地转向"（图4-55（b））。对于某些特点的转向机构，转向时能使两侧履带卷绕速度大小相等，方向相反，一条履带向前运动，另一条履带向后运动，坦克围绕其自身中心回转，转向半径 $R=0$，这种转向叫"中心转向"。

当坦克倒车过程中进行转向，坦克转向中心在履带低速一侧，坦克车首向高速一侧转动。称为倒车反转向。

坦克转向时，转向机构摩擦元件之间没有功率损失，这时获得的转向半径称为规定转向半径。其大小与两侧履带的传动比有关，为确定值。一般来说，规定转向半径越多，车辆的转向性能越好。

对于某些特点的转向机构，各挡转向时，规定转向半径可有无穷大（直线行驶）到某一最小规定转向半径无级变化，叫做无级转向。

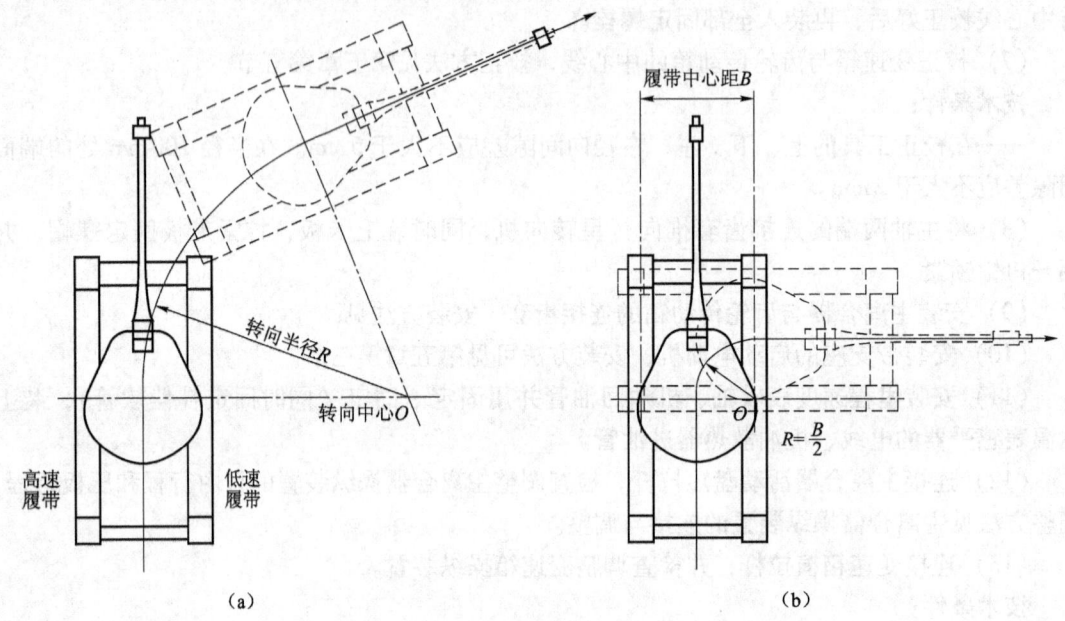

图 4-55 坦克转向示意图

坦克转向性能是坦克机动性能的一个重要方面。转向性能好坏直接影响坦克的机动性能、战斗能力和战场生存能力。决定转向性能的重要因素是坦克的转向机构。

在坦克发展过程中，出现过很多种转向机构，有单差速器、双差速器、转向离合器、双侧变速箱、行星转向机、双侧变速箱转向。双流传动转向机构，更是使坦克转向性能有了飞跃式提高。

（二）二级行星转向机工作原理

59式主战坦克行星转向传动简图如图 4-56 所示，传动系统中左右各有一个行星转向机，安装在变速机构后，侧传动前。

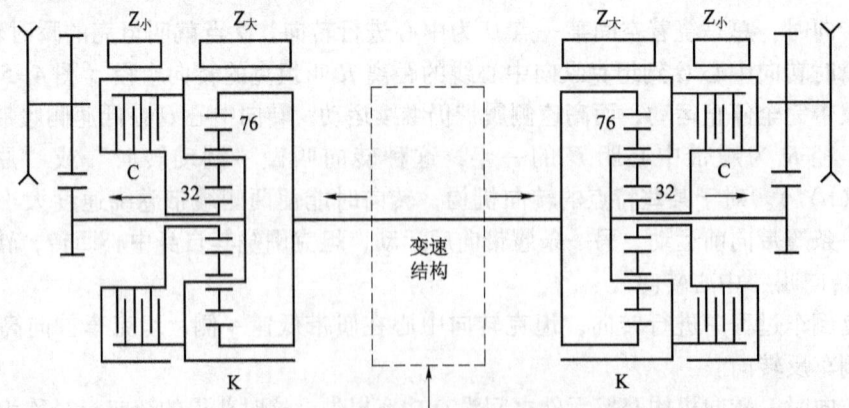

图 4-56 主战坦克的行星转向机

行星转向机由一个行星排、一个闭锁离合器和大小两个制动器组成。由变速箱传来的动力，经齿式联轴器带动行星排中齿圈旋转，齿圈是主动件。行星架是被动件，动力经它传给侧减速器主动轴。闭锁离合器由内鼓部分、外鼓部分、加压机构和分离机构四部分组成。内鼓部分与太阳齿轮和小制动器制成一体，外鼓部分与大制动鼓制成一体，用螺栓与行星架相连接。小制动器用来制动太阳轮，大制动器用来制动行星架。

简单行星排有如下转速关系：

$$n_t + kn_q = (1+k)n_j \tag{4-1}$$

式中，$n_t$ 为太阳轮转速；$n_q$ 为齿圈转速；$n_j$ 为行星架转速。

当制动器 $Z_大$、$Z_小$ 松开，离合器 C 结合，太阳齿轮与行星架闭锁成一体，这时行星排整体回转。行星转向机的传动比为：$i=1$；

当制动器 $Z_小$ 制动，离合器 C、制动器 $Z_大$ 松开，小制动器的制动鼓被制动，行星排太阳齿轮被制动不转，行星机构为减速工作状态，行星转向机的传动比为：$i=1+1/k$；

当制动器 $Z_大$ 制动，离合器 C、制动器 $Z_小$ 松开，行星架被制动不转，行星排的齿圈通过行星齿轮带动太阳齿轮以高于齿圈的转速反向空转。侧减速器主动轴以后坦克主动轮都不转动。行星转向机的输出转速为 0。

上述三种工作状态，大制动器 $Z_大$、小制动器 $Z_小$、闭锁离合器 C 三者之中，每种工作状态只能结合或制动其中的一个，其他两个都应处于松开状态，否则行星机构无法工作。

因此，通过控制行星转向机不同的行星构件，实现不同的传动比，得到不同的输出转速。单个行星转向机通过操纵不同的构件可以得到三种不同的工作状态。驾驶员通过操纵杆分别操纵左、右两侧的行星转向机，可组合得到六种不同的坦克行驶状态。其中三种为坦克的直线行驶状态，三种为转向行驶状态。左右两侧的行星转向机同时处于相同的工作状态，坦克将直线行驶或停车；左右两侧的转向机同时处于不同的工作状态，坦克则进行转向。如下表所示。

表 4-1 坦克二级行星转向机的组合状态

| 状　态 | C | $Z_小$ | $Z_大$ |
|---|---|---|---|
| C | 直线行驶 | 第二半径转向 | 第一半径转向 |
| $Z_小$ | 第二半径转向 | 直线行驶 | 第一半径转向 |
| $Z_大$ | 第一半径转向 | 第一半径转向 | 停车 |

### （三）59 式主战坦克二级行星转向机结构

图 4-57 是 59 主战坦克行星转向机结构图。主要由一个行星排、闭锁离合器和制动器组成。

1. 行星排

行星排由齿圈、行星架、太阳齿轮、行星齿轮、连接齿轮和大制动鼓密封盖等组成。

齿圈 14：是行星排的动力输入件。齿圈通过两个向心球轴承 6 支承在行星架 1 的轮毂上。用十二个螺栓 10 与齿式联轴器的连接齿轮 7 相连接。齿圈上加工有挡油盘、三道密封环槽。防止油液外流。

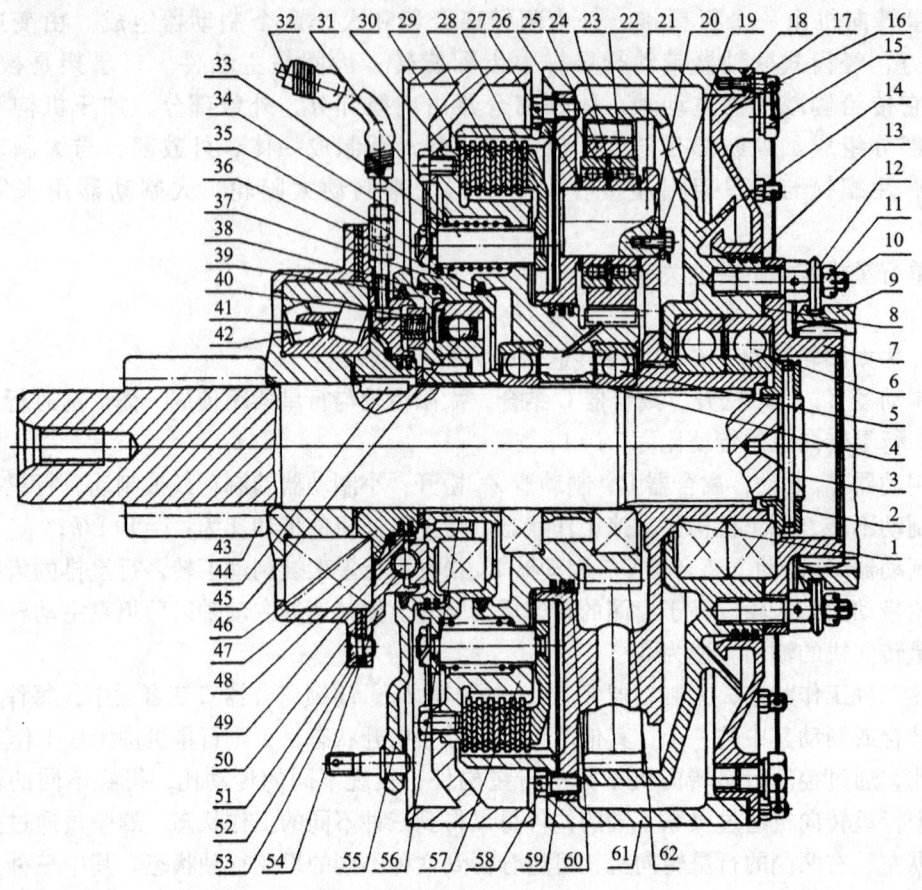

图 4-57　59 坦克的行星转向机

1—行星架；2、11、34—螺帽；3—插销；4、56—支承套；5—215 向心球轴承；6—218 向心球轴承；7—连接齿轮；8、18、59—纸垫；9—连接齿套；10、17、20、58—螺栓；12—卡板；13、38、48、60—密封环；14—周转齿轮；15—螺塞；16—大制动鼓密封盖；19—止动板；21—行星齿轮轴；22—370208 向心球轴承；23—卡环；24—行星齿轮；25—支承环；26—间隔环；27—压板；28—外齿摩擦片；29—内齿摩擦片；30—小制动鼓；31—弹簧销；32—注油管；33、41—弹簧；35—锁紧垫片；36、39、47—毡垫；37—压缩盘；40—弹簧套筒；41—3522 双列向心滚子轴承；43—主动轴；44—方键；45—60722 向心球轴承；46—密封衬套；49、53—调整垫；50—分离弹子；51—螺钉；52—轴承固定座；54—固定盘；55—活动盘；57—内鼓；61—大制动鼓；62—太阳齿轮

行星架 1：通过花键套装在侧减速器的主动轴上，外边靠螺栓 58 与闭锁离合器的外鼓和大制动鼓连接成一体。行星架上铣有安装行星齿轮 24 的四个缺口。为防止漏油在它们之间还装有密封纸垫。

行星齿轮 24：四个行星轮各通过两个向心球轴承 22 支承在行星齿轮轴 21 上。并分别于太阳齿轮 62 和齿圈 14 啮合。两轴承的内环外端面上，各放有一个间隔环 26，以防轴承外环与行星架相碰。轴向用卡环 23 固定。止动板 19 用三个螺栓固定在行星架 1 和行星齿轮轴 21 上，以防行星架轮轴转动和轴向移动。该轴承采用两种直径不同的钢球交替安装：负荷小时小钢球起隔离圈作用；负荷大时，所有钢球都参加工作。

太阳齿轮 62：太阳齿轮与闭锁离合器的内毂、小制动鼓制成一体，并通过两个向心球轴承支持在侧减速器主动轴上。在齿轮左侧的外圆柱表面上装有三道密封环,避免润滑油进入闭锁离合器。整个转向机轴向用螺帽2固定开口销锁紧。

连接齿轮7:用螺栓固定在齿圈14轮毂的端面上,并通过连接齿套9与变速箱主轴相连。

大制动鼓密封盖16:用螺栓固定在大制动鼓61上。它与大制动鼓之间装有密封用纸垫。

2. 闭锁离合器

闭锁离合器作用是使太阳齿轮与行星架闭锁或分开。由内鼓、外鼓、内齿摩擦片、外齿摩擦片、压板、弹簧及弹簧销,压缩轮盘和分离装置组成。

内鼓:与太阳轮制成一体。其外径上齿圈与6片内齿摩擦片29套合,摩擦片可以在上面轴向滑动。内鼓上开有二十个圆孔,弹簧销从中间穿过。

外鼓:与大制动鼓制成一体,并用螺栓固定在行星架上。其内径上齿圈与7片外摩擦片28相套合。摩擦片可以在上面轴向滑动。在外鼓上加工有甩油孔。

外齿摩擦片28:7片外齿摩擦片28由钢片制成。外齿套在外鼓的内齿上。摩擦片可以在上面轴向滑动。

内齿摩擦片29:6片内齿摩擦片29由钢片制成。内齿套合在内鼓上。摩擦片可以在上面轴向滑动。7片外齿摩擦片28交替安装,并用压板27压紧。

弹簧销31:一端与压缩轮盘37连接,一端穿过内鼓孔铆在压板27上。装在弹簧销上的弹簧两端分别压在内鼓和压缩轮盘37上。其外张力使压板27将全部摩擦片压紧。

分离装置:由活动盘55、固定盘54、轴承45、分离弹子50和顶压装置等组成。两道铸铁密封环38的作用使防止分离轴承中的油液外流。分离装置的结构请参考主离合器结构。

## 二、行星转向机的拆卸、分解、组合与安装

### (一)拆卸

在完成前面各拆卸工作后,要完成以下内容:

(1)左侧的转向机应拆下以下各部件:

① 拆除机油箱出油、水管(双层油水管);

② 拆除带油温传感器的机油回油管;

③ 拆除油沫排除管;

④ 拧下热电报知器的固定螺栓。

(2)拆除变速箱侧支架。

(3)拆卸制动器,见图4-58:

① 拆下变速箱侧支架(两个侧支

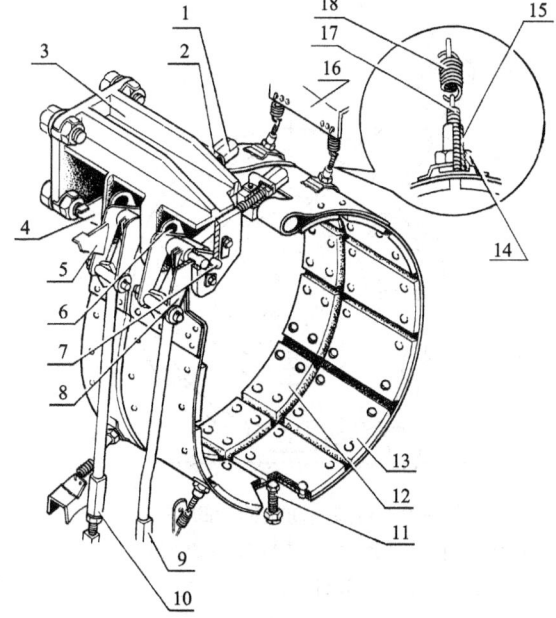

图4-58 制动器

1—调整螺帽;2—锁紧弹片;3—制动器支架;4—固定检查片;
5—活动检查片;6—弧形孔;7—拉杆连接销;8—联动杠杆;
9—大制动倾斜拉杆;10—小制动倾斜拉杆;11—调整螺栓;
12—小制动带;13—大制动带;14—锁紧螺帽;15—调整螺套;
16—拉力弹簧支架;17—调整螺杆;18—拉力弹簧

架同时拆下，应注意区分左右）；

②拆左制动器时：需放出机油箱与曲轴箱内的机油，拆下排除油沫管、双层油水管、回油管（应先拆下油温表感受器插头），拧下热电报知器的固定螺栓；

③从制动杠杆上拆下制动器拉杆；

④拆下弹簧片，拧下调整螺帽；

⑤拆下各拉力弹簧；

⑥拧下制动器支架固定螺帽；

⑦拆下各限制板；

⑧取出制动器拉杆销；

⑨取下制动器支架及调整垫；

⑩取下制动杠杆、调整螺杆；

⑪取出制动带。

（4）拆下行星转向机连接齿轮，冲出插销。

（5）用专用工具（WZ120·ZG30）拧下固定螺帽（为防止行星转向机转动，可将操纵杆拉到第二位置，或用27×32开口扳手顶卡在密封盖端部的润滑油加注（检查）口螺栓部位，见图4-59。

（6）从闭锁离合器滑轮推臂上拆下与活动盘短拉杆连接的固定螺帽及连接销。

（7）用专用吊具（WZ120·ZG1·06）吊出行星转向机；吊卸时，为便于吊卸防止出现卡滞，应在大、小制动鼓之间放上一个17×19mm或者19×22mm的开口扳手，见图4-60。

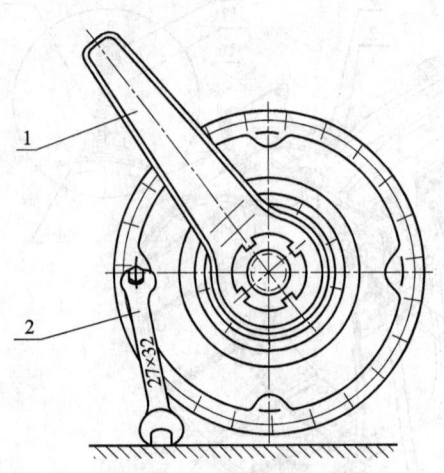

图4-59 行星转向机的拆卸
1—行星转向机圆螺帽扳手（WZ120·ZG30）；
2—27×32开口扳手

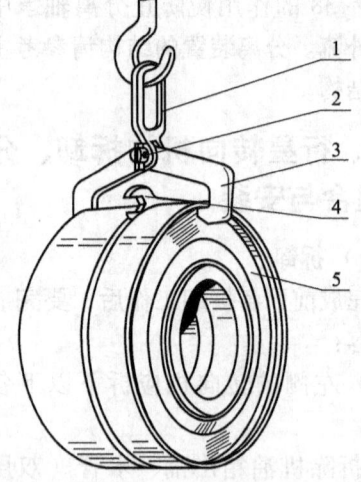

图4-60 行星转向机吊卸（安装）
1—吊环（WZ120·ZG1·001）；2—锁销（WZ120·ZG1·04）；
3—钩板（WZ120·ZG1·010）；4—扳手；5—行星转向机

（8）取下分离钢球、顶压装置、支承套、调整垫。

**注意事项：**

①机油散热器未安装在上装甲板上的车辆，在拆卸左侧行星转向机前应先拆下机油散热器和支架；

②闭锁离合器顶压装置弹簧筒略短于主离合器的顶压装置弹簧筒，应注意保存，避免

第四章 传动装置构造与拆装  127

混淆；

③ 拆下行星转向机后，应将调整垫单独成组保存，避免左、右侧混淆。

**（二）分解；**

行星转向机结构见图 4-57。

（1）撬出活动盘部件；

（2）放出行星转向机中的润滑油；

（3）拆下闭锁离合器部件；

（4）分解活动盘总成：

① 取下密封环、毡垫；

② 冲出 60722 向心球轴承（注意冲子要对准轴承内圈，以免损坏轴承上的防尘盖）。

（5）分解闭锁离合器总成，见图 4-61：

① 从太阳齿轮上取下密封环，拧下小制动鼓固定螺栓，冲下小制动鼓；

② 用弹簧压缩器（WZ120·ZG25）压缩闭锁离合器弹簧；

③ 拧下弹簧销固定螺帽，松开压缩器，取下压缩轮盘、弹簧、带太阳齿轮的内鼓、摩擦片及带弹簧销的压板；

④ 从太阳齿轮毂内冲出两个 215 向心球轴承，取出支承套和毡垫；

⑤ 必要时从压板上拆下弹簧销。

（6）分解行星传动器总成：

① 拧下大制动鼓密封盖的固定螺栓，用专用工具拔出周转齿轮和大制动鼓密封盖，见图 4-62；

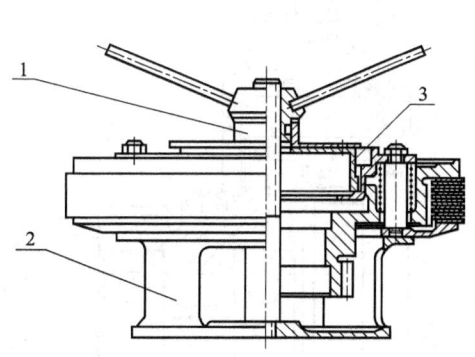

图 4-61 闭锁离合器分解
1—转把（WZ120·ZG25·01）；2—底座（WZ120·ZG25·02）；3—两用支承筒（WZ120·ZG16·010）

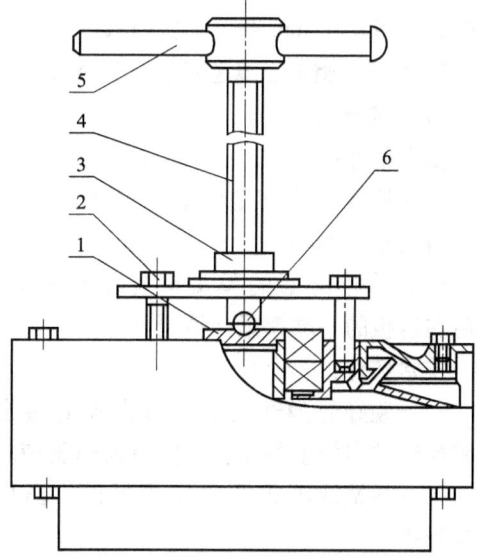

图 4-62 行星转向机密封盖拆卸
1—两用垫盘（WZ120·ZG24·007）；2—专用螺栓（WZ120·ZG24·009）；3—拆卸圆盘（WZ120·ZG24·002）；4—螺杆（WZ120·ZG24·001）；5—履带销；6—钢球（φ19）

② 从周转齿轮上取下行星传动器盖、密封环，冲出两个218球轴承；

③ 拧下大制动鼓固定螺栓，冲出行星框架部件；

④ 必要时，从行星框架上拆下固定板，冲出行星齿轮轴（从无止动板螺孔一侧向外压），并取出行星齿轮及垫圈；

⑤ 必要时，从行星齿轮内由中间向外冲出两个370208 向心球轴承及支承环，取出卡环。

### （三）组合

1. 按表4-2技术条件选配密封环

表4-2 行星转向机密封环选择尺寸

| 安装部位 | 数量 | 切口间隙/mm | 径向间隙/mm | 弧形高度/mm |
|---|---|---|---|---|
| 周转齿轮毂 | 3 | 0.1~0.25 | 用0.05 mm 塞尺不应插入 | 4±0.5 |
| 太阳齿轮毂 | 3 | 经验0.05~0.1之内为佳 | | 3±0.5 |
| 活动盘毂 | | 0.1~0.25 | | 3±0.5 |

2. 组合活动盘总成

（1）向60722 向心球轴承内加满2 号坦克润滑脂，然后将其压入活动盘内，轴承有防尘罩的一面朝向活动盘；

（2）装上用机油浸过的毡垫；

（3）在密封环上涂一薄层润滑脂，然后装入活动盘密封环槽。

**技术条件：**

——密封环切口与槽壁有间隙的一面朝向压缩轮盘（来油方向），切口处翘起的一面紧贴槽壁，用0.05 mm 塞尺不应插入。

3. 组合闭锁离合器总成，见图4-63

（1）选配弹簧销。

**技术条件：**

——从台肩处测量全套弹簧销的长度差不得大于0.1 mm。

（2）将选配好的弹簧销装在压板上，然后在压板的一端铆紧弹簧销。

**技术条件：**

——装好的弹簧销应能自由地通过带太阳齿轮的内鼓上的孔，否则更换弹簧销。

——弹簧销不得凸出压板平面，凸出时应锉平。

（3）选配摩擦片。

**技术条件：**

——摩擦片应能借自身的重量自如地在齿槽内移动；

——压紧后的总厚度应为41.2~42 mm。

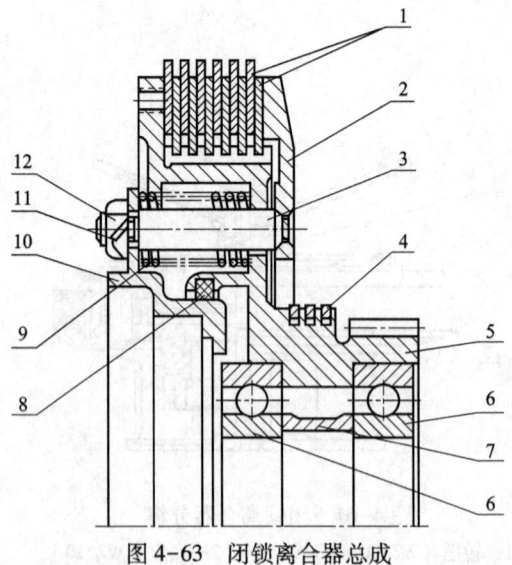

图4-63 闭锁离合器总成

1—内、外齿摩擦片；2—压板；3—弹簧销；4—密封环；5—内鼓；6—215 向心球轴承；7—支撑环；8—毡垫；9—弹簧；10—压缩轮盘；11—锁紧垫片；12—螺帽

在最大直径处对称四点的厚度差不得大于 0.3mm；

——安装旧摩擦片时，为保证总厚度，允许增加 1~2 片摩擦片，但不得增加摩擦面。

（4）将机油浸透的毡垫装到带太阳齿轮的内鼓上。

（5）将摩擦片（先装一片外齿片，以后交替装入内、外齿片）、压板装到带太阳齿轮的内鼓上，然后套上弹簧压缩器，并翻转 180°。

（6）装上弹簧和压缩轮盘，用弹簧压缩器压缩弹簧，放上锁紧垫片，拧紧固定螺帽，对正摩擦片齿，并与内鼓同心，松开弹簧压缩器，锁好锁紧垫片。

（7）在密封环上薄薄地涂一层 2 号坦克润滑脂后，装到带太阳齿轮的内鼓密封环槽内。

**技术条件：**

——密封环切口与槽壁有间隙的一面朝向太阳齿轮，切口处翘起的一面应紧贴槽壁，用 0.05mm 塞尺不应插入。

（8）在每个 215 向心球轴承内涂满 2 号坦克润滑脂，然后装上一个 215 向心球轴承，从另一端装上支承套，再装上另一个 215 向心球轴承。

**4. 组合行星框架总成，见图 4-64**

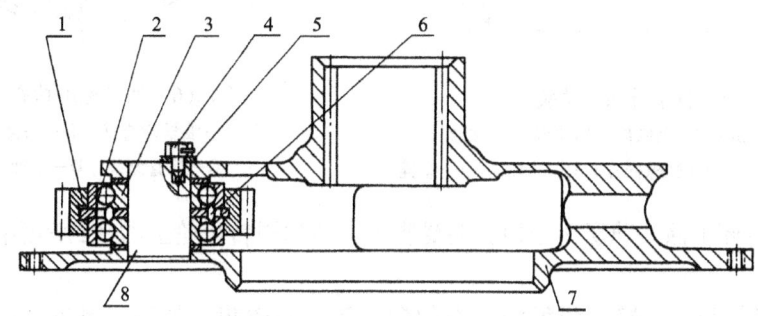

图 4-64 行星框架总成
1—行星齿轮；2—卡环；3—370208 向心球轴承；4—螺栓；5—止动板；
6—支承环；7—行星框架；8—行星齿轮轴

（1）在每个 370208 向心球轴承内涂满 2 号坦克润滑脂，然后将卡环和 370208 向心球轴承（内、外圈有缺口的一面朝向内）装到行星齿轮毂内，翻转 180°，装上支承环和另一个 370208 向心球轴承。

（2）在行星框架上靠闭锁离合器一边的行星齿轮轴孔内涂一薄层铅油，在行星齿轮两边各放一个间隔环后一起装到行星框架内，压入行星齿轮轴（从有止动板螺孔一侧向下压入），装上止动板，拧紧固定螺栓，并用铁丝锁紧。

**技术条件：**

——行星齿轮应能自由转动，无卡滞现象。

**5. 行星转向机总装配，见图 4-65**

（1）将闭锁离合器总成平放（太阳齿轮向上），然后将行星框架总成装到闭锁离合器上，再翻转 180°。

（2）将两面涂有铅油或密封胶的纸垫放在大制动鼓的结合面上，并一起套到行星框架的接合盘上，对准螺栓孔，用涂有铅油的螺栓拧紧，并用铁丝锁紧。

（3）将小制动鼓装在带太阳齿轮的内鼓上，拧上螺栓并锁紧（螺栓的螺纹端不得凸出带太阳齿轮毂的摩擦表面。

（4）翻转180°，加注2.5L混合油（50%2号坦克润滑脂、50% GL-5 80W/90 或 GL-5 75W/90 重负荷车辆齿轮油）。

注：根据不同地区的气候条件，混合油的比例可以适当改变。加注量的确定见图4-66。

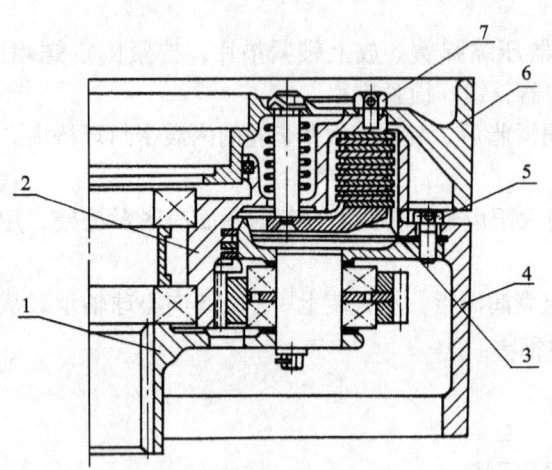
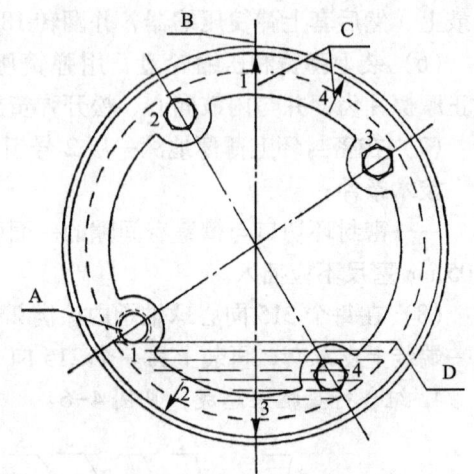

图4-65 行星转向机总装配
1—行星框架总成；2—闭锁离合器总成；3—纸垫；
4—大制动鼓；5—大制动鼓螺栓；6—小制动鼓；7—螺栓

图4-66 油量标准检查示意图
A—油量检查孔；B—垂直轴线；
C—检查刻线；D—油液平面

（5）在密封环上涂一薄层2号坦克润滑脂后，装到周转齿轮上的密封环槽内。

**技术条件：**

——密封环切口与槽壁有间隙的一面朝向周转齿轮轮齿，切口处翘起的一面应紧贴槽壁，用0.05mm的塞尺不应插入。

（6）在大制鼓与密封盖贴合的结合面处放一个两面涂有铅油的纸垫，将大制鼓密封盖装到大制动鼓上（注意防止卡断密封环），拧紧大制动鼓密封盖的固定螺栓（螺栓涂上铅油）和加油螺塞，并用铁丝锁紧。

（7）在每个218向心球轴承内加上2号坦克润滑脂，将两个轴承装入周转齿轮毂。

（8）翻转行星转向机，装入活动盘总成及支承套。

**（四）试验**

1．试验规范

（1）转速：900~1 000 r/min；

（2）空载试验压板行程：2~2.5mm；

（3）试验顺序和时间：

空转：2~3 min（闭锁离合器结合，制动带松开）；

小制动带箍紧：15 min；

大制动带箍紧：4~5 min；

小制动带箍紧：10 min；

大制动带箍紧：4~5 min；

小制动带箍紧：10 min。

2. 试验要求
(1) 不允许有杂音、敲击声等各种不正常的响声；
(2) 轴承温度应不超过 80 ℃；
(3) 分离、结合不得有卡滞现象；
(4) 各结合处，密封处不得甩油。
3. 试验后检查
(1) 在拉臂销中心处测量活动盘拉臂工作行程为 46 mm 时，压板行程应不小于 4 mm；
(2) 箍紧小制动鼓时，大制动鼓应能用手自如转动；
(3) 试验停止 4~5 min 后，检查油量（油量标准检查方法：试验后或停止行驶后，立即转动行星转向机，使大制动鼓密封盖上任一个号码的刻线位于正上方。待 4~5 min 后，拧下有相同数字标记的加油螺塞，油面应与此螺塞孔下边缘平齐）；
(4) 试验后，应再次检查所有紧固部位。

**注意事项：**
(1) 在分解闭锁离合器时，严禁不用弹簧压缩器压缩就拧下压缩轮盘固定螺帽，以防零件弹出伤人或损坏机件；
(2) 行星齿轮轴应从无止动板螺栓孔一端向下压出，防止损伤密封孔结合面；
(3) 闭锁离合器摩擦片安装前应在脱水煤油或汽油中洗净，并用高压空气吹干；
(4) 闭锁离合器小制动鼓固定螺栓为特制螺栓，长度为 $16_{-0.5}$ mm，不允许用普通螺栓替换，否则因螺栓过长而顶住摩擦片，影响转向器的正常工作；
(5) 行星齿轮轴应从有止动板螺孔的一端向下压入，轴承、支承环、间隔环三者应同心，压入时应使行星齿轮轴与固定板的螺栓孔对正在一条直线上；
(6) 组合闭锁离合器与行星框架时，应注意防止太阳齿轮处的密封环被卡断；
(7) 新组合好的转向器，在注油后严禁将密封盖端朝下放置，以防转向器内混合油流到密封盖与周转齿轮挡油盖之间，出现积存后漏油；
(8) 安装大制动鼓密封盖时，应注意防止密封盖卡断周转齿轮上的密封环。

**（五）安装**
1. 确定调整垫厚度：
(1) 计算法（图 4-53）：
$$调整垫厚度 = 钢球直径 + 钢球间隙 - A + B - C$$
$A$——活动盘和固定盘钢球槽深度之和：$A = A_1 + A_2$；
$B$——活动盘分离环平面至支承套端面的距离；
$C$——固定盘分离环平面至密封衬套端面的距离。
(2) 经验计算法：
$$调整垫厚度 = B - (5.7~5.9) \text{mm}$$
(3) 经验数据：
调整垫厚度一般为 3.5~4 mm。
2. 在钢球槽内涂满 2 号坦克润滑脂，装上钢球、顶压装置（弹簧筒比主离合器的短）、调整垫及支承套（长的）。

**技术条件：**
——每组钢球直径差不得大于 0.05 mm。

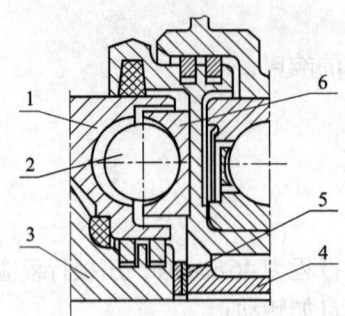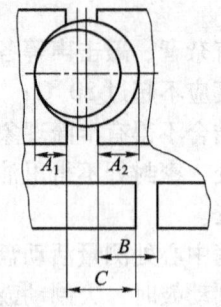

图 4-67 调整钢球间隙示意图
1—固定盘；2—分离钢球；3—密封衬套；4—支承套；5—调整垫；6—活动盘

3. 将行星转向机安装在侧减速器主动轴上，吊装方法如前图 4-60 所示。活动盘拉臂朝下，将行星转向机推紧到位，拧紧固定螺帽，测量钢球间隙。

**技术条件：**

——拧紧固定螺帽的力矩应为 1 176 N·m。

——钢球间隙应为 0.9～1.2 mm，相当于闭锁离合器短拉杆的自由行程 16.5～22.5 mm。调整垫厚度每改变 0.1 mm，自由行程相应改变 1.8～1.9 mm。

**注意事项：**

（1）检查自由行程前应先将闭锁离合器分离几次；

（2）必须在侧减速器被动部分装好后，再安装行星转向机。

4. 调整好钢球间隙后，装好固定螺帽插销，并在两端各冲铆两处。

5. 在连接齿轮毂内填满 2 号坦克润滑脂，在周转齿轮与连接齿轮的结合处放上涂有铅油的纸垫，装上连接齿轮，拧紧固定螺栓（四个特制螺栓应对称装在固定卡板的位置上），并用铁丝锁紧。

**技术条件：**

——固定螺栓的拧紧力矩为 220～240 N·m。

6. 连接闭锁离合器拉杆，调整自由行程。

**技术条件：**

——短拉杆的自由行程应为 6～8 mm，相应的前纵拉杆自由行程应为 10～30 mm。

7. 检查压板行程。

**技术条件：**

——压板行程应为 3.3～5 mm。

8. 安装制动器，见本节第三条。

9. 将石墨润滑脂涂在连接齿轮与连接齿套上，装上卡板，拧紧卡板固定螺帽，用开口销锁紧。

**技术条件：**

——装卡板前，连接齿套应能在两个连接齿轮牙齿全长上灵活移动。

**注意事项：**

安装左行星转向机时，还应注意完成以下任务：

（1）装好机油箱出油管、油沫排除管、机油回油管；

(2) 装好垂直轴上支架及变速箱短拉杆;
(3) 若没有改装的机油散热器应安装机油散热器支架及机油散热器。

## 第五节 侧减速器的构造与拆装

所有的装甲履带战斗车辆都在主动轮前,装有传动比很大的侧减速器,用来进一步降低主动轮的转速,增加主动轮上的转矩。侧减速器也叫侧传动,是传动系中最后一级传动部件。

侧减速器有一级侧减速器和二级侧减速器。在装甲战斗车辆上,普遍广泛采用一级定轴外啮合或一级行星式侧减速器。二级侧减速器最常见的形式是由一级定轴外啮合和一级行星传动组合而成。

### 一、59 式坦克侧减速器的构造

图 4-68 所示为 59 坦克一级定轴外啮合侧减速器,由主动轴部分、被动轴部分和箱体部分所组成。侧减速比为 6.78。

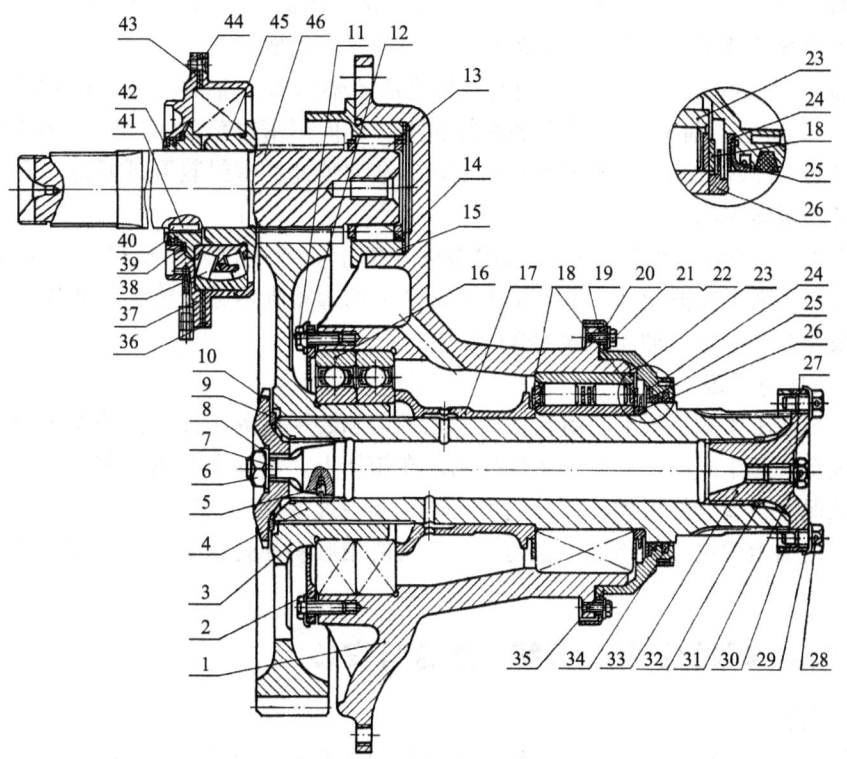

图 4-68 主战坦克侧减速器

1—侧减速器盖;2—压紧盖;3—被动齿轮;4—被动轴;5—止动销;6—螺帽;7—锥头螺杆;8、12、29—锁紧垫圈;9—调整垫;10、31、33—螺塞;11、21、28—螺栓;13—864915 向心滚子轴承;14、18—垫圈;15—轴承座;16—230 向心球轴承;17—支承套;19—纸垫;20—密封盖;22—弹簧垫圈;23—782726 滚子轴承;24—压环;25—自压油挡;26—支承环;27—钢纸垫圈;30—齿形垫;32—胶圈;34—毡垫;35—油挡体;36—轴承固定座;37—固定盘;38—3522 双列球面滚子轴承;39—毡垫;40—密封环;41—方键;42—密封衬套;43—调整垫;44—螺钉;45—衬套;46—主动轴

## （一）主动部分

主动部分由主动齿轮轴46、双列滚子轴承13、双列球面滚子轴承38及轴承固定套36、密封衬套42、调整垫43等组成。

主动齿轮轴46：主动齿轮与轴制成一体。轴中部用双列球面滚子轴承38支撑在箱体上，另一端用双列滚子轴承13支撑在箱盖上。主动齿轮轴既是行星转向机的输出轴。在密封衬套42与固定盘37之间放有毡垫39和两道铸铁密封环40。

双列滚子轴承13：此轴承无内、外环，而直接以轴颈和轴承座15为其内、外滚道。轴承13与齿轮箱盖之间放有游动垫圈14，以减小零件磨损。

双列球面滚子轴承38：轴承38的内环轴向紧靠密封衬套42。密封衬套42用一个单键和轴46相连接，轴承38的外环则装在轴承套36内，轴向被二级行星转向机的闭锁离合器分离机构的弹子固定盘37固定。该轴承可承受工作时的径向力，也可承受分离行星转向机闭锁离合器时产生的轴向力。当主动齿轮轴产生较大的弹性变形时，该轴承还具有在一定范围内进行自位调整的功能，以保证工作可靠性。

## （二）被动部分

被动部分由被动齿轮、被动轴、固定螺塞、锥头螺杆、调整垫圈、两个球轴承、压紧盖、一个双列滚子轴承，支撑套、游动垫圈、挡油盖等组成。

被动轴4：轴的中部有一个双列向心短圆柱滚子轴承23，轴的内端通过被动齿轮3支承在两个球轴承16上。轴承23的外环装在箱盖上，轴向用密封盖20固定，内环装在被动轴4上，游动垫圈18限制轴承23滚子的轴向位置。被动轴处的密封装置既要防止漏油，还要外边的泥水进入箱体内部。

被动齿轮3：被动齿轮装在被动轴内端的花键上。并通过两个球轴承、内端固定螺塞10、锥头螺杆7固定在被动轴4上。锥头螺杆7上的螺帽则用锁紧垫锁紧防松。被动轴4上的花键用来连接主动轮，轴向用螺塞33固定。

## （三）箱体与箱盖

箱体：焊在车体侧甲板上，由箱体、齿轮箱盖和装甲罩等组成。箱盖与被动轴部分和主动轴的轴承套一起组成一个总成，用螺栓固定在箱体上。箱体上有通气器，使箱体内部和大气相通，确保密封装置能可靠工作。润滑油可从加油螺塞处注入箱体内。

箱盖：用螺栓固定在箱体上。盖内加工有润滑用倾斜油孔，盖上焊有推销铁。左、右盖不能互换安装。

## 二、侧减速器的拆卸、分解、组合与安装

### （一）拆卸

断开履带、拆除后挡泥板、主动轮、制动器和行星转向机后，完成以下内容：

（1）放出侧减速器内的润滑油；

（2）拧下侧减速器盖固定螺栓（未全部拧掉前，用固定螺栓将四片锁紧垫片固定在上方拆卸孔上，吊住被动部分，拆下剩余螺栓），见图4-69；

（3）用单股吊绳吊下被动部分总成（可在三个拆卸孔内拧入固定螺栓，顶出被动部分，不得用金属撬杠直接插入被动轴孔内摇晃，以防损坏螺纹），吊具使用方法见图4-70；

（4）拧下固定盘与车体之间的固定螺帽；

第四章 传动装置构造与拆装  135

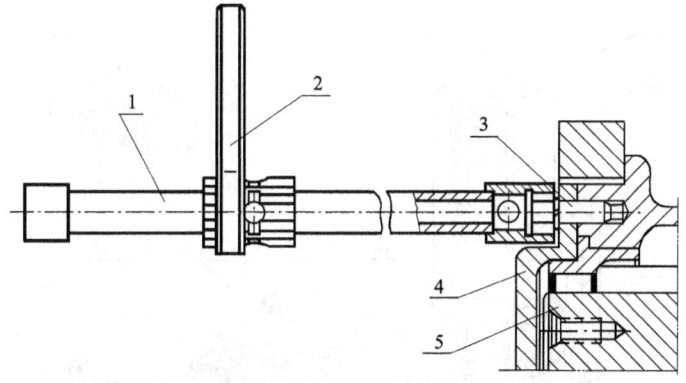

图 4-69 拆装侧减速器箱盖固定螺栓

1—41×36 套筒扳手（WZ120·ZG2·01）；2—棘轮扳手（WZ120·ZG7·01）；
3—固定螺栓；4—侧减速器箱盖；5—侧减速器主动轴

（5）取下主动轴总成。

**（二）分解**

**1. 主动部分的分解**

主动部分结构见图 4-71。

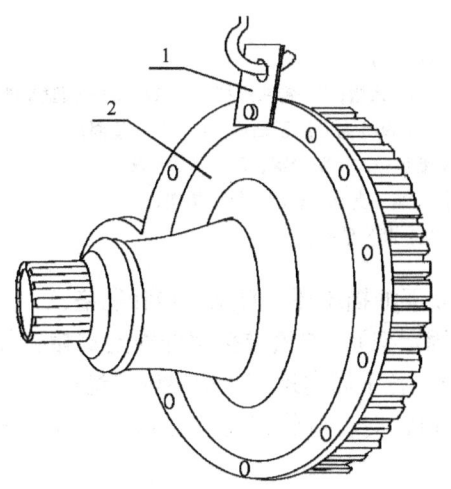

图 4-70 侧减速器被动部分吊卸

1—锁紧垫片；2—被动部分

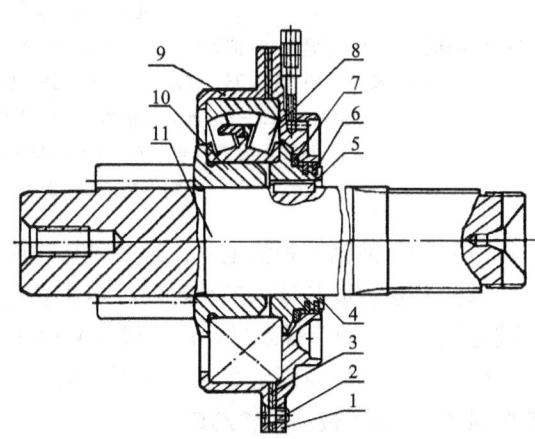

图 4-71 侧减速器主动部分

1—固定盘；2—螺钉；3—调整垫；4—密封衬套；5—方键；
6—密封环；7—毡垫；8—3522 双列球面滚子轴承；
9—轴承固定座；10—衬套；11—主动轴

（1）从主动轴上拆下轴承固定座和固定盘总成，取下方键，必要时压下衬套；

（2）拧下三个螺钉，用螺栓从拆卸孔中顶出固定盘，取出调整垫和密封衬套，从密封衬套上取下密封环和毡垫；

（3）必要时，从轴承固定座内冲出 3522 双列球面滚子轴承。

**2. 被动部分的分解**

被动部分结构见图 4-72：

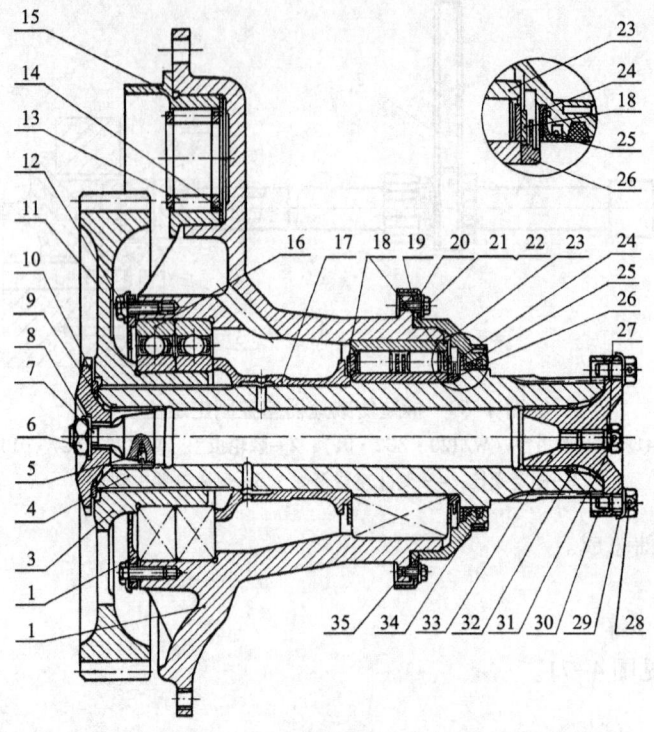

图 4-72 侧减速器被动部分

1—侧减速器盖；2—压紧盖；3—被动齿轮；4—被动轴；5—止动销；6—螺帽；7—锥头螺杆；8、12、29—锁紧垫圈；9—调整垫；10、31、33—螺塞；11、21、28—螺栓；13—864915 向心滚子轴承；14、18—垫圈；15—轴承座；16—230 向心球轴承；17—支承套；19—纸垫；20—防尘罩；22—弹簧垫圈；23—782726 滚子轴承；24—压环；25—自压油挡；26—支承环；27—钢纸垫圈；30—齿形垫；32—胶圈；34—毡垫；35—油挡体

(1) 拆下油挡体和防尘罩，必要时从油挡体上取下油挡压环、自压油挡和毡垫；

(2) 将被动部分插入主动轮内（以主动轮作为固定架），拧松锥头螺杆固定螺帽，并向下敲击使其放松固定螺塞后，用套筒（WZ120·ZG5）拧下固定螺塞，取出调整垫；

(3) 拧下压紧盖固定螺栓（拧下最后两个固定螺栓时，应将齿轮箱盖抬起，以防固定螺栓损坏），抬下被动齿轮总成；

(4) 必要时用专用工具（WZ120ZG24）从被动齿轮上拔出两个 230 向心球轴承，见图 4-73，取下压紧盖；

(5) 从齿轮箱盖上取出主动轴的 864915 向心滚子轴承、轴承套及垫圈；

(6) 抬下侧减速器盖，从侧减速器盖上冲出 782726 双列向心滚子轴承外圈；

(7) 从被动轴上取下支承套、垫圈、782726 双列向心滚子轴承，取出被动轴。必要时用专用工具（WZ120·ZG17）从被动轴上冲出 782726 双列向心滚子轴承内圈，见图 4-74，取下垫圈及支承环。

(三) 组合

1. 主动部分的组合

(1) 将衬套压到主动轴上，使其顶住台肩，然后装上方键。

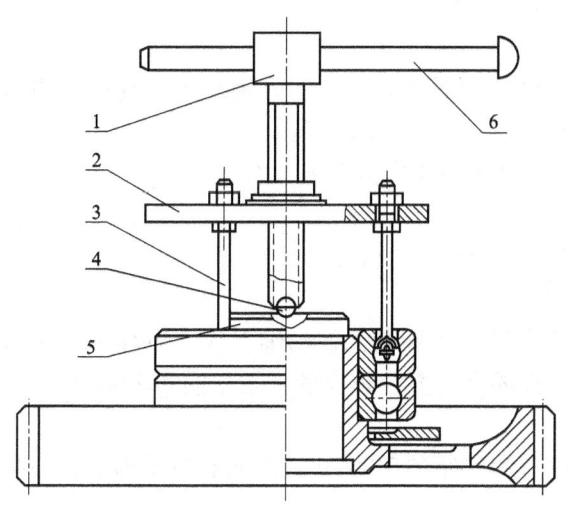

图 4-73 用起拔器拔出 230 向心球轴承
1—螺杆（WZ120·ZG24·001）；
2—拆卸圆盘（WZ120·ZG24·002）；
3—起拔爪（WZ120·ZG24·004）；4—钢球（φ19）；
5—垫盘（WZ120·ZG24·006）；6—履带销

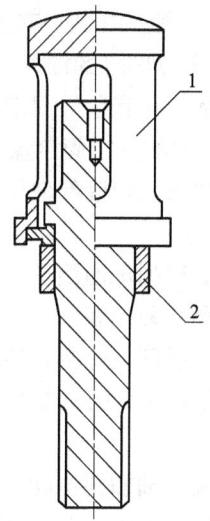

图 4-74 冲出 782726 双列向心滚子轴承内圈
1—冲筒（WZ120·ZG17）；2—轴承内圈

（2）在3522双列球面滚子轴承内涂满2号坦克润滑脂，然后将其压入轴承固定座内（注意组装前应涂满2号坦克润滑脂，以防滚子脱出滚道）。

（3）将用机油浸透的毡垫装到密封衬套上。

（4）选配密封环：将密封环放入固定盘的配合孔内，用塞尺检查密封环的切口间隙与径向配合间隙。上述间隙合格后，取出密封环进行弯曲。

**技术条件：**

——切口间隙应为 0.1~0.25mm，若小时，可挫修切口端面；若大时，更换密封环；

——径向配合间隙用 0.05mm 塞尺应不能插入；

——左侧主动轴上的密封环按左螺旋弯曲。右侧主动轴上的密封环按右螺旋弯曲。弯曲后，切口对接处高度应为 6±0.5mm。

（5）在密封环上涂上一薄层2号坦克润滑脂，将其装到密封衬套的密封环槽内。

**技术条件：**

——密封环的切口翘起侧面应紧贴槽壁，用 0.05mm 塞尺应不能插入。

（6）确定固定盘与轴承固定座之间的调整垫厚度，见前图 4-60，并在每个调整垫两面涂上铅油，然后装到固定盘上。

**确定方法：**

调整垫厚度 $\delta = A - B + (0.05 \sim 0.15)$mm

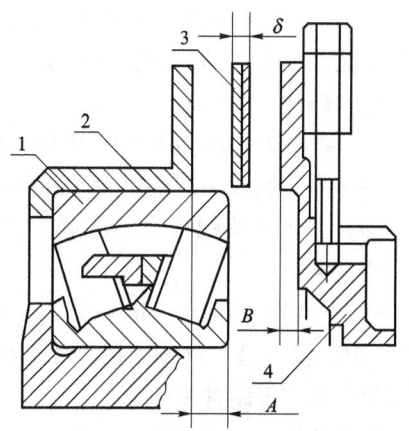

图 4-75 确定调整垫示意图
1—3522双列球面滚子轴承；2—轴承固定座；
3—调整垫；4—固定盘

$A$——3522 轴承外圈至其固定座配合而的凸出高度；

$B$——固定盘凹部的深度。

（7）将密封衬套装入固定盘内，再将固定盘（面对固定盘，上方钢球槽深端在右的为右固定盘，在左的为左固定盘）装到轴承固定座上，拧紧三个螺钉。

（8）将轴承固定座部件压到主动轴上，直到轴承顶住衬套为止。

**技术条件：**

——3522 双列球面滚子轴承外圈应有 0.05~0.15mm 的轴向间隙。

2. 被动部分的组合

（1）将支承环、垫圈、782726 双列向心滚子轴承内圈装到被动轴上（支承环和轴承内圈可在不超过 120 ℃ 的机油中加温后装入，止推环台肩直径较大的一端朝向 782726 双列向心滚子轴承）。

（2）将被动轴插到主动轮轮毂内，装上涂有润滑脂的 782726 双列向心滚子轴承、垫圈及支承套（有凸边的一端应靠滚子轴承）。

（3）将 782726 双列向心滚子轴承外圈压入侧减速器盖上的座孔内（倒角大的一端朝里），将侧减速器盖套在被动轴上。

（4）将主动部分的垫圈、轴承套及 864915 向心滚子轴承装到侧减速器盖上，并用润滑脂润滑轴承。

（5）选配两个 230 向心球轴承，在每个轴承内涂润滑脂。

**技术条件：**

——两个 230 向心球轴承外圈的宽度之和应比轴承座孔的深度大 0.7~1mm。

（6）将压紧盖套在被动齿轮上，并压上两个 230 向心球轴承。将被动齿轮总成装到被动轴上，拧紧压紧盖固定螺栓，锁好锁紧垫圈。

（7）选配固定螺塞与被动轴之间的调整垫，并装到被动轴上。

**技术条件：**

——调整垫的厚度为被动齿轮端面至被动轴端面的深度，再加 0.1~0.5mm。

（8）将锥头螺杆装到固定被动齿轮的螺塞内，放上锁紧垫圈，拧上螺帽（锥头螺杆的止动销不应凸出螺塞的螺纹根部），拧紧固定螺塞（螺纹涂上 2 号坦克润滑脂）。检查被动齿轮与被动轴的花键侧间隙（在被动齿轮节圆上测量，其数据应作记录）。

**技术条件：**

——拧紧力矩应为 1 960~2 548N·m（200~260kg·m）；

——固定螺塞与被动齿轮端面间隙应为 0.1~0.5mm。

（9）拧紧锥头螺杆固定螺帽，锁好锁紧垫圈。

**技术条件：**

——拧紧力矩应为 588~735N·m（60~75kg·m）。

（10）将毡垫、自压油挡和挡油压环装到油挡体上，并在油挡体与挡油压环径向相接触的圆周上八点等距冲铆。

**技术条件：**

——八点等距冲铆的坑深不小于 1.5mm，冲起金属搭在油挡压环上不少于 0.7mm。

（11）抬出侧减速器盖总成，在自压油挡和油挡体间涂上 2 号坦克润滑脂，放上两面涂铅油的纸垫,将油挡体总成及防尘罩装到侧减速器盖上,油挡体的安装见前图 4-61。

**注意事项:**

(1) 分解主动轴总成时,应先将带 3522 双列球面滚子轴承的轴承固定座从主动轴上拆下,方法是:把主动轴立起齿轮端朝上,提起主动轴总成往下冲;然后再拧下带三个固定螺钉,并进行逐次分解,以防 3522 轴承滚子脱出滚道损伤轴承;

(2) 拧下压紧盖最后两个固定螺栓时,应将齿轮箱盖抬起,以防固定螺栓损坏;

(3) 在组装 3522 双列球面滚子轴承时,组装前应在轴承内涂满 2 号坦克润滑脂,以防滚子脱出滚道。当滚子脱出时,一边旋转内圈一边用改锥按压滚子,严禁用铜冲等冲打,以防损伤轴承。

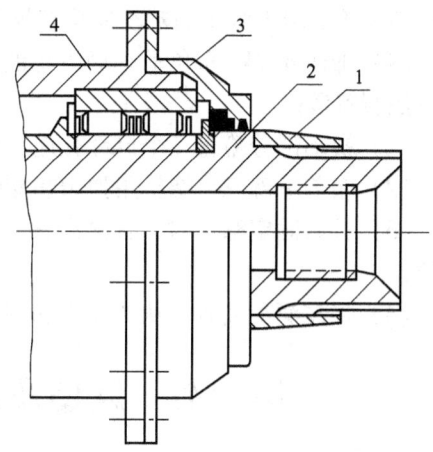

图 4-76 侧减速器油挡体的安装
1—侧减速器自压油挡安装导筒(WZ120·ZG40);
2—被动轴;3—油挡体部件;4—侧减速器盖

**(四) 安装**

1. 主动部分安装

(1) 将涂有铅油的纸垫套在轴承座上;

(2) 将侧减速器主动轴部件装到车体上,拧紧固定螺帽并锁紧。

**注意事项:**

① 安装 3522 双列球面滚子轴承前应在轴承内涂满 2 号坦克润滑脂;当滚子脱出滚道时,用手一边旋转内圈一边用起子按压滚子,严禁用铜冲或其他工具冲打;

② 侧减速器主动部分有左、右区分,面对固定盘,上方钢球槽深端在左的为车体左侧的固定盘,在右的为车体右侧固定盘;

③ 主动部分靠下方两个螺帽用弹簧垫圈锁紧,其余的用锁紧垫片锁紧。

2. 被动部分安装

(1) 在侧减速器盖结合面上放上涂有铅油的衬垫。

(2) 吊起被动部分并安装,放上锁紧垫片,拧紧涂上铅油的固定螺栓。

(3) 检查主、被动齿轮啮合齿侧间隙,见图 4-77,合格后锁好锁紧垫片。

**技术条件:**

——固定螺栓的拧紧力矩为 750~800 N·m;

——啮合齿隙应为 0.1~1.3 mm,齿隙差应不大于 0.3 mm(注意在专用工具上测出的数据应减去装配时

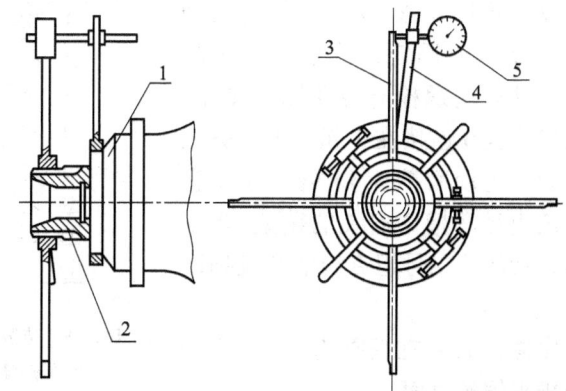

图 4-77 用专用工具检查主、被动齿轮的齿隙
1—侧减速器挡油盖;2—被动轴;3—圆锥指针(WZ120·ZG37);
4—表架(WZ120·ZG37);5—百分表

在被动齿轮节圆上测得的被动齿轮与被动轴的花键侧间隙)。

(4) 加注 4.8kg 重负荷车辆齿轮油。

**注意事项：**

(1) 被动部分箱盖三个拆卸孔应涂满 2 号坦克润滑脂，并用止动垫圈盖住；

(2) 箱盖下部三个螺栓用弹簧垫圈锁紧；

(3) 拧紧固定螺栓时，拧紧顺序应由下而上左右交替往上进行拧紧，以防止出现漏油现象；

(4) 加注润滑油时，从加油口加注 2.5kg，从主动轮固定螺塞处加注 2kg。

## 第六节　风扇及风扇离合器的构造与拆装

### 一、风扇离合器的构造

风扇离合器属于常闭不可操纵干摩擦片式离合器。用来传递发动机的动力给风扇，发动机工作时，动力经联轴器、齿轮传动箱、主离合器主动部分、风扇传动主动轴和盖及齿轮、中间齿轮、横轴上被动齿轮和主动锥齿轮、纵轴上被动锥齿轮和接合盘，联轴节、风扇离合器主动毂传给摩擦片，通过摩擦力带动风扇轮毂和风扇转动。风扇离合器有两个作用：一是在在发动机启动时，由于风扇的惯量大，通过风扇离合器减小发动机启动时的惯性负载；二是当风扇故障或突然受到大的载荷时，风扇传递的转矩过大，超过离合器的储备转矩，离合器就会摩滑，保护风扇传动机件的安全。

风扇离合器由主动和被动两部分组成。结构如图 4-78 所示。

**(一) 主动部分**

主动部分由主动毂 8、中间接合盘 6 和摩擦片 15 等组成。

主动毂 8：通过两个铜衬套 10 将其支撑在风扇轮毂 14 上，并用主动毂螺母 2 轴向固定，采用螺钉 7 防松。主动毂用螺栓与传动轴连接盘、中间接合盘 6 连接在一起。主动毂上外齿圈与主动摩擦片 15 的内齿相套合，毂内径凹槽中安装的毡垫 16 用于防止加注的二号坦克润滑脂流到摩擦片上。

摩擦片 15：在钢质基片的两面铆有石棉夹铜丝衬面。

**(二) 被动部分**

被动部分由风扇轮毂 14、风扇轴

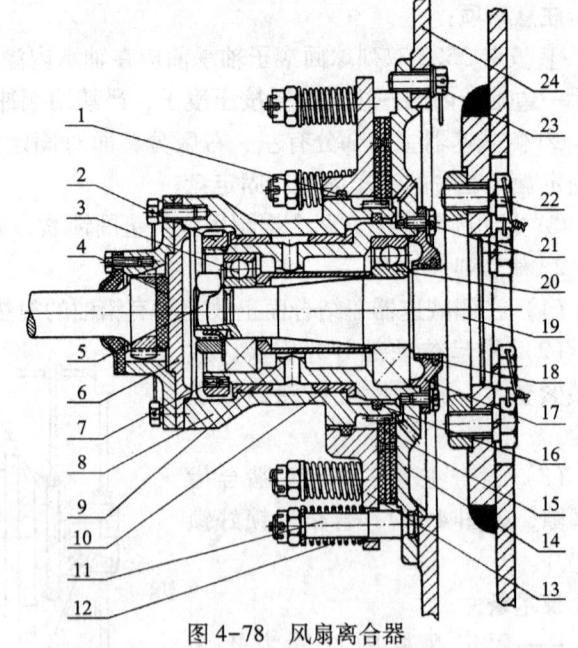

图 4-78　风扇离合器

1、16、18—毡垫；2—主动毂螺帽；3—307 球轴承；4—缓冲胶垫；5—风扇螺帽；6—中间接合盘；7—止动螺钉；8—主动毂；9—支撑套；10—衬套；11—弹簧销；12—弹簧；13—压板；14—风扇轮毂；15—摩擦片；17—毡垫盖；19—风扇轴；20—309 轴承；21、22、23—螺栓；24—风扇

19、毡垫盖 17、两个球轴承 3、支撑套 9、压板 13、弹簧 12 及弹簧销 11 等组成。

风扇轮毂 14：通过两个球轴承支撑在风扇轴 19 上，用螺栓与风扇 24 相连接。其上套装着压板 13，弹簧销 11 穿过压板 13，用螺母固定在风扇轮毂上。弹簧 12 套在弹簧销 11 上，外张力压紧压板 13。风扇轮毂上加工有摩擦结合面，后端装有毡垫盖 17。

风扇轴 19：风扇轴为固定轴，用螺栓 23 固定在车体后装甲板的风扇支架上。用来支撑风扇轮毂 14。用轴端风扇螺母 5 将两个球轴承内圈及支撑套 9 紧压在风扇轴的台肩上。轴端风扇螺帽 5 用锁片锁紧。

毡垫盖 17：用螺栓固定在风扇轮毂上。主要起密封作用。内径中加工有回油螺纹，并装有密封毡垫 18。

压板 13：借助弹簧力将摩擦片压在风扇轮毂的摩擦结合面上。在其内径凹槽中装有密封毡垫 1，以防油水、污物进入摩擦片的摩擦衬面上。

## 二、风扇离合器的分解、组合与安装

### （一）拆卸

在完成对炮塔、带散热器的上装甲板和后梁的拆卸后，要完成以下内容：
（1）拧下风扇连接轴前、后连接齿套固定螺栓，取下连接轴及胶皮缓冲垫；
（2）从后装甲板上拆下风扇安装孔盖；
（3）拧下风扇轴固定螺栓，吊住风扇并将风扇轴接合盘推离支架座孔；
（4）吊出风扇。

### （二）分解

（1）拆下固定螺栓，取下风扇，见图 4-78；
（2）拆下中间接合盘；
（3）拧下（或钻掉）主动毂螺帽的止动螺钉，并用专用套筒（WZ120·ZG19）拧下主动毂螺帽，见图 4-79，取下主动毂，从主动毂上取出毡垫，必要时冲出衬套；
（4）拧下弹簧销上的螺帽，取下垫圈、弹簧、压板、摩擦片，从压板上取出毡垫；
（5）拧下风扇轴螺帽，压出风扇轴；
（6）拆下毡垫盖，从毡垫盖上取出毡垫；
（7）从风扇轮毂内冲出 307、309 向心球轴承，取下支承套；
（8）从风扇轮毂上拆下需更换的弹簧销。

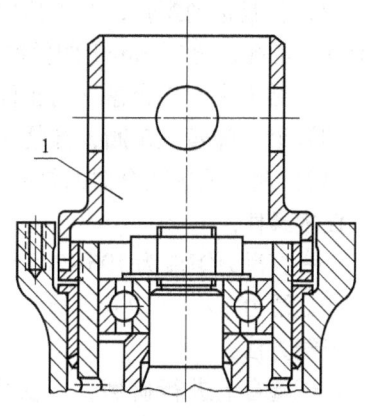

图 4-79　风扇螺帽拆装
1—风扇螺帽扳手（WZ120·ZG19）

### （三）组合

（1）将弹簧销装在风扇轮毂上，并铆紧、锉光。
（2）将用石墨混合液浸煮过的毡垫分别装在毡垫盖、主动毂上，将用机油浸透的毡垫装在压板上。
（3）将涂满 2 号坦克润滑脂的 309 向心球轴承装入风扇轮毂内，使其顶住台肩。装上涂有铅油的纸垫和毡垫盖，拧紧固定螺栓，并用铁丝锁紧。

**技术条件：**

——纸垫的厚度应比毡垫盖与风扇轮毂之间的间隙大30%，若毡垫盖与风扇轮毂之间没有间隙时，应在毡垫盖与轴承外圈之间加调整垫。

**确定方法：**

$$纸垫的厚度 = (A-B) \times 125\% \sim 135\%$$

$A$——毡垫盖凸缘至结合面的高度；

$B$——风扇轮毂结合面至向心球轴承外圈的深度。

（4）往风扇轮毂内和307向心球轴承内涂满2号坦克润滑脂，将风扇轮毂压到风扇轴上，装上支承套及307向心球轴承，放上锁紧垫圈，拧紧风扇轴螺帽，锁好锁紧垫圈。

**技术条件：**

——拧紧风扇轴螺帽的力矩应为392N·m（40kg·m）；

——拧紧风扇轴螺帽后，风扇轮毂应能灵活地转动。

（5）将衬套压入主动毂内，并将孔加工至 $\phi 95 D4\ (^{+0.07})$ mm，擦洗干净后涂上2号坦克润滑脂。

（6）将摩擦片、压板、主动毂装在风扇轮毂上（摩擦片、压板与主动毂结合面应清洁，以防影响打滑力矩），拧紧主动毂螺帽，检查主动毂的轴向移动量。

**技术条件：**

——主动毂的轴向移动量应为0.2~1.2mm。不正确时，应车削衬套端面或重新选配衬套。

（7）拧紧止动螺钉，并将其冲铆（若止动螺钉孔未对正，用 $\phi 5$ mm 的钻头重新钻深度为15mm的孔，再用 M6×1 的丝锥攻制深12~14mm的螺纹）。

（8）装上中间接合盘（对正注油孔）。

（9）装上弹簧及垫圈，拧紧固定螺帽，并用开口销锁紧。

（10）测量风扇离合器的打滑力矩（用力矩扳手测量）。

**技术条件：**

——打滑力矩应为196~245N·m（20~25kg·m）。

若打滑力矩小于196N·m（20kg·m），应研磨摩擦片表面。

**研磨方法：**

在试验台上进行研磨，一次研磨的时间为5~10min。研磨时主动部分转速应不超过75r/min。研磨后，待风扇离合器温度降至室温时，检查打滑力矩。若大于196~245N·m（20~25kg·m），则须把压板、风扇毂和摩擦片擦拭干净，清除摩擦物；若小于196~245N·m（20~25kg·m），则须再次研磨。

（11）将风扇离合器装在风扇上，拧紧固定螺栓，并用铁丝锁紧。

**（四）试验**

1. 试验条件

（1）主动部分转速不大于75r/min；

（2）试验时间：5~10min。

2. 试验要求

风扇离合器冷却后，其摩擦力矩应为196~245N·m（20~25kg·m）。若打滑力矩小于

196 N·m，应研磨摩擦片表面。

3. 试验合格后，将风扇离合器装在风扇上，拧紧固定螺栓，并用铁丝锁紧。

**（五）安装**

（1）在风扇轴接合盘的端面上涂上铅油，然后吊上风扇。

（2）拧紧风扇轴固定螺栓，安装好风扇轴螺栓安装孔装甲盖。

（3）检查风扇摆差，然后用锁紧铁丝将风扇轴固定螺栓锁紧。

**技术条件：**

——在风扇叶固定盘直径 760mm 处测量风扇端面摆差，应不大于 3.5mm。

（4）检查变速箱与风扇离合器的中心线。

**技术条件：**

——上、下、左、右的径向间隙差应不大于 5mm，在半径 100mm 处的端面间隙差应不大于 2mm。

（5）将连接轴及前、后连接齿套的牙齿上涂上石墨润滑脂。

（6）装上连接轴及胶皮缓冲垫，拧紧前、后连接齿套的固定螺栓并锁紧（后连接齿套的注油螺塞应与接合盘上的油孔对正）。

**技术条件：**

——连接轴的轴向移动量应为 1~2mm，以选择适当厚度的胶皮缓冲垫进行调整。

**调整方法：**

先在靠风扇的一端放一个 8mm 厚的胶皮缓冲垫，将连接轴装在风扇离合器上，然后推主动鼓使风扇离合器主动鼓的轴向间隙消失在风扇的一边，而后测量纵轴与连接轴的端面距离，此距离减去 1~2mm，即为前端胶皮缓冲垫的厚度。

（7）检查风扇打滑力矩，见图 4-80。

**技术条件：**

——风扇打滑力矩应为 196~245N·m。

**注意事项：**

安装风扇和风扇离合器总成时，尽量不要用撬杠等工具撬风扇叶，以防风扇叶变形。

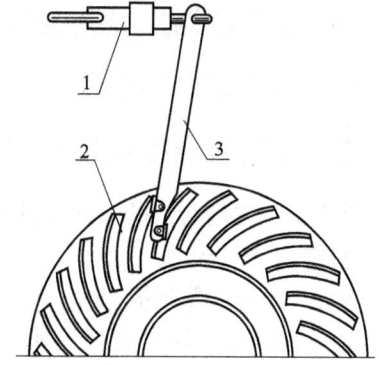

图 4-80 风扇打滑力矩测量
1—弹簧秤；2—风扇；
3—专用工具（WZ120·ZG41·01）

# 第五章

# 操纵装置构造与拆装

驾驶员根据坦克行驶需要，通过操纵装置可分别改变主离合器、变速箱、转向机构和制动器等机件的工作状态。这部分功能的实现主要是传动系操纵装置。

## 第一节 主离合器操纵机构构造

### 一、主离合器操纵装置的作用

改变主离合器的动力传动状态，并能够减轻驾驶员操纵强度。

### 二、主离合器操纵装置的构造

图 5-1 是主离合器的一种机械式操纵装置。它由主离合器踏板、助力弹簧、纵拉杆、横轴和短拉杆等部分组成。

踏板：主离合器踏板 19 位于驾驶员座位前边的左侧。踏板与保险臂 24 都焊在一个空心轴 26 上。固定空心轴的支架上固定有两个螺栓：上限制螺栓 1 和下限制螺栓 2，其用来限制和调整主离合器路板总行程的大小。

空心轴：空心轴 26 通过两个滚针轴承支承在脚制动器踏板轴上。脚制动器踏板轴通过支架与固定柱固定在车体前上装甲板上。空心轴的左端焊接着双臂杠杆 21。双臂杠杆的短臂上连接着助力弹簧钩板 23，长臂通过纵拉杆接头 20 连接着纵拉杆 5。

助力弹簧 3：助力弹簧上端通过钩板 23 与双臂杠杆 21 的短臂相连接，下端与车体前下装甲板上的支架相连接。当踏板处原始位置时，助力弹簧中心线在踏板轴左边，弹簧拉力对于踏板轴线的力矩为逆时针方向，使双臂杠杆逆时针方向转动，使踏板保持在上限制螺栓所确定的最后边位置。当驾驶员向前踏动主离合器踏板使弹簧先伸长。此时由于自由行程的存在，主离合器尚未分离，驾驶员操作力主要是助力弹簧的张力。当助力弹簧中心线正好通过踏板轴时，弹簧力正好通过踏板轴，弹簧拉力对于踏板轴线的力矩为 0。这时，主离合器的分离弹子自由间隙刚好小时，主离合器开始分离。继续向前踏下主离合器踏板时，助力弹簧中心线移到了踏板轴右边，弹簧拉力对于踏板轴线的力矩方向改变为顺时针方向，使双臂杠杆顺时针方向转动，因而起助力作用，即帮助驾驶员克服一部分主离合器弹簧力而使主离合器分离省力。

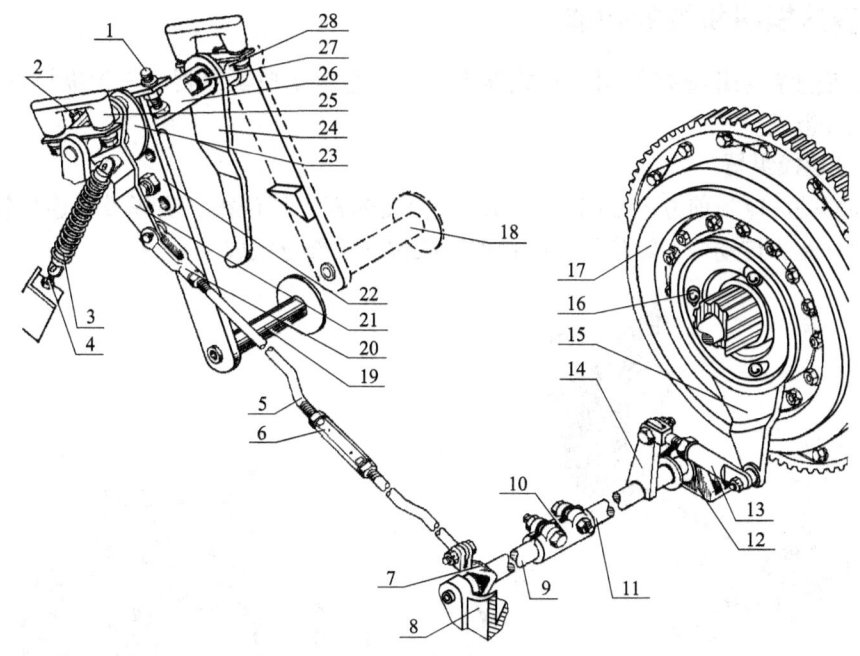

图 5-1 主离合器操纵装置

1—上限制螺栓；2—下限制螺栓；3—助力弹簧；4—调整螺栓；5—纵拉杆；6—拉杆调整接头；7—左横轴拉臂；8—行星转向机左联动机构座；9—左横轴；10—系紧接头；11—右横轴；12—支架；13—短拉杆；14—右横轴拉臂；15—活动盘拉臂；16—分离钢球；17—主离合器；18—脚制动器踏板；19—踏板；20—纵拉杆接头；21—双臂杠杆；22—踏板固定板；23—助力弹簧钩板；24—保险臂；25—固定柱；26—空心轴；27—滚针轴承；28—支架

纵拉杆 5：纵拉杆 5 前端通过纵拉杆接头 20 连接双臂杠杆 21，后端连接着左横轴拉臂 7，中间的调整接头 6 用来调整纵垃杆 5 长度，用来调整主离合器的分离弹子自由间隙。

横轴：横轴分为左横轴 9 与右横轴 11，两段横轴用系紧接头 10 相连接。横轴通过支架支撑在车体底装甲板上。

短拉杆 13：短纵拉杆 13 前端通过螺纹与右横轴拉臂 14 相连，后端与主离合器活动盘拉臂相连接。在主离合器踏板总行程一定的条件下，为保证足够大的压板行程，在安装操纵机构时，可通过短纵拉杆前端的螺纹调整短纵拉杆长度，使主离合器的活动盘不在最后位置，弹子不完全在深槽中。在主离合器使用过程中，由于摩擦片磨损而使使用自由行程减小时，可将拉杆长度放长，使活动盘再向后转过一个角度，分离弹子自由间隙便可得到恢复。

# 第二节　变速操纵机构构造

## 一、变速操纵机构的作用

变速操纵机构的主要功能是供驾驶员操纵换挡机构，变换变速箱的工作排挡，避免挂挡操作中误挂双挡和使用中自动脱挡。

## 二、变速操纵机构的构造

59坦克变速箱采用直接作用机械式操纵装置。它由变速操纵器、三根纵拉杆、垂直轴和三根横拉杆组成。

### （一）变速操纵器

安装在驾驶员座椅前方。如图5-2所示，由变速杆、挡位板、支撑臂、连接轴、套管、衬套、传动杆盒、传动杆、定位器、闭锁器和限位器等部分组成。

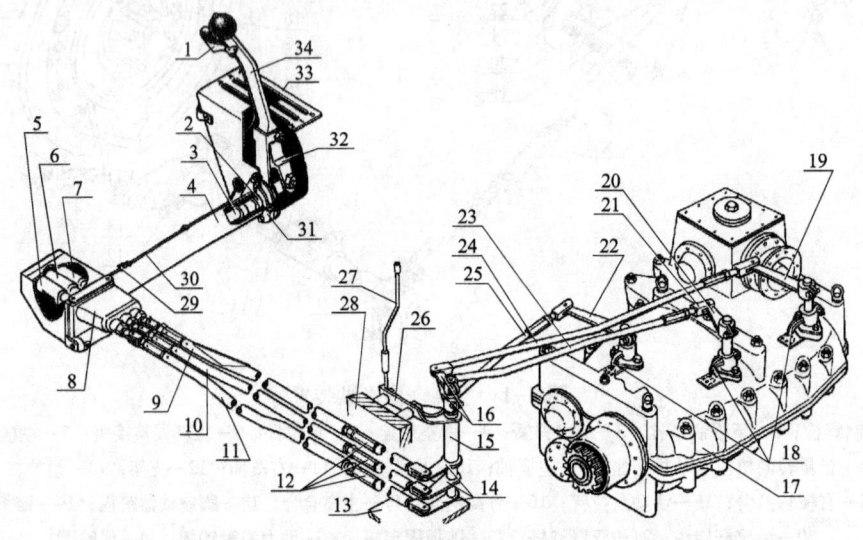

图5-2 定轴变速箱操纵机构

1—握把；2—衬套；3—连接轴；4—套管；5—四、五挡传动杆；6—一、倒挡传动杆；7—二、三挡传动杆；
8—传动杆盒；9—二、三挡纵拉杆；10—一、倒挡纵拉杆；11—四、五挡纵拉杆；12—拉杆调整接头；
13—垂直轴下固定架；14—垂直轴下拉臂；15—垂直轴；16—垂直轴上拉臂；17—变速箱；18—挡位指针；
19—四、五挡拨叉轴拉臂；20—一、倒挡拨叉轴拉臂；21—接头叉；22—二、三挡拨叉轴拉臂；
23—一、倒挡横拉杆；24—四、五挡横拉杆；25—二、三挡横拉杆；26—垂直轴上固定架；
27—垂直轴注油管；28—左侧垂直装甲板；29—注油口螺塞；30—钢丝绳外套；
31—接盒盘；32—支撑臂；33—挡位板；34—变速杆

**1. 变速杆、挡位板和支撑臂**

变速杆位于驾驶员座椅右前侧。中部通过销轴支撑在支撑臂上，下端用销轴与连接轴相连。变速杆穿过挡位板，用螺栓固定在焊在套管右端的接合盘上。挡位板上加工有侧置状态的"王"字型换挡槽，并在纵向槽的前、后端标有挡位标记。变速杆可以绕支撑臂上的销轴左右摆，从而带动连接轴左右移动。也可以在挡位板上的纵向槽内绕支撑臂前后摆动，带动连接轴平移。它在横槽内时，变速箱处于空挡状态。

**2. 连接轴、套管和衬套：**

套管固定在车底甲板上。两端均焊有接合盘，其左端固定着传动杆盒，右端固定着挡位板。连接轴安装在套管内。左端焊有拨杆，通过拨杆可以拨动某一根传动杆向前或向后移动；右端用销轴与变速杆相连。在一定范围内，它既可以轴向移动又可以前后摆动。

### 3. 传动杆盒

固定在套管左端的接合盘上。盒内装有三根传动杆、闭锁器和限制器。

（1）传动杆

共有三根传动杆，左侧为四、五挡，中间为一、倒挡，右侧为二、三挡传动杆，平行安装在传动杆盒内，后端均与前纵拉杆连接。每根杆后端下方均有一个横槽，横槽对着连接轴上拨杆；每根杆下方中部还有三个闭锁器弹子定位用梯形凹槽。其中间槽均为空挡位置，中间杆向前为倒挡，向后为一挡；右侧杆向后为二挡，向前为三挡；左侧杆向前为四挡，向后为五挡。使用中闭锁弹子顶入其中的一个槽内将其固定，防止传动杆自动移动。每根杆中部侧面还加工有梯形限制弹子凹槽，用于安装限制器。三根杆同在空挡位置时，中间的一、倒挡杆双侧加工有凹槽，槽中间加工有一个通孔；右侧的二、三挡传动杆和四、五挡传动杆在朝向中间一、倒挡传动杆一侧加工有梯形凹槽。在凹槽中安装有限制弹子，中间的一、倒挡杆凹槽中间通孔内安装有限制销。

（2）限制器

限制器主要用来防止同时挂上多挡。结构如图 5-3 所示，由两个限制弹子和一个限制销组成。在安装时，限制销装在一、倒挡传动杆的通孔内，两个限制弹子装在一、倒挡传动杆与两侧传动杆之间的梯形限制槽内。当挂一、倒挡时，一倒挡传动杆移动时，把两侧的限制弹子挤压到二三挡传动杆、四五挡传动杆的凹槽中，限制二三挡和四五挡传动杆的移动；当移动二三挡或四五挡传动杆时，传动杆挤压该侧闭锁弹子，闭锁弹子顶压限制销，进而顶压另一侧的限制弹子，使限制弹子卡在另外两根传动杆的凹槽中，防止其移动，避免了挂双挡和三挡的可能。

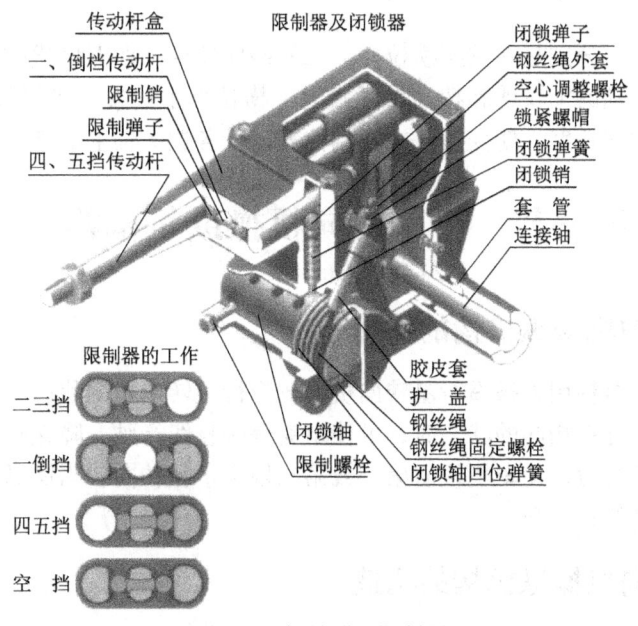

图 5-3 闭锁器和限制器

（3）闭锁器

闭锁器用来防止变速操纵机构自动挂挡和自动脱挡。结构如图 5-3 所示，由三个闭锁弹子、三个闭锁销、三个闭锁弹簧、闭锁轴、回位弹簧、钢丝绳、调整螺栓及闭锁器握把等组成。

闭锁器安装在传动杆盒上，分别对着三个传动杆。在闭锁器下边的传动杆盒上，装有一个闭锁轴。闭锁轴与闭锁器握把通过钢丝连接。闭锁轴上盘着回位弹簧。闭锁轴回位弹簧扭力使闭锁轴上三个小孔离开闭锁销下方。当握起变速杆上的握把时，连接钢丝拉动闭锁轴转过一个角度，使闭锁轴上的三个小孔正好对着闭锁销下方。此时换挡，传动杆的移动顶压闭锁弹子，使闭锁销插入到闭锁轴的小孔中。传动杆才能够移动到正确的位置。如果换挡时不握起闭锁握把，闭锁销将顶在闭锁轴上，闭锁弹子卡在传动杆的凹槽中，传动杆不能移动。这样就防止了自动挂挡和自动脱挡。

### （二）纵拉杆

纵拉杆数量为三根。每根由前纵拉杆、活塞式连接杆和后纵拉杆，并采用叉形接头和销轴连接而成。由车体左侧垂直装甲板上通过。其前端分别与三根传动杆相连，后端分别与垂直轴上的三个下拉臂相连。在前纵拉杆中还连接着两端分别为左、右螺纹，能调整拉杆长度的调整接头。

### （三）垂直轴

垂直轴通过下固定架上的支柱和上固定架固定在坦克侧装甲板上。它是一个三层套轴。从外向里分别与二三挡拉杆、一倒挡拉杆和四五挡拉杆相连接。各层轴套间有衬套。它们可以互不影响的独立转动。每根套轴的上下端各有一个拉臂：下拉臂分别与各挡的后纵拉杆相连，上拉臂分别与各挡的横拉杆相连。三个下拉臂分别与其垂直轴焊在一起。外垂直轴与其上拉臂也是焊在一起的。而其他两个垂直轴与其上拉臂却是通过单键相连接。

### （四）横拉杆

横拉杆共有三根，分别是一倒挡横拉杆、二三挡横拉杆、四五挡横拉杆。横拉杆两端分别连接着对应的垂直轴的上拉臂和拨叉轴爪拉臂。横拉杆上的接头叉可以调整横拉杆长度。在安装时，应调整拉杆长度，使变速杆在空挡位置时，各拨叉轴上的指针对准相应刻线。

## 第三节 行星转向机操纵机构构造

### 一、行星转向机操纵机构的作用

行星转向机操纵机构用来操纵行星转向机，改变行星转向机的状态，使车辆获得不同的状态。当两侧操纵杆处在相同的状态时，可使坦克保持直线行驶、降速行驶或停车；当两侧操纵杆处在不同的位置时，使车辆按照第一或第二规定半径转向，当操纵杆拉在中间某个位置时，可以进行坦克修正方向。

### 二、行星转向机操纵机构的构造

图5-4所示是59坦克的转向与制动的机械式操纵装置。由手操纵和脚操纵装置两部分组成。手操纵装置是两套，分别操纵左右行星转向机的闭锁离合器和大小制动器，手操纵装置是弹簧助力的，脚操纵装置，用来同时操纵两侧的大制动器，使坦克减速或停车，操纵装置则是直接作用式的。

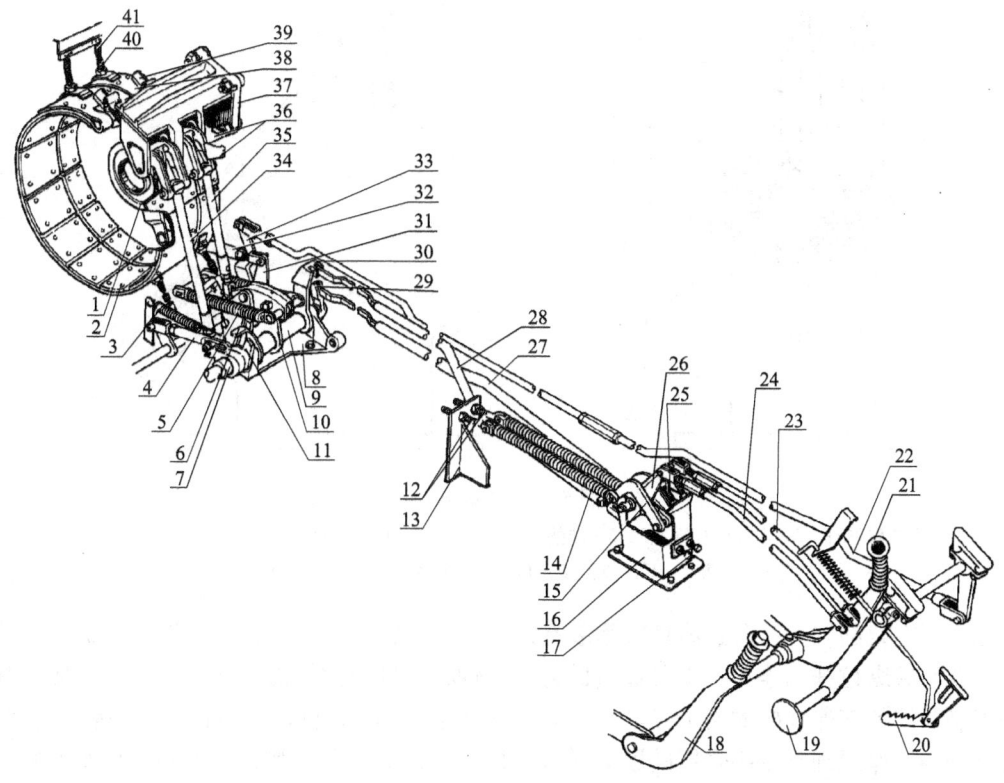

图 5-4 行星转向机操纵机构

1—活动盘；2—大制动带；3—大制动器回位弹簧；4—脚操纵装置短拉杆；5—小制动器拉力弹簧；6—推臂；
7—短管；8—左联动支架；9—长管；10—凸轮；11—双臂杠杆；12—调整螺栓；13—弹簧支架；
14—助力弹簧；15—助力弹簧钩板；16—中间支架；17—下限制螺栓；18—右操纵杆；19—脚制动器踏板；
20—脚制动器踏板固定器；21—左操纵杆；22—脚操纵装置纵拉杆；23—右行星转向机前纵拉杆；
24—左行星转向机前纵拉杆；25—上限制螺栓；26—三臂杠杆；27—右行星转向机后纵拉杆；
28—左行星转向机后纵拉杆；29—右行星转向机后拉臂；30—左行星转向机后拉臂；31—闭锁离合器拉臂；
32—活动盘拉杆；33—脚操纵装置横轴拉臂；34—大制动器倾斜拉杆；35—小制动器倾斜拉杆；
36—检查片；37—支架；38—小制动带；39—调整螺帽；40—调整螺套；41—拉力弹簧

## （一）手操纵装置

1. 结构

结构上，主要由操纵杆、弹簧助力装置、纵拉杆和左、右联动机构组成。

（1）操纵杆

分为左、右两根。

右操纵杆与操纵杆轴焊接在一起。操纵杆轴装在变速操纵器上，左端有拉臂用以与右行星转向机前纵拉杆相连接。

左操纵杆空套在操纵杆轴上，直接与左行星转向机前纵拉杆相连接。前纵拉杆承受工作时操纵杆传来的推力。

（2）中间支架

中间支架（图 5-5）安装在驾驶员座位左后边，用螺栓固定在车底的支座上。

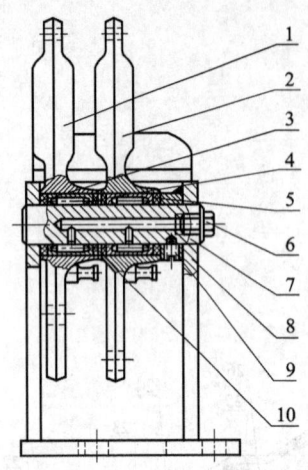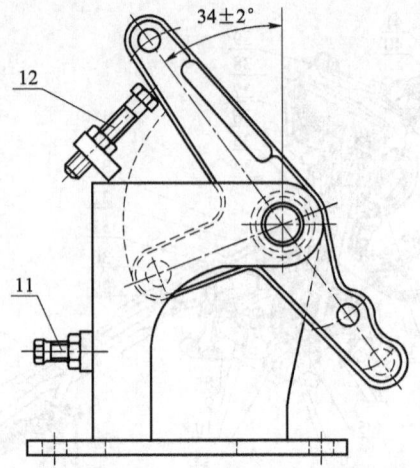

图 5-5 中间支架

1—左三臂杠杆；2—右三臂杠杆；3、5—毡垫；4—滚针轴承；6—注油螺塞；7—杠杆轴；8—支架；9—止动螺钉；10—调整垫；11—下限制螺栓；12—上限制螺栓

在中间支架的轴上，通过滚针轴承装有两个三臂杠杆。三臂杠杆的上臂与前纵拉杆相连接，下臂与后纵拉杆相连接，中臂通过助力弹簧钩板与助力弹簧前端相连。上、下限制螺栓用来限制并调整三臂杠杆的两个极限位置。助力弹簧后端通过调整螺栓固定在弹簧支架上。助力弹簧的工作原理与主离合器的助力弹簧一样。结构上由助力弹簧、钩板、调整螺栓、锁紧螺母及弹簧支架等组成。

（3）后纵拉杆

后纵拉杆共两根，由车体左侧装甲板处通过。前部与中部之间上的三臂杠杆的下臂连接，后部分别与左右行星转向机后拉臂相连接。

（4）左联动机构

如图 5-6 所示，左联动机构由左支架、滑轮臂、滑轮杠杆、小制动器拉力弹簧、长管、左短管、左调度板和滑轮等组成。

左支架：用螺栓固定在车体底甲板上。支架上装有两个用于限制行星转向机左长管拉臂和右长管拉臂最后位置的螺栓。其上有长管、短管、滑轮杠杆和闭锁离合器拉臂。

长管：通过两个铸铁衬套套在右长轴上。其上焊接着与后纵

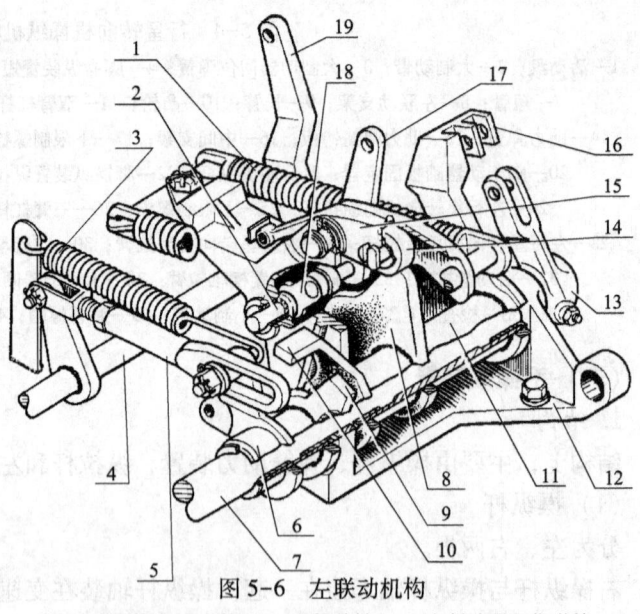

图 5-6 左联动机构

1—小制动器拉力弹簧；2—滑轮臂轴；3—大制动器回位弹簧；4—脚操纵装置横轴；5—脚操纵装置短拉杆；6—短管；7—右长轴；8—凸轮；9—双臂杠杆；10—推臂；11—长管；12—支座；13—右行星转向机后拉臂；14—滑轮；15—滑轮杠杆；16—左行星转向机后拉臂；17—闭锁离合器拉臂；18—滑轮臂；19—脚操纵装置横轴拉臂

拉杆相连接的左行星转向机后拉臂、左调度板和推臂。长管和短管都是中空的，中间穿过右联动机构的右长轴。

左短管：通过两个铸铁衬套套在长轴上。短管上焊接着一个拉臂和一个双臂杠杆。短管上的拉臂通过短拉杆连接着脚操纵装置横轴，短管上双臂杠杆的后臂上连接着大制动器倾斜拉杆和回位弹簧。

调度板：调度板安装在长轴上，扇形的左调度板的弧面上有两个不等半径和一个等半径的工作曲面，用于操纵闭锁离合器和小制动器。

滑轮臂轴：支撑在左支架上，轴上的推臂通过拉杆与行星转向机闭锁离合器活动盘拉臂连接。拉杆上的调整接头用于调整拉杆自由行程及弹子间隙。滑轮臂用花键与带推臂的轴相连，上面装有行星转向机闭锁离合器的分离滑轮。滑轮与左调度板曲面接触。

滑轮杠杆：通过滚针和销轴支撑在左支架上。它的前端装有带滚针的滑轮，后端通过倾斜拉杆与小制动器的双臂杠杆相连。

小制动器拉力弹簧：一共两根，其作用力始终使滑轮压在调度板上。它的一端挂在滑轮杠杆前端的销子上，另一端挂在弹簧固定板上。

双臂杠杆：双臂杠杆的长臂通过倾斜拉杆与大制动带的双臂杠杆相连，短臂则由推臂推动而使短管转动，用于在左操纵杆由第一位置拉至第二位置的过程中，带动左短管向前旋转以使大制动带工作。拉臂用销子与脚操纵装置短拉杆相连，其上还挂有回位弹簧。

（5）右联动机构

如图5-7，右联动机构由右支架、右调度板、滑轮臂、滑轮杠杆、小制动器拉力弹簧、长轴、右短管、滑轮等组成。

长轴：以三点支撑在左、右支架上。其上焊有推臂，两端通过键和螺栓分别固定着拉臂及右调度板。功能相当于左联动机构的长轴。

其余零件除了短管上无拉臂外，与左联动机构相似。

2. 工作原理

以左侧行星转向机和操纵机构来介绍行星转向机的操纵机构的原理。图5-8即是左侧手操纵装置的工作原理示意图。

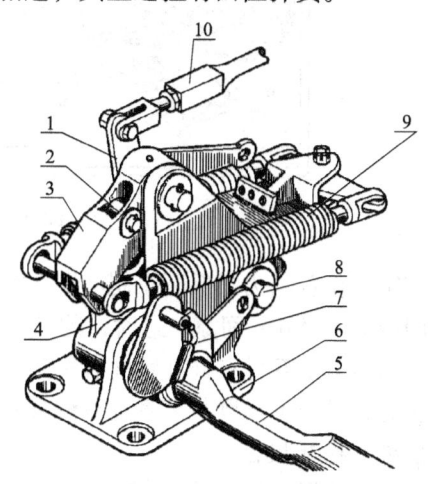

图5-7 右联动机构
1—活动盘拉臂；2—带滚针的滑轮；
3—滑轮杠杆；4—凸轮；5—右长轴；
6—支座；7—推臂；8—带拉臂的轴；
9—小制动器拉力弹簧；10—活动盘拉杆

原始位置：坦克车辆在直线行驶时，两操纵杆都在最前位置，称作原始位置。在原始位置，行星转向机闭锁离合器接合，大小制动器都松开。

第一位置：当驾驶员向后拉动左操纵杆时，前纵拉杆向前运动，三臂杆转动，助力弹簧开始工作，后纵拉杆向前运动，通过拉臂带动长轴转动。从而带动长轴上的调度板转动。调度板后边的滑轮沿弧面滚动，调度板后面弧面半径由小变大，滑轮被抬高，通过滑轮臂、闭锁离合器拉臂向后转动而使闭锁离合器分离。调度板前面的弧面半径由大变小，前边的滑轮在调度板上滚动时，在小制动器弹簧作用下，滑轮位置降低，带动滑轮臂顺时针运动，小制动器间隙逐渐消失而制动。当后滑轮进入调度板上的小凹槽时，可将操纵杆保持在该位置，

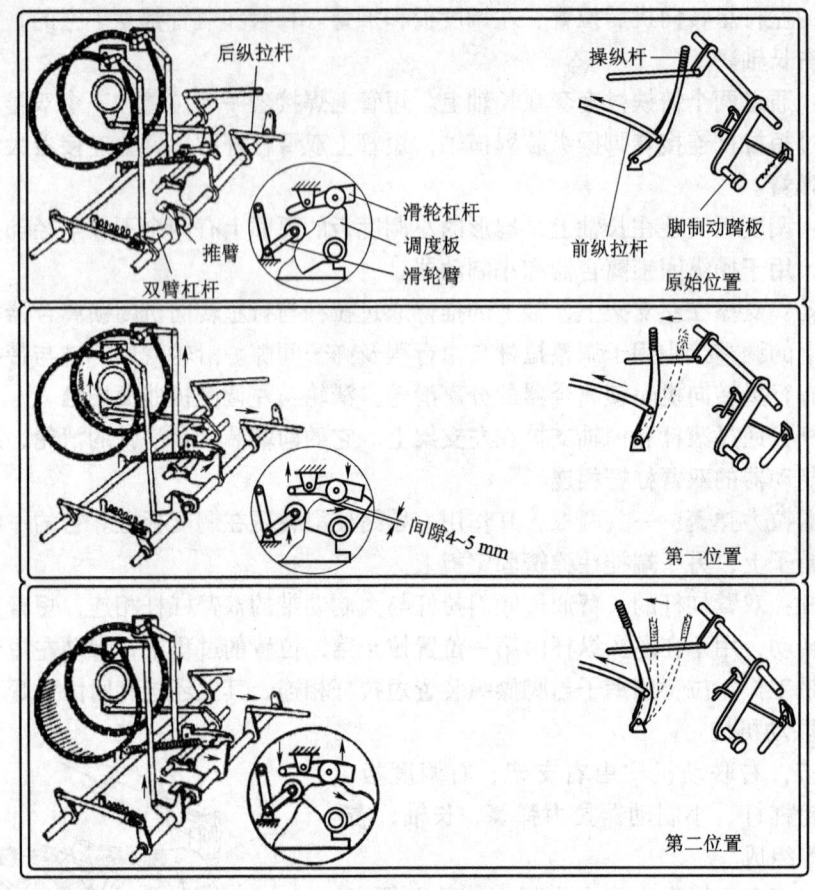

图 5-8 行星转向机操纵机构

称作第一位置。为了保证小制动器在有了些磨损后仍能可靠地制动,此时前滑轮与调度板凹面间应有 4~5 mm 间隙。这时,闭锁离合器已完全分离,小制动器已完全制动。由于长管上推臂与短管上双臂杠杆前臂间有一定距离,因而这一时期推臂还没有推动短管转动,在第一位置时,长管上推臂与短管上双臂杠杆前臂之间间隙才刚刚消失。大制动器在回位弹簧作用下仍处于松开状态。

第二位置:当驾驶员由第一位置继续向后拉左操纵杆时,调度板继续转动,此时,调度板与滑轮接触后面的半径是相等的,滑轮在调度板圆弧上滚动,但是不改变滑轮中心的高低和左右位置,滑轮臂轴不再转动,离合器保持在分离状态。调度板前面的圆弧半径又由小变大,前滑轮在调度板上滚动时,被迫向上运动,使小制动器拉力弹簧伸长,小制动器又松开。长管上的推臂这时推动短管上的双臂杠杆向前转动,克服大制动器回位簧弹拉力而使大制动器制动。这就是操纵杆的第二位置。

当驾驶员拉操纵杆而使短管转动时,短管拉臂上的连接销是在脚操纵装置短拉杆的滑槽中向前滑动。没有带动短拉杆运动。

(二)脚操纵装置

1. 构造

脚操纵装置用于操纵行星转向机大制动器。主要由踏板、踏板轴、纵拉杆、横轴、短拉杆和踏板固定器组成。

踏板：通过花键和螺栓固定在踏板轴右端。

踏板轴：脚制动器踏板的轴从主离合器踏板空心轴中通过，支撑在前倾斜装甲板的支架上。左端通过拉臂与脚操纵装置纵拉杆相连接（参考图5-4）。踏板上有凸齿，可以被脚制动器踏板固定器的齿卡住，以便将脚制动器踏板固定在制动位置。

纵拉杆：其前端与踏板轴上的拉臂相连，后端通过脚制动装置横轴拉臂连接着脚制动装置横轴。纵拉杆中间有调整接头，可以调整纵拉杆长度。

横轴：脚操纵装置横轴上除了左端的拉臂外，还有两个拉臂，可通过脚操纵装置短拉杆分别推动左右联动机构的短管转动，并通过大制动器倾斜拉杆制动两侧行星转向机的大制动器。

推杆：分左、右两根，前端滑槽与短拉臂上的销子相连，后端经销子与横轴短拉臂相连。

踏板固定器：由固定器拉杆、固定齿条、固定齿、弹簧及支架组成。用于将踏板固定在踏下的位置上。

2. 工作原理

图5-9是脚操纵装置的工作原理示意图。

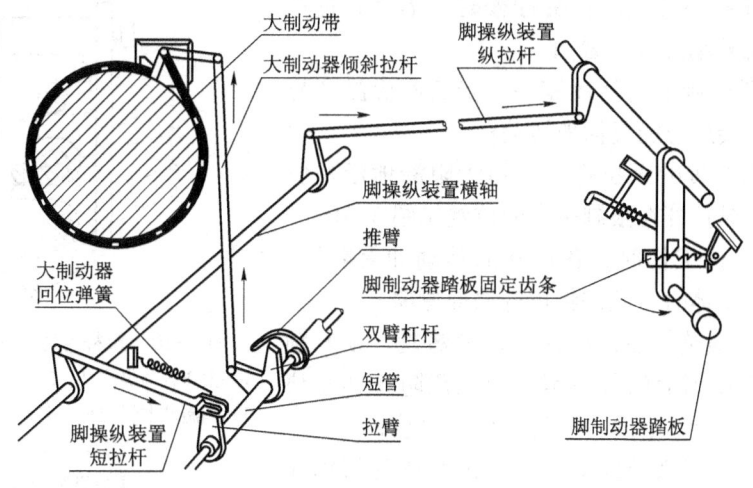

图5-9　脚操纵装置

当踏下脚制动器踏板时，通过脚操纵装置纵拉杆而使脚操纵装置横轴向前转动，再通过脚操纵装置短拉杆推动拉臂而使左右两个短管向前转动，短管上的双臂杠杆后端向上抬起，制动两侧行星转向机的大制动器。当短管被脚踏板带动向前转动时，其上双臂杠杆的前臂更远离了长管（右侧是右长轴）上的推臂，使脚制动操纵与手操纵不产生联动。

坡道停车时，踏下脚制动踏板后，再拉动脚制动器踏板固定器拉杆，使脚制动器踏板固定齿条的齿卡住踏板上的凸齿，便可使两侧大制动器保持在制动状态。同时，固定齿条顶住了上主离合器踏板空心轴右端的保险臂，因而不能再踏下主离合器踏板。当再用力踏下踏板时，固定齿条与踏板凸齿脱开，在弹簧力作用下，固定齿条又向前转动，回到原位，踏板便解脱了固定。

## 第四节 操纵装置拆卸、分解、组合与安装

### 一、操纵装置安装总要求

操纵装置是控制坦克行驶的主要组成部分，操纵装置安装的主要工作内容有主离合器操纵装置、变速箱操纵装置、转向操纵装置、高压柴油泵操纵装置；涉及的主要部件有踏板轴总成、带操纵杆的变速操纵器、中间支架、垂直轴、联动机构、手加油齿杆总成、加油踏板等。由于操纵装置各机件通常安装位置较低，又主要以各种拉杆、拉臂、弹簧、横轴等组成，因此，其安装工作主要是机件的固定、拉杆的连接等。主要的技术要求多为拉杆运动行程的控制、拉臂转动角度的调整及各种间隙的保证。为确保安装过程顺利、调整数据准确，操纵装置各机件的安装必须在动力与传动装置部件安装前进行。操纵装置各机件中除高压柴油泵操纵装置、变速箱操纵横拉杆及百叶窗操纵拉杆的连接与调整几项属于总安装阶段的内容外，其余各机件的安装、连接、调整均应在初安装阶段完成。

操纵装置装配、安装一般技术要求：

（1）拉杆、接头叉、传动杆和调整接头的螺纹连接应能轻便地拧松或拧紧。接头拧松时，不得超过检查孔（从检查孔外端缘垂直看）；

（2）各拉杆连接处的活动零件，安装前应涂2号坦克润滑脂，连接后应能灵活地转动；

（3）各操纵装置的纵拉杆应自由无阻滞地沿左侧装甲板通过。各纵拉杆在限制板中的位置见图5-10；

（4）操纵装置工作时，各拉杆的移动如有阻滞、互相碰撞或触及车体时，允许将拉杆局部弯曲；

（5）各拉杆调整好后，应拧紧锁紧螺帽，锁好锁紧垫片，装好连接销上的开口销，应注意防止锁紧垫片与其他杆件发生干涉、摩擦，使操纵力过重；

（6）各拉杆的名义长度如下（按两端的连接销孔中心计，无公差的尺寸不检查）。

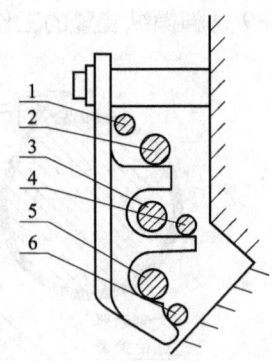

图 5-10 拉杆在限制板中的位置
1—主离合器纵拉杆；2—四、五挡纵拉杆；
3—脚制动器纵拉杆；4—一、倒纵拉杆；
5—二、三挡纵拉杆；6—高压柴油泵操纵装置纵拉杆

主离合器纵拉杆 ···················· 4 035 mm
主离合器短拉杆 ···················· 148 mm
行星转向机前纵拉杆 ················ 925 mm
行星转向机后纵拉杆（左） ·········· 2 861 mm
行星转向机后纵拉杆（右） ·········· 2 869 mm
行星转向机短拉杆 ·················· 308 mm
制动器纵拉杆 ······················ 4 408 mm
制动器横轴短拉杆 ·················· 190 mm
大制动带倾斜拉杆 ·················· 465 mm
小制动带倾斜拉杆 ·················· 382 mm

变速箱纵拉杆 ………………………………………………………………… 3 750 mm
变速箱一、倒挡短拉杆（从调整接头端面算起）………………………… 771±2 mm
变速箱二、三挡短拉杆（从调整接头端面算起）………………………… 511±2 mm
变速箱四、五挡短拉杆（从调整接头端面算起）………………………… 983±2 mm

## 二、主离合器及制动器操纵装置的拆卸、分解、组合与安装

### （一）拆卸

（1）分别从踏板空心轴和踏板轴拉臂拆下主离合器及制动器的纵拉杆；
（2）拆下主离合器助力弹簧，并取下钩板，见图5-11；
（3）拆下制动器踏板固定器的齿条；
（4）拆下踏板总成的四个固定螺栓，取下踏板总成。

### （二）分解

（1）拆下制动器踏板固定螺栓，在制动器踏板和踏板轴端面对应处做好记号，拧下制动器踏板螺栓，从踏板轴上取下制动器踏板和调整垫，见图5-12；

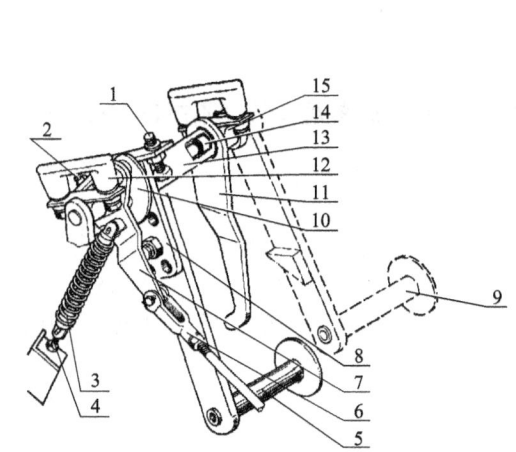

图 5-11 踏板总成

1—上限制螺栓；2—下限制螺栓；3—助力弹簧；
4—调整螺栓；5—踏板；6—纵拉杆接头叉；
7—双臂杠杆；8—踏板固定板；9—脚制动器踏板；
10—助力弹簧钩板；11—保险臂；12—固定柱；
13—空心轴；14—滚针轴承；15—支架

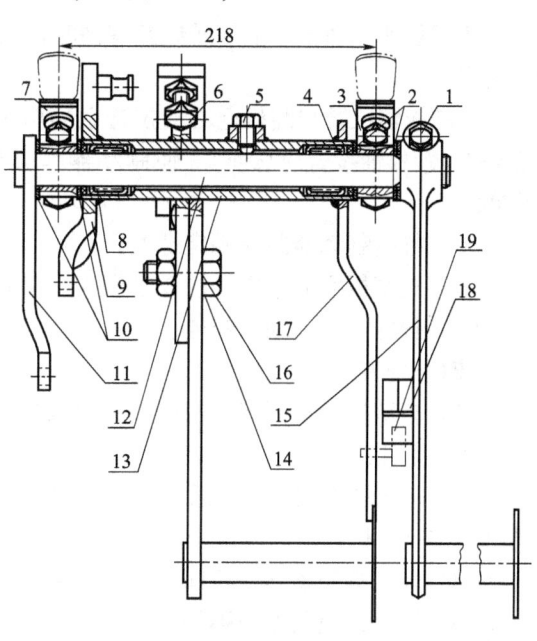

图 5-12 主离合器及制动器踏板总成

1、14—螺栓；2、10—调整垫；3—右支架；4、8—滚针轴承；5—注油螺塞；6—上限制螺栓；7—左支架；
9—踏板空心轴拉臂；11—踏板轴拉臂；12—踏板轴；
13—踏板空心轴；15—制动器踏板；16—主离合器踏板；
17—闭锁杠杆；18—踏板固定齿；19—齿板

（2）从制动器踏板轴上取下右支架及调整垫；
（3）从踏板空心轴内取出制动器踏板轴，并从制动器轴上取出调整垫左支架及调整垫；
（4）必要时从踏板空心轴内取出毡垫和滚针轴承；

（5）从踏板空心轴上拧下注油螺塞及上、下限制螺栓；
（6）必要时拧下主离合器踏板固定螺帽，取下固定螺栓及主离合器踏板。

（三）组合

（1）将浸机油的毡垫和涂有2号坦克润滑脂的滚针轴承装入踏板空心轴内。
（2）在踏板轴涂上2号坦克润滑脂，依次将调整垫圈、左支架、调整垫套在踏板轴上。
（3）用螺栓将主离合器踏板固定在踏板空心轴的踏板平板上。
（4）将制动器踏板插入踏板空心轴内，依次将调整垫、右支架、调整垫、制动器踏板（对正分解时的记号）装在踏板轴上，并拧紧制动器踏板固定螺栓。

**技术条件：**
——主离合器踏板空心轴应能在踏板轴上灵活运动。其轴向间隙不得大于1mm，否则用调整垫调整。调整时应保证左、右支架中心距为218mm；
——闭锁杠杆与制动器踏板上的卡板之间应有不小于2mm的间隙，否则弯曲闭锁杠杆。

**注意事项：** 当未作记号或更换零件时，制动器踏板与踏板轴拉臂的相对角度可按下述方法确定：
使踏板轴拉臂与踏板空心轴拉臂上的两个销孔中心距为119mm（相当于两拉臂之间夹角48°，踏板轴拉臂应靠前）。使制动器踏板与主离合器踏板中心线在同一直线上，装上制动器踏板；

（5）拧紧制动器踏板固定螺栓；
（6）向踏板空心轴内加注2号坦克润滑脂，然后拧紧注油螺塞（长度不超过8mm）；
（7）拧好上、下限制螺栓。

（四）安装

（1）将踏板总成固定在前倾斜装甲板附座上。

**技术条件：**
——踏板总成固定好以后，踏板轴应能灵活转动，不灵活时，可在支架与附座之间增减调整垫进行调整。

（2）装上脚制动器踏板固定器的齿条。
（3）装上钩板及助力弹簧。
（4）用踏板固定器将制动器踏板固定在第二个齿上，检查主离合器踏板是否能被踏下。

**技术条件：**
——主离合器踏板上的闭锁杠杆，应被踏板固定器的挡板挡住不得踏下。

（5）连接主离合器及制动器纵拉杆。

**注意事项：**
安装踏板总成时，在拧紧固定螺栓的同时，用手转动垂直轴，以检查转动是否灵活。

（五）连接与调整

（1）将主离合器纵拉杆与横轴左拉臂用连接销连接上，拧紧螺帽，装好开口销。
（2）使踏板处于原始位置（此时上限制螺栓突出9~11mm，并且顶靠车体）。

(3) 使横轴左拉臂向后倾斜，拉臂中心线与铅垂线之间夹角约 30°（新结构主离合器该夹角约为 35°）时，将纵拉杆前端与主离合器横轴拉臂连接好（长度可在调整接头或叉形接头处调整），见图 5-13。

(4) 连接短拉杆，见图 5-1。

**连接方法：**

将主离合器踏板置于原始位置，向车首方向推活动盘拉臂到有抗力为止（分离钢球间隙消失），改变短拉杆长度，使其接头上销孔与横轴右拉臂上销孔对正，再将短拉杆接头拧出 7~9 圈，相当于放长 10.5~14mm（新结构主离合器的短拉杆接头叉应拧出 9~10 圈，相当于放长 13.5~15mm）。然后推活动盘向车尾方向，对正销孔，插入连接螺栓，拧紧螺帽并锁紧。

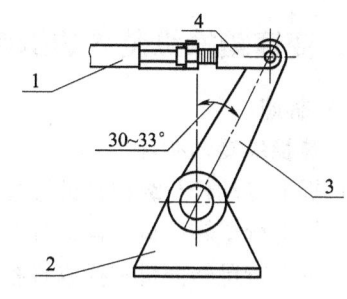

图 5-13 主离合器横轴左拉臂角度示意图
1—主离合器纵拉杆；2—主离合器横轴支座；
3—主离合器横轴左拉臂；4—纵拉杆接头叉

(5) 检查纵拉杆自由行程。

**技术条件：**

——自由行程为 7~9mm（新结构主离合器该自由行程为 10~12mm），若过小应放长纵拉杆，反之缩短纵拉杆。

(6) 检查并调整压板行程，压板行程的检查方法如图 5-14。

**检查方法：**

将主离合器踏板置于原始位置，用内卡钳测量主离合器活动盘与固定盘之间的距离，设该距离为 $A$；然后将主离合器踏板踏到最大位置，再次测量主离合器活动盘与固定盘之间的距离，设该距离为 $B$；距离 $B$ 与距离 $A$ 的差即为主离合器压板行程。

**技术条件：**

——压板行程应为 6.5~7.5mm（新结构主离合器该行程为 5~6mm），不正确时可用踏板轴下限制螺栓进行调整。

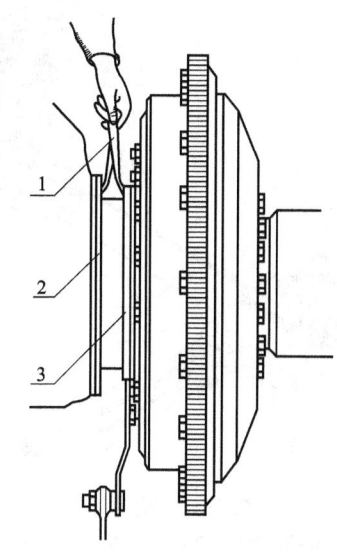

图 5-14 主离合器压板行程的检查方法
1—内卡钳；2—固定盘；3—活动盘

(7) 调整助力弹簧。

**调整方法：**

将主离合器踩到底，拧转助力弹簧调整螺帽、使弹簧拉紧，直到踏板能停在该位置为止，再慢慢拧转调整螺帽，至踏板能平稳回到原始位置即可。若弹簧调到最大拉伸情况下，踏板仍不能停在最前位置，但能平稳回到原始位置，也符合要求。

**注意事项：**

连接主离合器纵拉杆时，螺纹连接销的安装方向是有螺纹的一端朝向车体，以防连接销与发动机水泵发生摩擦干涉。

## 三、变速箱操纵装置的拆卸、分解、组合与安装

### (一) 拆卸

1. 变速操纵器的拆卸

(1) 拆下传动杆与纵拉杆的连接销,见图 5-15;
(2) 拆下行星转向机左操纵杆与前纵拉杆的连接销;
(3) 拆下行星转向机右操纵杆拉臂与前纵拉杆的连接销;
(4) 从接线盒上拆下通往右操纵杆上的两根电线接头,并从导线护管内将导线抽出;
(5) 拧下固定板上的固定螺帽,取出带操纵杆的变速操纵器。

2. 垂直轴的拆卸

(1) 从垂直轴上拉臂上拆下变速纵拉杆的连接销,见图 5-16;

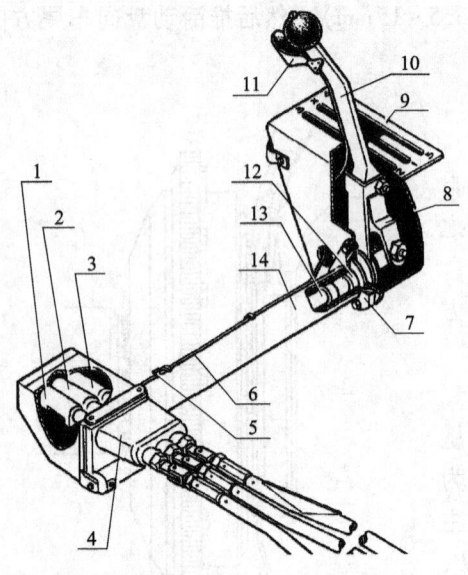
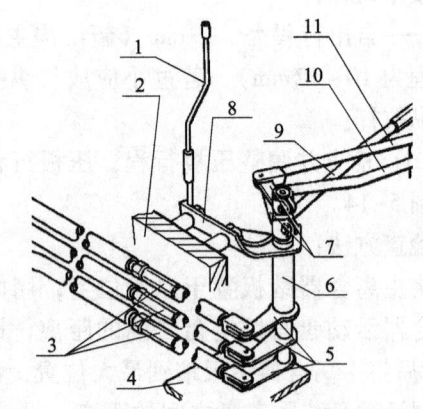

图 5-15 变速操纵器

1—四、五挡传动杆;2——、倒挡传动杆;3—二、三挡传动杆;4—传动杆盒;5—注油口螺塞;6—钢丝绳外套;7—接盒盘;8—支撑臂;9—挡位板;10—变速杆;11—握把;12—衬套;13—连接轴;14—套管

图 5-16 垂直轴及其连接

1—垂直轴注油管;2—左侧垂直装甲板;3—调整接头;4—垂直轴下固定架;5—垂直轴下拉臂;6—垂直轴;7—垂直轴上拉臂;8—垂直轴上固定架;9—二、三挡横拉杆;10——、倒挡横拉杆;11—四、五挡横拉杆

(2) 从垂直轴下拉臂上拆下变速横拉杆的连接销;
(3) 拧下注油管的固定卡螺栓;
(4) 拆下垂直轴上支架的固定螺栓,取出调整垫;
(5) 取下垂直轴总成,并保存好垂直轴下的调整垫。

### (二) 分解

1. 带操纵杆的变速操纵器的分解与组合

(1) 分解

A. 拆开闭锁轴盖,并从闭锁轴上拆离钢丝绳,取下闭锁轴盖及胶垫,见图 5-17;

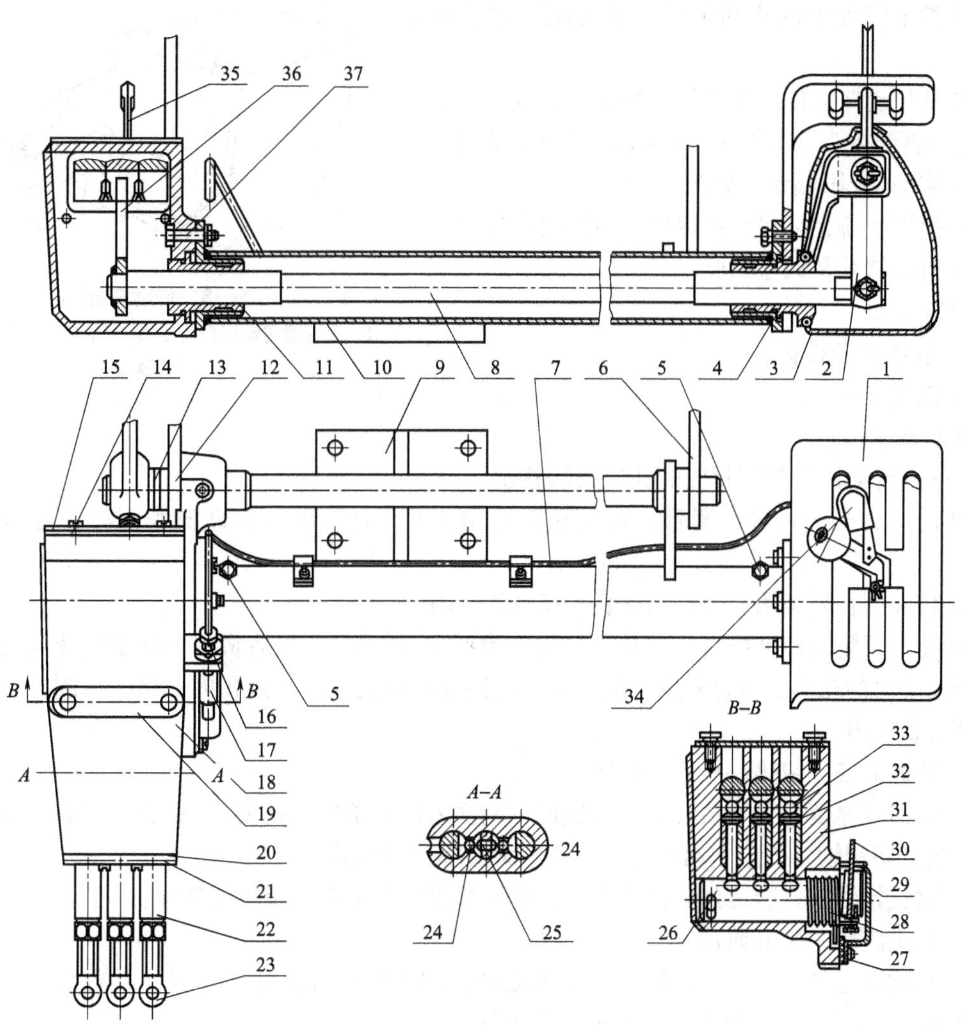

第五章 操纵装置构造与拆装  159

图 5-17 带操纵杆的变速器

1—挡位板；2—变速杆；3—外套；4—摇臂；5—注油螺塞；6—右操纵杆；7—钢丝绳套；8—连接轴；9—底座；10—套管；11—衬套；12—左操纵杆；13—调整垫；14、27—胶垫；15—前盖；16—调整螺栓；17—软管；18—变速器盒；19—上盖；20—毡垫；21—平板；22—传动杆；23—耳环；24、33—钢球；25—限制销；26—闭锁轴；28—回位弹簧；29—闭锁轴盖；30—钢丝绳；31—弹簧；32—闭锁销；34—握把；35—右操纵杆拉臂；36—拨臂；37—定位螺栓

B. 从套管上拆下钢丝绳套固定卡，从挡位板及右操纵杆上拆下导线固定卡，拆下挡位板固定螺栓，取下挡位板及外套；

C. 拆下变速杆与摇臂及变速杆与连接轴的连接螺栓，取下变速杆及摇臂；

D. 拆下右操纵杆拉臂固定螺栓，依次取下右操纵杆拉臂、调整垫、左操纵杆、右操纵杆及调整垫；

E. 拆下变速器盒前盖，取下胶垫，拧下套管的定位及固定螺栓，取下套管、衬套及连接轴；

F. 分解变速器盒：

① 拧下闭锁轴的止动螺栓，取出闭锁轴及回位弹簧；

② 从传动杆上拧下连接耳，拆下平板及毡垫，拧上传动杆拆卸接头（WZ120·ZG12）冲出传动杆，并取出限制钢球及限制销，见图5-18；

③ 拆下上盖，取出闭锁钢球、闭锁销及弹簧；

④ 拆下软管及调整螺栓。

(2) 组合

A. 组合变速器盒：

① 选配传动杆。

**技术条件：**

——各传动杆应能在相应的孔内灵活移动。

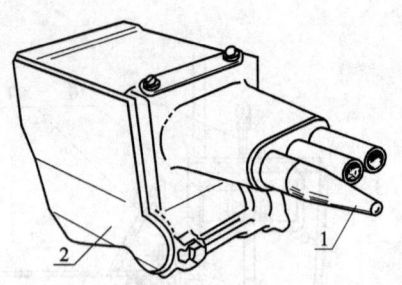

图 5-18　传动杆拆卸
1—变速器传动杆拆装接头（WZ120·ZG12）；
2—变速器盒

② 向变速器盒内腔、套管内腔加注2号坦克润滑脂，并在各摩擦表面涂2号坦克润滑脂。

③ 将弹簧、闭锁销、闭锁钢球装入变速器盒内。

④ 装上两侧的传动杆（每根传动杆均应装到空挡位置），然后将两个限制钢球分别放入变速器盒隔墙的孔内，再将限制销放入一、倒挡传动杆上的限制销孔内，将一、倒挡传动杆装入变速器盒内。

⑤ 装好上盖、毡垫、平板及耳环。

⑥ 将回位弹簧装到闭锁轴上（弹簧的一端插入闭锁轴的小孔内），然后一起装入变速器盒内，转动闭锁轴，拧上止动螺栓，再装上调整螺栓及软管。

B. 将连接轴及衬套装到变速器盒上，套上套管并拧紧定位及固定螺栓。

C. 放上胶垫，装好前盖。

D. 依次装上调整垫、右操纵杆、左操纵杆、调整垫及右操纵杆拉臂（其角度应与右操纵杆平齐），然后拧紧右操纵杆拉臂的固定螺栓。

**技术条件：**

——左操纵杆与右操纵杆拉臂之间应有25~27mm的距离；

——操纵杆应能借自身重量自如转动，操纵杆轴的轴向间隙应不大于1mm。

**调整方法：**

将左操纵杆靠紧支架，然后移动右操纵杆使其拉臂与左操纵杆的距离为25~27mm（应在拉臂的连接销孔处测量），然后测量拉臂到左操纵杆衬套端面之间的间隙及右操纵杆与支架孔端面之间的间隙，最后用调整垫将两处间隙接近填满。

E. 将变速杆套在挡位板上，再将外套套在变速杆上，然后装上摇臂、带变速杆的挡位板，拧紧挡位板固定螺栓，装好变速杆与摇臂及变速杆与连接轴的连接螺栓。

F. 将钢丝绳及钢丝绳套穿过挡位板，用固定卡固定在套管上，装好导线固定卡。

G. 将钢丝绳穿过调整螺栓、闭锁轴盖和胶垫，反时针绕在闭锁轴上，用垫圈、弹簧垫圈及螺栓固定紧。

H. 调整钢丝绳的长度，装好闭锁轴盖。

**技术条件：**

——当松开握把时，闭锁器应起闭锁作用；当握下握把时，则不起闭锁作用。

I. 检查已组合好的变速器。

**技术条件：**

——传动杆在任一闭锁位置时，其轴向间隙（移动量）不得大于 4mm；

——挂挡时，传动杆和闭锁轴不得有卡滞现象；

——挂任一挡时，其余二根传动杆均应闭锁。

**注意事项：**

(1) 组合变速操纵器盒时，应先对各件进行试装，以保证灵活性和修理质量；

(2) 安装传动杆时，不要冲打拨叉口端，以防该处变形后操纵不灵活。

2. 垂直轴的分解

(1) 分解

A. 从内垂直轴上拉臂拆下注油管，见图 5-19。

B. 拧松系紧螺栓，取下内垂直轴上拉臂及方键、中垂直轴上拉臂及方键。

C. 从中垂直轴上取下上支架、外垂直轴，从内垂直轴上取下中垂直轴。

D. 必要时从中、外垂直轴及上支架上冲出衬套。

(2) 组合

A. 将衬套压到上支架内顶住台肩；将衬套分别压入外垂直轴上、下端内至顶住台肩；将衬套分别压入中垂直轴下端至顶住台肩，上端压至衬套与中垂直轴的端面平齐，然后铰孔。

**技术条件：**

——外垂直轴两衬套孔直径为 $\phi 34 D_6 \binom{+0.17}{0}$ mm；

——中垂直轴两衬套孔直径为 $\phi 24 D_{e4} \binom{+0.13}{+0.06}$。

B. 在内、中垂直轴表面涂上 2 号坦克润滑脂，然后将中垂直轴套在内垂直轴上，将外垂直轴（拉臂至端面距离小的向上）套在中垂直轴上，再将上支架套在中垂直轴上。

C. 将方键装在中垂直轴及内垂直轴键槽内，装上中垂直轴及内垂直轴上拉臂（弯管头朝下），拧紧拉臂的系紧螺栓，装好注油管。

**技术条件：**

——中垂直轴上拉臂与中垂直轴端面的距离应为 2~3mm，内垂直轴上拉臂与内垂直轴端面的距离应为 3.5~5.5mm。上述距离可移动上拉臂的位置进行调整；

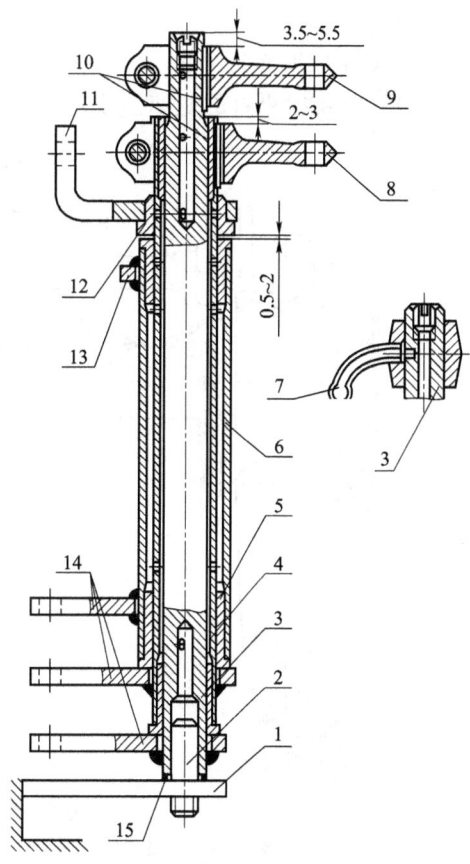

图 5-19 垂直轴

1—下支架；2—支柱；3—内垂直轴；4—中垂直轴；
5、12—衬套；6—外垂直轴；7—注油接管；
8—中垂直轴上拉臂；9—内垂直轴上拉臂；
10—方键；11—上支架；13—外垂直轴上拉臂；
14—下拉臂；15—调整垫

——装配后，内、中、外各垂直轴应能灵活地转动。

（三）安装

1. 垂直轴的安装

（1）将调整垫、垂直轴部件放在垂直轴下支架上；

（2）拧紧上支架的固定螺栓。

技术条件：

——外垂直轴、中垂直轴和内垂直轴应能灵活转动。外垂直轴衬套与上支架衬套端面间的间隙应为 0.5~2mm。

调整方法：

用改变上下支架处的调整垫厚度或在上支架固定螺栓与孔的间隙范围内移动上支架进行调整。

注意事项：

安装垂直轴时，在拧紧上支架固定螺栓的同时，用手转动垂直轴各轴，以检查其转动是否灵活。

2. 变速操纵器的安装

（1）将带操纵杆的变速器放入车内，见图 5-20；

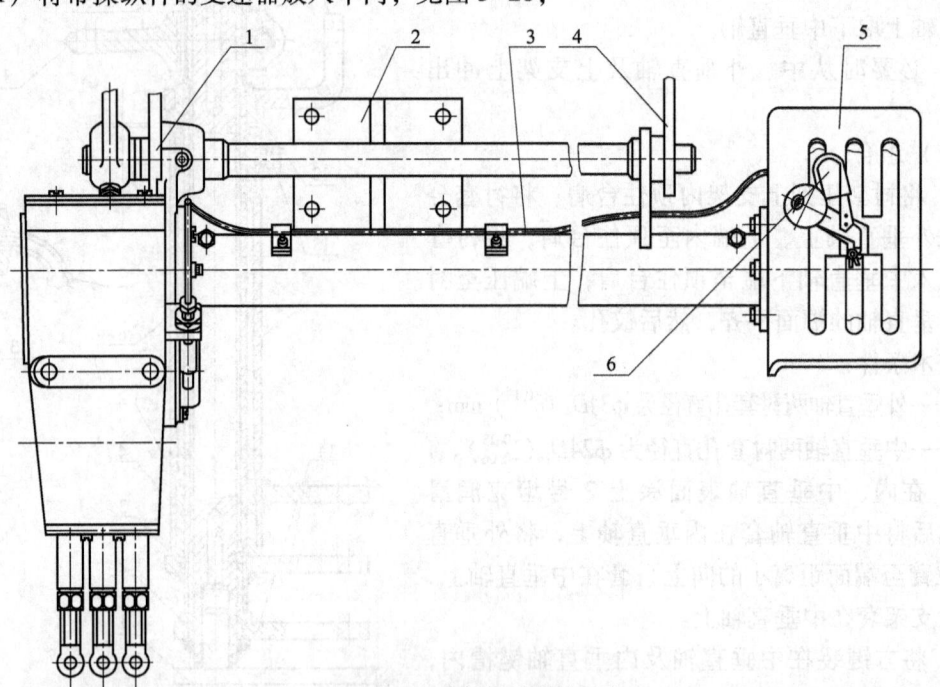

图 5-20 变速箱操纵器的固定

1—左操纵杆；2—固定板；3—钢丝绳外套；4—右操纵杆；5—挡位板；6—变速杆及握把

（2）在固定座上放上弹性垫圈，拧紧底座的固定螺帽。

技术条件：

——挂上四、五挡后，变速杆球形握把与蓄电池室壁的距离不小于 45mm，挂上二、三挡时变速杆不应触及右操纵杆。不正确时允许弯曲变速杆。

——变速器盒顶住车体时，允许修磨车底，但修磨深度不得大于 3mm。或者在变速器盒下面加调整垫或垫圈，但总厚度不得大于 4 mm。

### （四）连接与调整

（1）用连接销及开口销将各挡纵拉杆后端与垂直轴下拉臂连接好，见图 5-13。

**连接方法：**

连接时外垂直轴与二、三挡纵拉杆（前端弯曲处有加强筋）相连；中垂直轴与一、倒挡纵拉杆相连；内垂直轴与四、五挡纵拉杆（前端弯曲较小）相连。

（2）将变速杆置于空挡位置，使垂直轴下拉臂垂直左侧装甲板。

（3）改变纵拉杆或连接耳的长度，将各纵拉杆与传动杆连接好。

**技术条件：**

——垂直轴下拉臂应垂直于左侧装甲板（目测即可）；

——从连接耳销孔中心至传动杆端面应不大于 55 mm；

——各拉杆不得相互干涉。

（4）用连接销将各挡横拉杆与垂直轴上拉臂连接好。

（5）使拨叉轴上的指针与箱体上空挡线对正，改变横拉杆长度，使销孔对正，装好连接销。

（6）检查工作情况。

**技术条件：**

——握下握把时应能轻便地挂挡；

——在空挡及各挡位后，挡位指针应与箱体上对应刻线对正，一、倒挡指针允许偏差不大于 1.5 mm。

**调整方法：**

挡位指针指示不正确时，可改变横拉杆接头叉长度进行调整；若空挡位置正确，但挂上挡后不能与箱体上刻线对正，可改变纵拉杆与横拉杆长度调整。

## 四、行星转向机操纵装置拆卸、分解、组合与安装

### （一）拆卸

**1. 中间支架的拆卸**

（1）从三臂杠杆上端拆掉与前纵拉杆连接的连接销，见图 5-21；

（2）拆下助力弹簧及钩板；

（3）从三臂杠杆下端拆掉与后纵拉杆连接的连接销；

（4）拆下中间支架固定螺栓，取下中间支架。

**2. 联动机构的拆卸**

（1）拆下制动器横轴及右长轴卡板，左、右联动机构见图 5-6 和图 5-7；

（2）拆下制动器横轴支架及主离合器横轴支架；

（3）拆下左、右联动支架的固定螺栓；

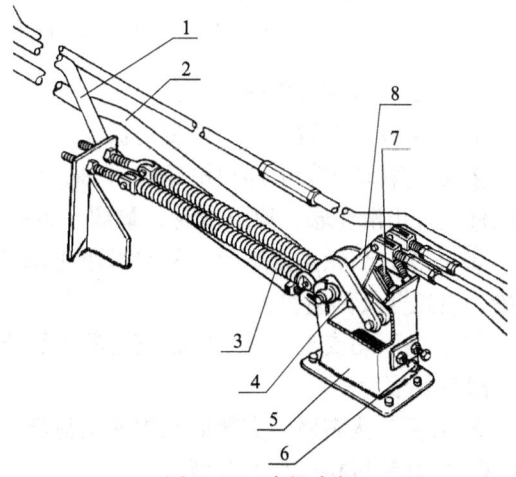

图 5-21 中间支架

1—左行星转向机后纵拉杆；2—右行星转向机后纵拉杆；
3—助力弹簧；4—助力弹簧钩板；5—中间支架；
6—下限制螺栓；7—上限制螺栓；8—三臂杠杆

(4) 拆下制动器、主离合器、联动机构各拉臂与其纵拉杆相连的连接销；
(5) 拆下主离合器横轴；
(6) 从主离合器横轴接头上拧下固定螺帽，抽出固定螺栓；
(7) 从横轴接头内分别取出左、右两个半截横轴及其半圆键；
(8) 从车体内取出带制动器横轴的联动机构总成；
(9) 将联动机构与车体之间的调整垫用螺栓固定在原螺栓孔位置上。

### （二）分解与组合

1. 行星转向机及制动器联动机构的分解与组合

(1) 分解

A. 从左、右联动支架及制动器横轴上拆下短拉杆，取下制动器横轴，见图 5-22；

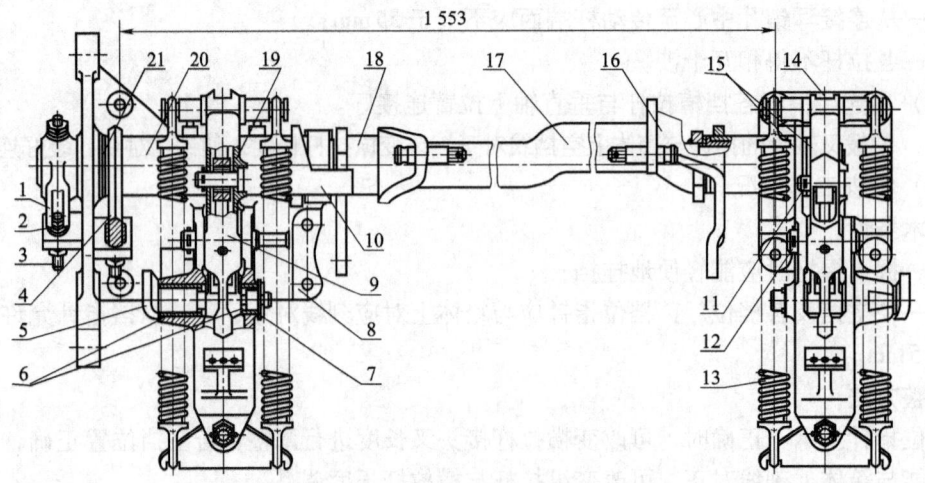

图 5-22 联动机构

1—右长轴拉臂；2、15、21—调整垫；3—下限制螺栓；4—长管拉臂；5—闭锁离合器滑轮推臂；6—衬套；
7、19—垫圈；8—左联动支架；9—小制动器滑轮杠杆；10—推臂；11、12—滑轮轴；13—拉力弹簧；
14—右联动支架；16—右短管；17—右长轴；18—左短管；20—长管

B. 右联动机构部件的分解：

① 取下拉力弹簧，拆下弹簧钩板；

② 从右联动支架上冲出滑轮杠杆轴，取下滑轮杠杆，从滑轮杠杆内取出滚针，并从滑轮杠杆上冲出滑轮轴，取下滑轮、垫圈及滚针；

③ 拧松右凸轮系紧螺栓，从右长轴上取下右凸轮、半圆键、调整垫、右联动支架、调整垫、右拉臂及调整垫；

④ 从右联动支架上拆下闭锁离合器滑轮推臂及滑轮臂，必要时从滑轮臂上拆下滑轮轴，取下滑轮及滚针；

⑤ 必要时从右联动支架的孔内冲出衬套。

C. 左联动机构部件的分解：

① 取下拉力弹簧，拆下弹簧钩板；

② 拆下右长轴拉臂及半圆键，从左联动支架内抽出右长轴，并从右长轴上取下调整垫、左短管及调整垫；

③ 从左联动支架上取出长管及调整垫；

④ 从左联动支架上冲出滑轮杠杆轴，取下滑轮杠杆，从滑轮杠杆内取出滚针，并从滑轮杠杆上冲出滑轮轴，取下滑轮、垫圈及滚针；

⑤ 从左联动支架上拆下闭锁离合器滑轮推臂及滑轮臂，必要时从滑轮臂上拆下滑轮轴，取下滑轮及滚针；

⑥ 必要时从左联动支架的孔内冲出衬套。

（2）组合

A. 将衬套装入左、右联动支架的孔内。

B. 组合滑轮臂，见图 5-23。

将 21 根滚针放在滑轮内，并涂上 2 号坦克润滑脂，然后装入滑轮臂内，再将滑轮轴装上并铆好。

C. 组合滑轮杠杆。

将 21 根滚针放在滑轮内，涂上 2 号坦克润滑脂，在两边放上垫圈，然后装入滑轮杠杆，装上滑轮轴，并用开口销锁紧。

D. 将 21 根滚针涂上 2 号坦克润滑脂后，装入滑轮杠杆内，装到左、右联动支架上（上方有一缺口的滑轮杠杆装在右联动支架上），插入滑轮杠杆轴，并用开口销锁紧。

E. 将调整垫、左拉臂、调整垫套在右长轴上，将右长轴插入左联动支架及长管（两侧均放调整垫）的孔内，装上半圆键及右长轴拉臂（系紧螺栓暂不拧紧）。

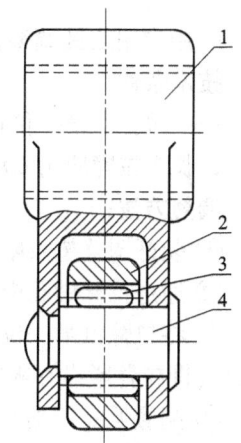

图 5-23　滑轮臂
1—滑轮臂；2—滑轮；
3—滚针；4—滑轮轴

**技术条件：**

——滑轮杠杆凹槽与左凸轮任一边的间隙不得小于 0.5mm，不正确时可用长管两端的调整垫进行调整（检查时，应将左凸轮推向被检查一边）；

——长管应能灵活地转动，轴向间隙为 0.5mm。

F. 调整左短管的轴向间隙。

**技术条件：**

——轴向间隙应为 1~2mm。

**调整方法：**

用 1~2mm 的塞尺塞在右长轴台肩与左短管之间，然后将右长轴向左联动支架方向靠紧，再将右长轴拉臂靠紧左联动支架端面，拧紧系紧螺栓，抽出塞尺。

G. 从右长轴的右端依次套上调整垫、右短管、调整垫、右联动支架及调整垫，然后装上半圆键及右凸轮（系紧螺栓暂不拧紧）；

**技术条件：**

——短管与右长轴上的推臂不应摩擦，如摩擦可加调整垫调整。

H. 调整右短管的轴向间隙及右凸轮的位置。

**技术条件：**

——轴向间隙应为 1~2mm；

——滑轮杠杆凹槽与右凸轮任一边的间隙不得小于 0.5mm；

——左、右联动支架的左固定螺栓孔的中心距离应为 1 553±1mm。

**调整方法：**

用 1~2mm 的塞尺塞在右短管与右联动支架之间，将右长轴向右联动支架方向靠紧，检查左联动支架左固定螺栓孔中心至右联动支架左固定螺栓孔中心的距离应为 1 553mm。不正确时，改变右短管与右长轴之间的调整垫厚度。将右凸轮推向右联动支架壁，检查滑轮杠杆凹槽与右凸轮之间的间隙。不正确时，可在右凸轮与右联动支架之间加减调整垫。正确后，拧紧系紧螺栓，抽出塞尺，再次检查右凸轮与滑轮杠杆凹槽之间的间隙（右凸轮应推向被检查的一边）。

I. 用专用工具调整长管拉臂和右长轴拉臂的工作角度。

**技术条件：**

——拉臂由第一位置到原始位置，转角均应为 28°~29°（在拉臂销孔中心处测量对应的弦长，长管拉臂应为 60~62mm，右长轴拉臂应为 40~41.5mm）。

**调整方法：**

① 装好调整垫及限制螺栓；

② 通过拉臂销孔中心固定一指针，靠紧指针放一平板；

③ 将拉臂由第一位置（即滑轮杠杆上的滑轮紧靠在凸轮第一位置的凹槽内）推到原始位置（即拉臂紧靠在限制螺栓上），使指针在平板上划出弧线；

④ 测量弧线所对应的弦长，若不符合上述技术条件时，用限制螺栓下的调整垫进行调整。

J. 在左、右滑轮臂键齿上涂上 2 号坦克润滑脂，连同闭锁离合器滑轮推臂装到左、右联动支架上。

**技术条件：**

——闭锁离合器滑轮推臂应能灵活地转动，其轴向间隙不大于 1mm；

——凸轮位于原始位置时，闭锁离合器滑轮推臂应向前倾斜，从销孔中心线至通过推臂轴心的铅垂线的水平距离应为 15~20mm。

**注意：** 在调整左、右联动机构滑轮臂与闭锁离合器滑轮推臂 15°（即水平距离 15~20mm）转角过程中，若该角度难以调整时，说明配合件各键齿已磨损或变形，应将带滑轮的滑轮臂翻转 180°或者左右联动机构滑轮推臂相互交换一下即可得到解决。

**调整方法：**

使凸轮处于第一位置，使滑轮臂的滑轮紧靠在凸轮第一位置的小凹槽内，将闭锁离合器滑轮推臂由垂直位置向后转一个齿，装上闭锁离合器滑轮。检查合格后，放上垫圈，并用开口销锁紧。

K. 装上弹簧钩板。

2. 中间支架的分解与组合

(1) 分解

A. 拧下止动螺钉及注油螺塞，见图 5-5；

B. 冲出杠杆轴，依次取下左三臂杠杆、调整垫、右三臂杠杆及调整垫；

C. 从左、右三臂杠杆上取出毡垫，必要时冲出滚针轴承；

D. 必要时拆下上、下限制螺栓。

(2) 组合

A. 将锁紧螺帽拧在上、下限制螺栓上，然后将上、下限制螺栓拧到中间支架上。

B. 将滚针轴承压入左、右三臂杠杆内，并涂上 2 号坦克润滑脂，将用机油浸透的毡垫装到左、右三臂杠杆上。

C. 依次将左三臂杠杆、调整垫、右三臂杠杆、调整垫装在支架上，然后装上杠杆轴，检查合格后，拧上止动螺钉并冲铆。

**技术条件：**

——三臂杠杆应能在杠杆轴上灵活转动，其轴向间隙不得大于 1mm，且三臂杠杆的中心线与其对应的上限制螺栓中心线的偏移不得大于 1.5mm，不正确时改变调整垫的厚度进行调整。

D. 调整三臂杠杆的工作角度，调整好后拧紧上限制螺栓的锁紧螺帽。

**技术条件：**

——三臂杠杆靠住上限制螺栓时，三臂杠杆上拉臂中心线与铅垂线之夹角应为 32°~36°（用专用工具检查），相当于拉臂销孔中心线与通过杠杆轴心铅垂线的水平距离为 72~80mm，否则用上限制螺栓进行调整。

E. 拧上注油螺塞。

**（三）安装**

1. 中间支架的安装

（1）将中间支架总成放在中间支架座上，然后拧紧中间支架的固定螺栓；

（2）连接前、后纵拉杆，装好钩板及助力弹簧，见（三）连接与调整。

2. 联动机构的安装

（1）安装左、右联动支架：

A. 必要时，修整车底左、右联动支架固定螺栓孔螺纹。

B. 将左、右联动支架放在附座上。

C. 在右联动支架上拧上固定螺栓，用塞尺检查左联动支架底平面与车底平面间有无间隙。如有间隙，用调整垫将间隙塞平，但调整垫不超过 3 个。

D. 拧紧左联动支架固定螺栓，并调整右长轴的转动灵活性。

**调整方法：**

先拧紧左联动支架左后部位垫有调整垫圈的固定螺栓，然后拧紧其余螺栓，拧螺栓的同时，边拧边转动右长轴，若不灵活转动，可增减调整垫圈，以保证螺栓拧紧后右长轴能灵活转动。

E. 检查右长轴转动情况。

**技术条件：**

——右长轴应能用手灵活转动。

F. 装上右长轴卡板。

**技术条件：**

——右长轴卡板与右长轴之间间隙应不小于 1mm（转动右长轴检查）。

（2）安装主离合器横轴：

A. 将主离合器横轴放入变速箱前支架下方，将两个半圆键分别放入左、右半截横轴的键槽。

B. 将两个带半圆键的半截横轴插入系紧接头。

C. 将横轴左端安装在左联动支架孔内，使横轴右支座套在横轴右端上，用螺栓及弹性垫圈固定好横轴右支架。

**技术条件：**

——主离合器横轴应能灵活转动，不正确时，可增减横轴右支座下面的调整垫进行调整。

(3) 安装脚制动器横轴：

A. 将脚制动器横轴插入左联动支架孔内，在横轴右端放上调整垫并套上右支座，用弹性垫圈和螺栓将其固定好。

**技术条件：**

——横轴应能灵活转动。不灵活时，可增减横轴右支座下面的调整垫圈调整；

——横轴的轴向移动量应为 1~3mm，不正确时，可增减横轴两端轴颈处的调整垫进行调整。

B. 装好脚制动器横轴卡板。

**技术条件：**

——卡板与脚制动器横轴之间的间隙应不小于 1mm。

(4) 装上左、右联动支架各拉臂与各纵拉杆相连接的连接销。

(5) 装上小制动器滑轮杠杆的拉力弹簧。

**技术条件：**

——拉力弹簧耳端面与拉力弹簧末圈端面之间的间隙应不大于 3.5mm（最好没有间隙）。

**注意事项：**

在安装转向操纵装置左、右联动支架、主离合器横轴、脚制动器横轴时，在拧紧固定螺栓的同时，用手转动各轴，以检查各轴转动是否灵活。

**（四）连接与调整**

1. 连接前纵拉杆

如图 5-24 所示，使三臂杠杆靠在中间支架的上限制螺栓上，同时使两操纵杆处于最前位置（左右应一致，左侧操纵杆下部与平衡肘套管之间应有间隙），然后改变前纵拉杆的长度，使销孔对正，用连接销及开口销连接好。

图 5-24 联动机构
1—左后纵拉杆；2—右后纵拉杆

2. 调整中间支架下限制螺栓拧入长度，然后拧紧锁紧螺帽

**技术条件：**

——下限制螺栓的拧入长度应保证前纵拉杆的总行程为 165mm。

## 3. 连接后纵拉杆

推后纵拉杆向后使右长轴及长管拉臂紧靠限制螺栓，同时使三臂杠杆靠住中间支架的上限制螺栓。放长或缩短后纵拉杆使销孔对正，然后用连接销及开口销将后纵拉杆与三臂杠杆连接好。

**注**：左、右后纵拉杆的区别是左后纵拉杆比右后纵拉杆前端的直线部分长，见图 5-25。

图 5-25　主离合器和制动器纵拉杆
1—制动器纵拉杆；2—主离合器纵拉杆

## 4. 装上制动器滑轮杠杆拉力弹簧

## 5. 连接制动器纵拉杆

（1）用连接销及开口销将纵拉杆前端与制动器踏板拉臂连接好，见图 5-26；

（2）将纵杆长度调至 4 408 mm，并使制动器横轴长拉臂的连接销孔与垂直轴支架的后缘平齐（即拉臂向后倾斜 35°），然后使其连接销孔对正，再用连接销、螺帽及开口销连接好；

## 6. 装上中间支架助力弹簧

**技术条件**：

——助力弹簧调整螺栓孔中心到支架端面的距离应为 45～52.5 mm。

## 7. 连接左、右制动器横轴短拉杆

将制动器踏板置于原始位置，拉左、右操纵杆到第一位置，使左、右短管靠紧长管、右长轴推臂，调整短拉杆的长度使其后端销孔对正，前端弧形槽后缘紧靠短管连接销，然后用连接销（仅后端）、螺帽及开口销将短拉杆前后端连接好。

**技术条件**：

——回位弹簧的预拉伸量应不小于 7 mm，拉伸量不足时，把回位弹簧装在第二个孔内。

## 8. 连接闭锁离合器短拉杆，并检查自由行程

（1）将操纵杆置于原始位置。

（2）推闭锁离合器滑轮推臂向前，使滑轮紧靠凸轮。

（3）推闭锁离合器短拉杆向后至钢球间隙完全消失，改变短拉杆长度，使短拉杆上的销孔与闭锁离合器滑轮推臂上的销孔对正，将短拉杆接头叉拧入 4～5 圈（相当于拉杆缩短 6～8 mm），用连接销将拉杆与闭锁离合器滑轮推臂连接好。

（4）检查自由行程。

**技术条件**：

——闭锁离合器拉杆的自由行程应为 6～8 mm，相当于前纵拉杆自由行程为 10～30 mm。

（5）自由行程调整正确后，将连接销上的螺帽拧紧并用开口销锁紧。

## 9. 调整小制动器

（1）将操纵杆置于原始位置，小制动器滑轮杠杆后端位于最下位置，制动器联动杠杆自然下垂，连接小制动器倾斜拉杆。如销孔对不正，改变倾斜拉杆接头叉长度进行调整。

(2) 调整小制动器滑轮杠杆上的滑轮与凸轮大凹槽之间的间隙。

**技术条件：**

——当操纵杆拉至第一位置时，其小制动器滑轮杠杆上的滑轮与凸轮大凹现槽间隙为 4~5mm。

**调整方法：**

拧松小制动带调整螺帽则滑轮间隙变小；拧紧时，滑轮间隙变大。

(3) 当操纵杆在第一位置时，检查两指示片是否平齐。

**技术条件：**

——当操纵杆拉至第一位置时，此时两指示片应该平齐，不正确时，可移动指示片的位置或弯曲指示片进行调整。

(4) 调整小制动带间隙。

**技术条件：**

——小制动带与制动鼓周围的间隙应为 1~2mm，局部允许在 0.8~2.5mm 范围内；

——小制动带抱紧制动鼓时，所有制动瓦均应紧贴制动鼓，局部不贴合处用 0.3mm 塞尺能插入的深度不大于 25mm。

**调整方法：**

① 调整下部间隙：拉操纵杆使制动带箍紧制动鼓，在下调整螺栓与制动带间放一个约 1mm 厚的塞尺，拧下调整螺栓至顶住塞尺为止，稍拧松调整螺栓，取下塞尺，拧紧调整螺栓的锁紧螺帽；

② 调整周围间隙：间隙的大、小用拧转制动带调整螺帽的方法进行调整，间隙的均匀性用改变弹簧的拉力调整，当用弹簧调整无效时，可根据情况弯曲弹簧支架或矫正制动带。

(5) 将操纵杆拉到第一位置进行综合检查。

**技术条件：**

——操纵杆在第一位置应能停住，且小制动鼓应被制动；

——小制动器滑轮杠杆上的滑轮与凸轮大凹槽之间的间隙应为 4~5mm；

——两指针应平齐；

——闭锁离合器压板行程应为 3.3~5mm。

(6) 锁好倾斜拉杆接头叉的锁紧垫片，并将双臂杠杆连接销的两端各放一平垫圈，然后用开口销锁紧。

10. 调整大制动器

(1) 将操纵杆置于第一位置，使大制动带联动杠杆自然下垂，左、右短管上的前臂，应刚好靠住长管、右长轴推臂，连上大制动带倾斜拉杆。不正确时，放长或缩短倾斜拉杆接头叉长度进行调整。

(2) 调整大制动带与大制动鼓之间的间隙。

**技术条件：**

——大制动带间隙应为 1~2mm，局部允许在 0.8~2.5mm 范围内（左、右制动带间隙尽量一致）；

——拉紧大制动器时，所有制动瓦均应贴紧大制动鼓，局部不贴合处，用 0.3mm 厚塞尺插入的深度不应超过 45mm；

**调整方法：**

调整方法与小制动带调整方法相同。

（3）检查操纵杆的总行程。

**技术条件：**

——将操纵杆由原始位置拉到第二位置（直到操纵杆拉不动为止），在前纵拉杆上检查，总行程应为135～150 mm（左、右操纵杆总行程应一致）。不正确时，在制动带与制动鼓周围间隙 0.8～2.5 mm 的范围内进行调整。

**检查方法：**

将两个操纵杆均推至原始位置，在两个前纵拉杆的同一位置标记一个记号，将一侧操纵杆拉至第二位置（至拉不动的位置），测量前纵拉杆上两个记号之间的距离即为总行程；另一侧前纵拉杆用同样的方法测量。

（4）踏下制动器脚踏板，检查两边大制动带是否能同时制动，并且踏板应能固定在齿条的第二个齿上。不正确时，可用大制动带调整螺帽调整（但不得影响总行程）或改变制动器纵拉杆的长度进行调整。

11. 操纵装置最后检查

（1）拉操纵杆的力不大于 294 N（30 kg），操纵杆在第一、二位置时，用手轻推应能返回原位；

（2）前纵拉杆总行程应为 135～150 mm；

（3）闭锁离合器压板行程应为 3.3～5 mm；

（4）手操纵装置与脚操纵装置应互不影响工作，否则重新检查各拉杆连接的正确性；

（5）当操纵杆拉到第一位置时，小制动带应抱紧，大制动带应不动；拉到第二位置时，大制动带应抱紧，小制动带应松开；

（6）各拉杆及拉臂与周围零件应有不小于 3 mm 的间隙。

## 五、操纵装置装配质量与故障分析

**（一）左、右联动机构安装同心度对使用的影响**

按要求，在左、右联动机构总成安装后，用一手之力转动右长轴时，要转动灵活、轻便自如。否则将不符合安装质量要求。

为保证安装质量，安装时，一是要保证左、右联动支架的同心。因为右长轴是个线性轴，在轴的两端固定有三个铰支孔，支架某一固定脚与车体不平就易造成上述转动不灵活甚至有转不动的现象；二是在保证左、右联动支架之间 1 553 mm 距离的同时，注意右长轴要有一定的轴向移动量。否则也易造成上述转不动的现象。

**（二）安装好的踏板总成转动不灵活**

对于新组合的踏板总成安装后要求转动要灵活，有的安装后转动不灵活，甚至转不动。一是在安装中踏板总成的左右固定支架不同心；二是踏板轴的轴向间隙太小等原因造成的。

**（三）垂直轴总成安装后转动不灵活**

造成这种故障的原因主要有两个：一是垂直轴安装时上下固定支架不同心；二是垂直轴在上下固定支架上的轴向位移量太小等原因造成的。

## (四)操纵力过重

按照技术条件,修竣坦克操纵杆的操纵力不大于294 N。如果操纵力过大,主要原因是:

### 1. 拉力弹簧刚性减弱

拉力弹簧,长期受拉,刚性大,拉力大,温差变化大,工作条件恶劣。长期使用后,其自由长度增加,刚性变小,拉力减弱,性能发生变化。继续使用旧弹簧,操纵杆变重。旧弹簧的影响如图5-26中的长虚线所示。拉力太小,会影响转向性能,同时,分离阶段的助力作用明显减弱。因此,使用旧拉力弹簧时,必须经过严格鉴定,性能不合格的弹簧应更换。实践证明,更换新的弹簧比拉力小的旧弹簧,操纵力减轻几千克到几十千克。采用刚性过大的弹簧,助力作用明显增加,但制动阶段也明显增加,因此要适当的选择拉力弹簧。

### 2. 助力弹簧调整不当

助力弹簧也有性能自然变化的情况,刚性变小,弹力减弱,作用效果发生变化。其影响如图5-27中的点虚线所示。一般情况下通过调整螺栓调整。拉力过小的弹簧则必须更换。因此继续使用旧弹簧,必须进行严格鉴定。

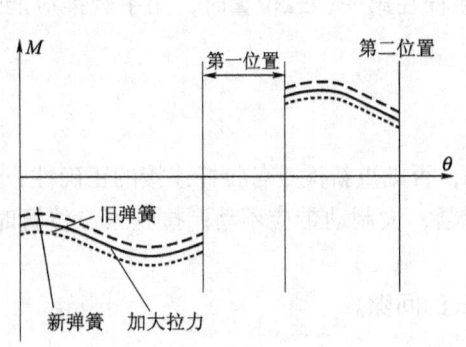

图5-26 新旧拉力弹簧对操纵力影响变化示意图

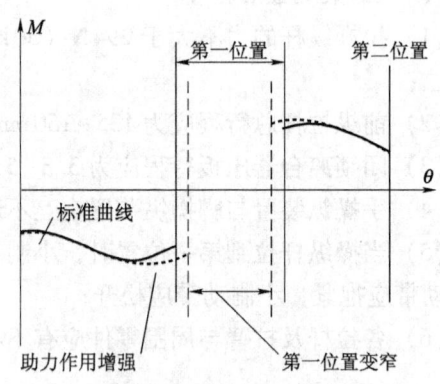

图5-27 助力弹簧调整对操纵杆的影响

### 3. 转向机各毡垫安装不正确

行星转向机活动盘毡垫和内鼓上的毡垫,对操纵力有直接的影响。它始终起阻力作用。因此安装时,其松紧程度应适当。原则是:密封可靠,以松为好。转向器安装好之后,应能在39.2~49 N的推力作用下,灵活推动活动盘拉臂。

### 4. 小制动器滑轮杠杆滑轮与凸轮大凹槽之间的间隙太大

当操纵杆拉至第一位置时即小制动器滑轮杠杆滑轮与凸轮大凹槽之间的最大间隙应为4~5 mm。调整时,此间隙增大,拉操纵杆费力;此间隙减小,拉操纵杆省力。如图5-28中长虚线所示。间隙变小,制动滑轮的时间增长,距离加长,向下压的行程也加长,因此助力作用增加。但是,间隙减

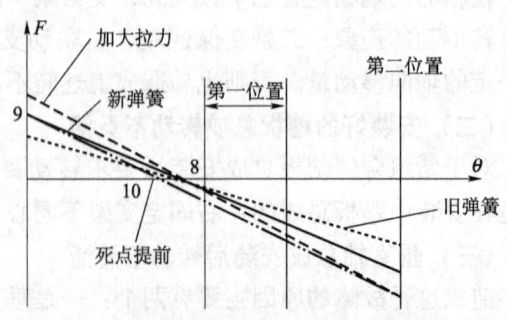

图5-28 凸轮间隙对操纵力的影响

少，小制动带磨损后的调整周期缩短。调整一次后，间隙又可能变大。在操纵力调整困难的情况下，制动滑轮与凸轮间的间隙可以偏下限（3mm 为最佳）。

影响操纵力过重的原因除上述几种情况外，还有：① 左、右联动支架不同心度；② 各铰接点润滑不良或太脏；③ 各铰接点销孔或销子磨成椭圆；④ 制动带不圆（间隙调整不均）；⑤ 各拉杆发生干涉等。

# 第六章

# 坦克驾驶

## 第一节 坦克运动原理

要想正确、迅速地掌握坦克驾驶技能，除必须懂得驾驶规则和要领外，还应学习坦克运动原理，以便了解影响坦克运动的有关因素及其相互关系，掌握坦克运动规律，熟练地驾驶坦克，充分发挥坦克的战术技术性能。

### 一、坦克在平地上直线运动

坦克的运动状态，决定于作用在坦克上的外力。为了掌握坦克平地直线运动的规律，提高坦克的平均运动速度，必须对作用在坦克的外力进行分析。

（一）重力

坦克重力就是地心对坦克的吸引力。重力的大小就是坦克的重量。它作用在坦克的重心上，垂直于水平面，永远指向地心。59式坦克的重心位置见表6-1。

表6-1 59式坦克的重心位置                              mm

| 车型 | 主动轮中心到重心的距离 | 车体右侧甲板到重心的距离 | 地面到重心的距离 |
| --- | --- | --- | --- |
| 59式坦克 | 2 576 | 964 | 1 195 |

（二）地面法向反作用力

它是地面给坦克方向向上的反作用力，与坦克重量大小相等，方向相反，作用在下支履带上。当坦克静止或匀速直线运动时，它与重力作用在一条直线上，与坦克重力相平衡。

（三）运动阻力

运动阻力主要是由于坦克在运动中使地面变形而产生的。

1. 影响运动阻力的因素

（1）地面松软，运动阻力大；地面坚硬，运动阻力小。驾驶中应选择坚硬平坦的路面行驶。

（2）单位压力大，运动阻力就大。

所谓单位压力，就是履带着地面单位面积上的坦克重量。单位压力越大，履带下陷得深，阻力就大。但不能为减小运动阻力而无限制地减小单位压力。因为单位压力减到一定值后，运动阻力减小的数值很小，但却使履带宽度和长度增加很多，使坦克结构变得庞大。

坦克越野驾驶中有时遇到较短的难行地段，为防止履带压入地面较深，可在地面上铺设一些木板之类的简便器材，减小履带的实际单位压力，以减小运动阻力。

(3) 履带板的结构。

履带板筋条高而窄，容易压入地面，在履带筋条压入地面过程中就使负重轮前的履带板形成一个小斜坡，使阻力增加。坦克在附着条件很差的地面上行驶时，为防止打滑，有的坦克可在履带上装防滑板或反装几块履带板。

(4) 坦克行驶速度。

坦克行驶速度低，履带压地面的时间长，地面变形就大，运动阻力就大。速度高些，阻力就会小些。但如果地面不平，高速行驶容易造成严重颠震和撞击，反而会使地面变形增大，从而使运动阻力增大。

(5) 坦克越重，运动阻力越大。

在两辆坦克单位压力相同的情况下，因重量大的坦克必须加宽履带板或增加履带着地长度，以增大负重面积，这样地面变形的深度就一样。虽然在负重轮前形成斜坡坡度大小一样，使单位面积受到的运动阻力大小也是一样的，但由于地面的变形面积要比重量轻的坦克大，因此，运动阻力就大。

2. 运动阻力的计算

实践证明，影响运动阻力的主要因素是地面性质和坦克对地面的法向压力。在平地上，对地面的法向压力即等于坦克的重量。在一定性质的路面上，运动阻力近似与地面法向负荷成正比，可用下式计算：

$$R = f \cdot G$$

式中，$R$——运动阻力；
$f$——运动阻力系数；
$G$——坦克重量。

运动阻力系数表示坦克单位重量的运动阻力。对于一定结构的履带来说，$f$只与地面性质有关，地面不同，$f$值也不同。现有坦克履带多为金属履带，结构也大同小异，所以表6-2中列出的$f$值对金属履带的坦克均适用。表中的$f$值是从实验中测出的。

表6-2 各种路面的运动阻力系数

| 地面性质 | 运动阻力系数 $f$ | 地面性质 | 运动阻力系数 $f$ |
| --- | --- | --- | --- |
| 水泥路 | 0.03~0.04 | 收后耕地 | 0.08 |
| 柏油路 | 0.03~0.05 | 新耕作地 | 0.10~0.25 |
| 良好土路 | 0.06~0.07 | 水稻田 | 0.15~0.25 |
| 普通土路 | 0.08~0.09 | 沼泽地 | 0.15~0.25 |
| 松软土路 | 0.10 | 雪地 | 0.15~0.25 |
| 高等卵石路 | 0.05 | 压雪地 | 0.05~0.10 |
| 碎石路 | 0.065 | 冰冻地 | 0.03~0.04 |
| 泥泞路 | 0.12~0.15 | 干沙地 | 0.15~0.18 |

续表

| 地面性质 | 运动阻力系数 $f$ | 地面性质 | 运动阻力系数 $f$ |
|---|---|---|---|
| 草地 | 0.08~0.10 | 湿沙地 | 0.10 |
| 普通卵石路 | 0.06 | 荒草地 | 0.059~0.072 |

### (四) 牵引力

**1. 什么叫牵引力**

地面给下支履带的与坦克运动方向相同的切向（即平行于地面的方向）反作用力，叫牵引力。以符号 $P$ 表示。它是由于履带板与地面在切线方向上相互作用而产生的。如图 6-1 所示。

当发动机扭矩传到主动轮时，主动轮上便产生一个拉履带的力，使下支履带有从负重轮下被抽出的趋势。由于下支履带被坦克压得很紧，在一般地面上履带板筋条被压入地面而与地面啮合。当履带被向后抽动时，履带就给地面一个水平向后的作用。根据作用与反作用定律，这时地面必给下支履带一个水平向前的切向反作用力，它与坦克运动方向相同，推动坦克运动，即是牵引力 $P$。

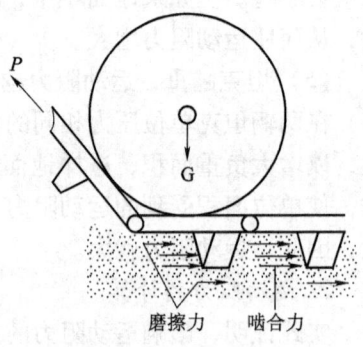

图 6-1 牵引力的产生

牵引力是由履带板与地面的啮合力和摩擦力组成的。在坚硬的路面上，由于履带板筋条与地面啮合的很浅，这时摩擦力是牵引力的主要成分；在松软的地面上，由于履带板筋条能压入地面，啮合较深，这时啮合力是牵引力的主要成分。

坦克负重轮中，只有后负重轮产生对车体的推力。因为其他负重轮下边的履带是水平的，取负重轮下边一段履带作受力对象的话，则这段履带两端受力大小相等，方向相反相互平衡，因此不能产生向前的推力。后负重轮由于其下边的履带有一后倾角 $\gamma$，其两端的力不能平衡，因此能产生推力。

**2. 坦克匀速运动时牵引力大小的确定**

牵引力的大小，不仅与发动机拉履带力的大小有关，同时也与地面的附着条件有关。当地面附着条件良好时，发动机拉履带的力有多大，地面就能保证给下支履带多大的切向反作用力。这时牵引力的大小就由发动机拉履带的力大小来决定；当地面附着条件差时，地面不能保证给下支履带提供足够的切向反作用力，发动机拉履带的力大到一定程度，地面被破坏，履带就要打滑，发动机拉履带的能力就不能充分发挥。这时牵引力的大小，就由地面能提供的最大切向反作用力来决定。所以，我们还需对发动机拉履带的力，以及地面能提供的最大切向反作用力作进一步地讨论。

(1) 发动机牵引力 $P_f$

① 什么是发动机牵引力

坦克匀速行驶时，发动机的扭矩传到主动轮，通过主动轮对履带所产生的拉力，叫发动机牵引力。

② 发动机牵引力的计算

发动机牵引力的大小可用下式确定：

$$P_f = Me \cdot l_{zo} \cdot \eta_{zo} / r_z$$

式中，$Me$——发动机扭矩；
$l_{zo}$——坦克总传动比；
$\eta_{zo}$——坦克总效率；
$r_z$——主动轮半径。

表6-3 59式坦克各挡各转速下的总效率、发动机牵引力和速度

| 发动机转速/（r·min⁻¹） | | 600 | 800 | 1 000 | 1 200 | 1 400 | 1 600 | 1 800 | 2 000 |
|---|---|---|---|---|---|---|---|---|---|
| 发动机功率/马力 | | 165 | 238 | 312 | 382 | 443 | 489 | 517 | 520 |
| 发动机扭矩/（kgf·m） | | 196 | 213 | 223 | 228 | 226 | 219 | 205 | 186 |
| 一挡 $l_{zo}=28.48$ | 总效率 | 0.805 | 0.798 | 0.794 | 0.785 | 0.776 | 0.768 | 0.755 | 0.736 |
| | 牵引力/kgf | 15 870 | 17 100 | 17 810 | 18 000 | 17 640 | 16 920 | 15 570 | 13 770 |
| | 速度/（km·h⁻¹） | 2.25 | 3.00 | 3.75 | 4.50 | 5.24 | 6.00 | 6.74 | 7.50 |
| 二挡 $l_{zo}=13.29$ | 总效率 | 0.796 | 0.789 | 0.782 | 0.776 | 0.760 | 0.750 | 0.735 | 0.714 |
| | 牵引力/kgf | 7 330 | 7 890 | 8 190 | 8 310 | 8 070 | 7 710 | 7 080 | 6 220 |
| | 速度/（km·h⁻¹） | 4.82 | 6.42 | 8.03 | 9.63 | 11.24 | 12.84 | 14.45 | 16.10 |
| 三挡 $l_{zo}=9.49$ | 总效率 | 0.795 | 0.788 | 0.776 | 0.766 | 0.752 | 0.740 | 0.720 | 0.698 |
| | 牵引力/kgf | 5 220 | 5 630 | 5 800 | 5 860 | 5 710 | 5 440 | 4 950 | 4 350 |
| | 速度/（km·h⁻¹） | 6.75 | 9.00 | 11.24 | 13.50 | 15.70 | 18.00 | 20.20 | 22.50 |
| 四挡 $l_{zo}=6.78$ | 总效率 | 0.786 | 0.774 | 0.763 | 0.750 | 0.736 | 0.720 | 0.700 | 0.678 |
| | 牵引力/kgf | 3 690 | 3 950 | 4 080 | 4 100 | 4 000 | 3 780 | 3 440 | 3 020 |
| | 速度/（km·h⁻¹） | 9.44 | 12.59 | 15.74 | 18.90 | 22.00 | 25.18 | 28.32 | 31.47 |
| 五挡 $l_{zo}=4.31$ | 总效率 | 0.772 | 0.758 | 0.740 | 0.722 | 0.707 | 0.687 | 0.660 | 0.635 |
| | 牵引力/kgf | 2 310 | 2 460 | 2 520 | 2 510 | 2 440 | 2 300 | 2 070 | 1 800 |
| | 速度/（km·h⁻¹） | 14.82 | 19.76 | 24.70 | 29.64 | 34.58 | 39.52 | 44.45 | 49.40 |

注：马力、千克力（kgf）为非法定许用单位，1马力≈735.50W，1kgf≈9.8N。

③ 影响发动机牵引力大小的因素

发动机扭矩大，发动机牵引力也大。

发动机扭矩大，传给主动轮上的扭矩就大，主动轮拉履带的力也大，所以发动机牵引力大。发动机部分供油时，扭矩小，发动机牵引力也小。驾驶中，应尽量使发动机沿外特性工作，并经常保持在使用转速。这样不但能提高坦克平均运动速度和通行能力，也能充分利用发动机的适应性，还能改善发动机的经济性。驾驶中，尽量避免发动机长时间在部分供油的情况下工作。

总传动比大，发动机牵引力就大。

总传动比大，在发动机扭矩相同时，主动轮上的扭矩就大，所以发动机牵引力也大。因此，在起车、爬坡、急转向以及在阻力大的难行路面上行驶时，都用低挡。驾驶中，适时地

换挡以改变发动机牵引力,可以提高坦克的运动速度和通行能力,还可保证发动机沿外特性在使用转速下工作。

坦克总效率大,发动机牵引力就大。

坦克总效率包括动力装置、传动装置以及行动部分的效率。动力装置的效率,主要是考虑了空气滤清器和风扇等消耗的功率。因为发动机的有效功率是在试验台上测得的,而在试验台上测功率时,没有装空气滤清器和风扇。发动机装到坦克上,增加了空气滤清器和风扇,就要多消耗功率。在使用中,对风扇传动装置正确地润滑保养,及时地清洗空气滤清器,是提高坦克动力装置效率的一个重要途径。

传动装置的效率,主要是考虑各啮合的齿轮对的摩擦、各轴承的摩擦、各运动机件搅动机油等消耗的功率。正确地润滑、调整、紧固,适时地清洗保养,是提高传动装置效率的主要方法。

行动部分的效率,主要是考虑了主动轮轮齿与履带啮合的摩擦、履带销与孔销之间的摩擦、负重轮在履带上的滚动摩擦等消耗的功率。履带松紧适当,驾驶中避免严重颠震,可以提高履带推进装置的效率。

主动轮半径越小,发动机牵引力越大。

发动机传到主动轮上的扭矩是一定的,这个扭矩的大小,等于主动轮拉履带的力与主动轮半径的乘积,半径小,主动轮拉履带的力就要相应的增大。

坦克的主动轮半径是固定的,一般情况下,不可能用改变主动轮半径的方法来改变发动机牵引力。

(2) 附着力 $P_\phi$

① 什么是附着力

地面所能提供给坦克下支履带的最大切向反作用力,即某种坦克在该路面上的附着力。也可以说,主动轮拉履带,使地面将要破坏时,地面所提供的切向反作用力,即某种坦克在该路面上的附着力。

② 附着力的计算

附着力的大小,与坦克的履带结构、附着重力的大小及地面性质有关。

所谓附着重力,即坦克重力垂直于地面的分力,也等于两条履带对地面的正压力。坦克在平地上,坦克重力就等于坦克的附着重力,但在坡上,附着重力小于坦克重力。附着重力的大小称为附着重量。

对于结构一定的坦克来说,附着力的大小,主要决定于坦克附着重量和地面性质。实验证明,附着力的大小,与坦克附着重量成正比,附着重量越大,给予地面的压力越大,附着力就越大。因此在平地上坦克的附着重量等于坦克重量,所以,可用下式计算附着力。

$$P_\phi = \phi \cdot G$$

式中,$\phi$——附着系数;

$G$——坦克重力。

$\phi$ 是一个比例系数。在数值上,它等于坦克单位附着重量的附着力。对于履带结构相差不多的各型坦克来说,$\phi$ 是一个仅与地面性质有关的系数,它的大小,就反映了坦克在该路面上的附着力的大小。$\phi$ 大附着力大;$\phi$ 小,附着力小。现将各种路面的附着系数列于下表6-4之中,供计算时参考。

表 6-4  各种路面的附着系数

| 地面性质 | 附着系数 φ | 地面性质 | 附着系数 φ |
|---|---|---|---|
| 水泥路 | 0.3~0.40 | 收后耕地 | 0.65 |
| 柏油路 | 0.74~0.80 | 新耕作地 | 0.70 |
| 良好土路 | 0.80~1.00 | 水稻田 | 0.30~0.50 |
| 普通土路 | 0.85~0.95 | 沼泽地 | 0.30~0.40 |
| 松软土路 | 0.64 | 雪地 | 0.20~0.90 |
| 高等卵石路 | 0.75~0.80 | 压雪地 | 0.17~0.47 |
| 碎石路 | 0.60~0.80 | 冰冻地 | 0.20~0.30 |
| 泥泞路 | 0.50~0.60 | 干沙地 | 0.45~0.60 |
| 草地 | 0.90~1.10 | 湿沙地 | 0.74~0.88 |
| 普通卵石路 | 0.60~0.85 | 荒草地 | 0.52~0.84 |

③ 影响附着力大小的因素

A 地面性质

若履带板的筋条能够压入地面，而地面又不易破坏，这种地面的附着力就大。如草地，履带板筋条能压入地面，当履带向后抽动时，不易把草根剪断而使地面破坏，所以草地的附着系数较大。有些很坚硬的路面，如水泥路、冰冻地等，履带板筋条不易压入地面，只靠摩擦力阻止下支履带被抽出这种地面的附着系数就小。还有的地面很松软，虽然履带板筋条能压入地面，但下支履带向后抽动时，地面很容易破坏，如泥泞路、沼泽地等，这种地面的附着系数也较小。

坦克在附着力很小的路面上行驶时，加油要适当，以保证坦克能顺利通过为宜。加油过大、过猛时，由于发动机牵引力过大，容易破坏地面，会使附着力进一步减小，更不利于坦克运动。对于较短的滑溜地段可铺设一些简便器材，以改善地面的附着条件，使坦克顺利通过；对于很短的滑溜地段，还可用部分动能法通过。

B 坦克重量大，附着力就越大

坦克越重，附着重力也越大，单位压力相同的条件下，下支履带受力面积就大，下支履带就越不容易从负重轮下抽出来，因而附着力就大。

C 履带板结构

适当地增多或加高履带板的筋条，可以增大附着力。但筋条过高、过多，容易使路面破坏，附着力反而减小。为增大附着力，可在履带上安装适当数目的防滑板（每侧装 6-8 块，如装的太多，容易破坏路面，附着力反而下降）。

D 单位压力

单位压力大，容易破坏地面，附着力下降。因此对于容易打滑或淤陷的地段，可铺些木板、树干一类的简便器材，可以减小坦克对地面的实际单位压力，又可改变地面性质，有助于增大附着力；单位压力小，筋条又不易压入地面，啮合力小，附着力也小。

E 行驶速度高，附着力小

行驶速度高，履带压地面时间短，筋条压入地面浅；速度高时，履带会剧烈地撞击地面，地面容易破坏。因此，行驶速度高，附着力会有少许的下降。

（3）牵引力大小的确定

发动机牵引力，是坦克产生牵引力的内因。没有它，下支履带就不会被拉紧，地面也不会给下支履带以向前的切向反作用力。附着力是坦克产生牵引力的条件，没有这个条件，地面就不能提供切向反作用力，发动机牵引力也就失去存在的前提。但牵引力的大小由谁来决定，这就需要对于具体情况作具体的分析。

当发动机牵引力小于地面的附着力时，坦克的牵引力就由发动机牵引力来决定。因为发动机对履带只能产生那么大的拉力，地面也只能给下支履带以与此拉力大小相等的切向反作用力。

当发动机牵引力大于地面的附着力时，坦克的牵引力就由附着力来决定。因为尽管发动机可以产生很大的拉力，但地面不能提供那么大的切向反作用力，这就限制了发动机牵引力的发挥，坦克牵引力也只能达到附着力那么大。这时，牵引力就由附着力来决定。

由此可以得出结论：发动机牵引力与附着力中哪一个数值小，哪一个就是坦克牵引力的数值。

3. 增大牵引力的方法

牵引力是推动坦克运动的力，它越大，坦克起车和冲车就越快。一般情况下，驾驶中应尽量增大牵引力。

由牵引力大小的确定因素可知，增大牵引力必须从两方面考虑；当地面性质很好，主要矛盾是发动机牵引力时，需要增大发动机牵引力；当地面性质不好，主要矛盾是附着力时，需要增大附着力。

（1）主要矛盾是发动机牵引力时，驾驶中增大牵引力的方法有

① 增大发动机供油量，以增大发动机扭矩来增大发动机牵引力，从而增大牵引力。

供油量大，发动机扭矩就大，传到主动轮上的扭矩也大，主动轮对履带拉力就大，因此，产生的牵引力就大。

② 换入低速挡。

③ 装有二级行星转向器的坦克也可拉到第一位置，增大总传动比来增大发动机牵引力，以增大牵引力。

因此，在起车或行驶中，发现发动机负荷过重时，首先应加油。若负荷仍然过重，装有二级行星转向器的坦克，可将两根操纵杆同时拉到第一位置（但行驶距离不得超过150 m）或换入低速挡。

④ 用操纵杆起车，以增大牵引力。

用操纵杆起车比用主离合器起车产生的牵引力大。因为用操纵杆起车，起车前行星转向器的闭锁离合器主动部分以前的机件都已旋转起来，这样在结合闭锁离合器起车时，这些机件都不消耗发动机扭矩，因而使传到主动轮上的扭矩增大。另外，这些旋转机件在闭锁离合器接合时，由于外界负荷的作用，它们将作减速旋转，这时这些旋转机件便产生惯性力矩，而且惯性力矩的方向与发动机扭矩方向相同，能帮助起车，因而使牵引力增大，而用主离合器起车，在起车前，主离合器被动部分以后的机件都是静止的，当接合主离合器起车时，发动机扭矩还要克服这些机件加速旋转时的惯性力矩，因而使传到主动轮上的扭矩减小，所以牵引力也较小。这就是为什么有时用主离合器不能起车而用操纵杆能起车的原因。

⑤ 减小主动轮的工作半径，增大发动机牵引力，以增大牵引力。

坦克自救时可采用此方法。

（2）附着力是主要矛盾时驾驶中增大牵引力的方法有

① 垫车辙或其他简便器材以改变地面的性质和对地面的单位压力，从而增大附着力来增大牵引力。

② 增高履带板筋条的高度，如安装适当数目的防滑板、反装适当数目的履带板，或履带上固定圆木来增大附着力，以增大牵引力。

③ 加油要平稳、适当，以保证不破坏地面为宜。若加油过猛，履带会剧烈撞击地面而使地面被破坏。加油量过大，会使发动机牵引力大于地面附着力，地面也易被破坏。地面被破坏后，附着力就会降低，因而使牵引力减小。因此通过附着力小的地面时，加油要平稳、适当。

## 二、坦克在坡上直线运动

为了熟练、正确地掌握坦克上下坡和侧倾坡驾驶的技能，提高坦克的机动性，必须了解坦克在坡上运动的原理。

### （一）坦克在坡上运动时的作用力

已知坦克在平地直线运动时，作用在坦克上的力有重力、地面法向反作用力、牵引力、滚动阻力、惯性力等。坦克在坡上运动时，平地直线运动时作用在坦克上的各力，都随着坡度不同而变化，其中变化最大的就是重力。

1. 重力（$G$）

在坡上坦克的重力可分解为垂直于坡面和平行于坡面的两个分力。垂直于坡面的分力叫附着重力，平行于坡面的分力叫上坡阻力（下坡时叫下滑力，侧倾坡时叫侧滑力）。所以坦克在坡上实际上受附着重力和上坡阻力（下坡时为下滑力，侧倾坡时为侧滑力）的作用，如图 6-2 所示。

（1）附着重力（$G_{附}$）。

附着重力作用在坦克重心上，方向垂直于坡面（图 6-2 所示），其大小随坡度的大小的变化而变化。坡度增大，附着重力减小；坡度减小，附着重力增大。坡度每变化 1°，附着重力的变化约等于坦克重力的千分之五。例如，59 式中型坦克在坡上运动时，若坡度角为 10°，附着重力约为 343 kN，若坡度为 30°时附着重力约为 304 kN。

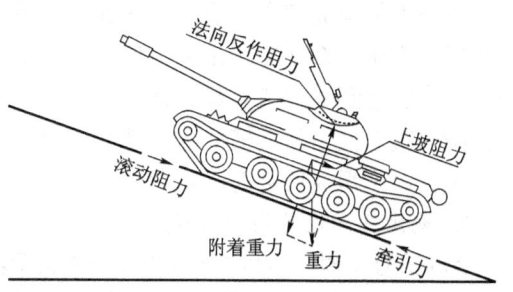

图 6-2　坦克上坡运动时的作用力

（2）上坡阻力（$G_{上}$）、下滑力（$G_{下}$）和侧滑力（$G_{侧}$）。

它们都作用在坦克重心上，方向与坡面平行并指向下坡，大小随着坡度的大小而变化。坡度增大，它们随之增大；坡度减小，它们随之减小。坡度每增加 1°，它们约按坦克重量的六十分之一增大。例如 59 式中型坦克上坡时，若坡度为 10°，上坡阻力约为 59 kN；若坡度为 30°，上坡阻力约为 176 kN。上坡阻力、下滑力和侧滑力对坦克运动有很大影响。

**上坡阻力：**

它与坦克运动方向相反，阻碍坦克运动。图 6-2 所示。坦克上坡时，除克服滚动阻力外,还要克服上坡阻力。滚动阻力加上上坡阻力就是运动阻力($R_运$)。上坡运动时,运动阻力随着坡度的增大而增大。因此,所需牵引力也越大。

**下滑力:**

它与坦克运动方向相同,促使坦克运动。(图6-3所示)

坡度大于5°~7°时,下滑力就大于滚动阻力而使坦克自动下滑(坡面为良好土路的5°下坡,滚动阻力约为25 kN,而下滑力约为30 kN)。因此,利用小下坡起车、换高速挡,有利于提高平均运动速度。但当坡度增大,下滑力促使坦克作加速运动时,若运动速度太快,就有可能使坦克失去控制。因此,为了安全地通过长下坡必须根据下滑力的大小选用适当排挡,并采取适当的制动方法和转向方法。

**侧滑力:**

坦克在侧倾坡上运动时,产生侧滑力和横向阻力。(图6-4所示)

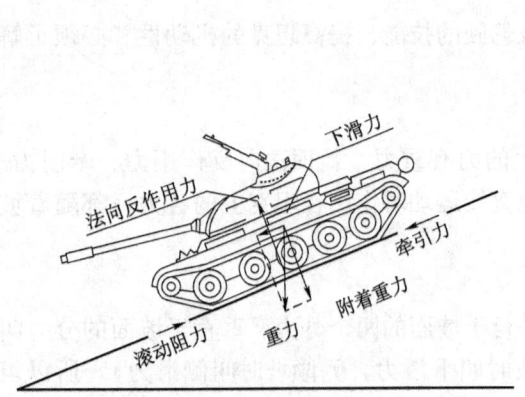

图6-3 坦克下坡运动时的作用力

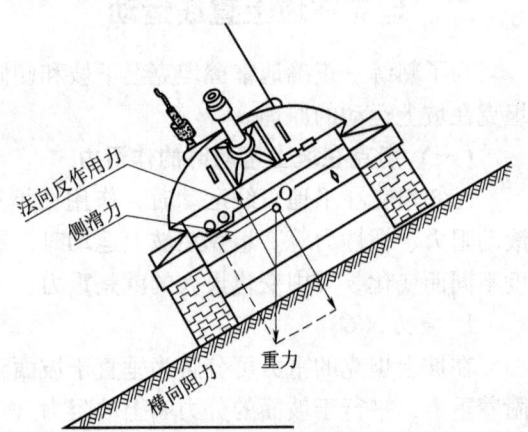

图6-4 坦克侧倾坡运动时的作用力

侧滑力使坦克横向下滑时,地面产生阻止横滑的力叫横向阻力。横向阻力与侧滑力的方向相反,它作用在下支履带上,坦克不完全侧滑时,其大小等于侧滑力,随着侧滑力的大小变化,直到达到最大值。最大横向阻力的大小与地面附着情况和附着重力有关。附着情况好,附着重力大,最大横向阻力就大;反之则小。当坡度增大到一定限度使侧滑力大于最大横向阻力时,坦克便会完全侧滑。

**2. 地面法向反作用力($Q$)**

坦克在坡上时,地面法向反作用力垂直于坡面,与附着重力大小相等、方向相反,但不作用在一条直线上,作用点在重力作用线与下支履带的交点上,坡度越大,作用点向下坡偏移越远。

**3. 滚动阻力($R$)**

坦克在坡上时,由于附着重力小,所以滚动阻力比平地小。坡度越大,滚动阻力越小。但坦克上坡时,上坡阻力增大的数值比滚动阻力减小的数值要大的多。例如59式中型坦克在坡面为良好土路的20°的上坡上运动时,上坡阻力为118 kN,而滚动阻力仅比平地减少了2.5 kN。所以随着坡度的增大,运动阻力也增大。

**4. 牵引力($P$)**

坦克在上坡时,随着坡度的增大,上坡阻力越来越大,要求发动机牵引力也相应增大,所以在上坡前要根据坡度的大小换入能通过的排挡,并加大发动机供油量。但随着坡度的增加，附着重力越来越小，所以附着力也越来越小。坦克在附着条件不好的坡面上行驶，履带很容易打滑。为防止上坡时发动机负荷过重和履带打滑，应在坦克上坡前应对正方向，尽量避免在坡上进行大角度、小半径、长时间转向，必须转向时，应作大半径的短促分离转向或短促制动转向。

5. 惯性力（$P_{惯}$）

惯性力（$P_{惯}$）和平地一样，只是方向和坡面平行。

### （二）坦克的稳定性

坦克在静止或运动时，保证不翻车的能力，叫做坦克的稳定性。坦克的稳定性又分纵向稳定性与横向稳定性。稳定性的好坏一般以稳定角来衡量。坦克的稳定角大，稳定性就好，就不易翻车。

坦克在坡上时，若重力作用线未超出履带支撑面，就不会翻车。当坡度增大到一定值时，重力作用线就会超出履带支撑面，坦克就会翻车。坦克在坡上不致于翻车的最大坡度角叫坦克的稳定角，是由坦克的结构决定的。

1. 坦克纵向稳定性

坦克在上、下坡上运动时否容易翻车，用纵向稳定性来评定，纵向稳定性的好坏，用纵向稳定角（$\alpha_1 \alpha_2$）来衡量。纵向稳定角的大小是由坦克结构决定的（图6-5所示）。履带着地长（$AC$）越长，重心高度（$h$）越低且在车长的中间位置，纵向稳定角越大，坦克的纵向稳定性就越好。

现代坦克纵向稳定角都比较大，一般在50°～70°之间，如59式中型坦克纵向稳定角为56.83°。当通过坦克技术性能以内的坡度时，若操作正确，一般不会翻车。若操作不当，或遇到障碍物而使坦克急剧减速，产生很大的惯性力时，也会使坦克造成翻车。例如坦克通过陡下坡时，若采取紧急制动，或在空挡下滑速度很快，同时又遇到凸出地面的地物时，会使坦克急剧减速产生一个很大的惯性力（图6-6），当惯性力与重力的合力作用线超出下支履带支撑面时，也会造成翻车。

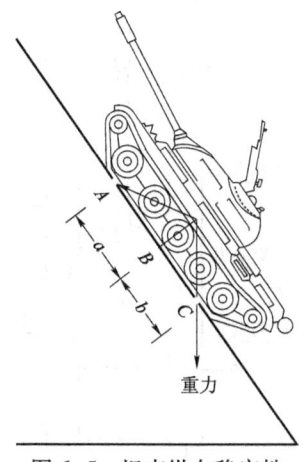

图6-5 坦克纵向稳定性

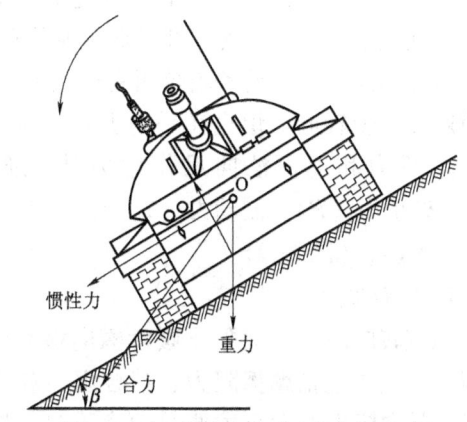

图6-6 坦克下坡碰到凸起部而翻车

2. 坦克的横向稳定性

坦克在侧倾坡上运动是否容易翻车，用横向稳定性来评定。横向稳定性的好坏，用横向稳定角（$\beta_1$或$\beta_2$）来衡量。横向稳定角的大小也是由坦克的结构决定的（图6-7）。坦克车体越宽，重心高度（$h$）越低且在车宽的中间位置，横向稳定角越大，坦克的横向稳定性就越好。现代坦克的横向稳定角一般都在45°～60°之间，如59式中型坦克的横向稳定角为46.94°。由于地面附着条件的限制，坦克不可能在这样大的侧倾坡上行驶。坦克横向翻车多为一侧履带掉入沟内，或遇到障碍侧滑时，因急剧减速而产生很大的惯性力，使惯性力与重力的合力作用线超出下支履带支撑面而造成翻车（图6-8）。因此在侧倾坡上驾驶，应选择坡角不大、路面平坦、附着条件好的地段通过。尽量避免转向，特别应避免向坡上急转向。若坦克在侧倾坡上转向发生横滑时，应立即停止转向或向相反方向转向。若行驶中发生横向下滑时应向坡下转向，使横向下滑变为纵向运动。

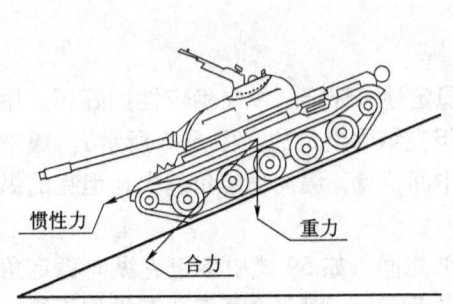

图6-7 坦克横向稳定性

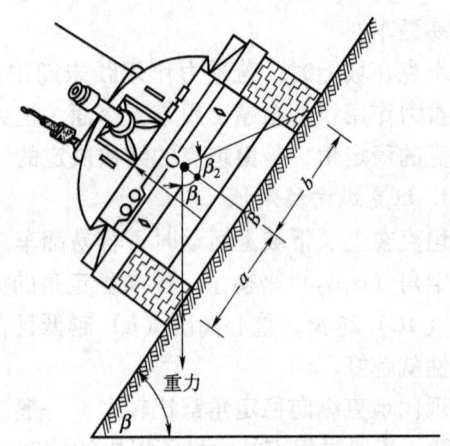

图6-8 坦克侧滑碰到凸起部而翻车

## 三、坦克转向

### （一）坦克在平地上转向时的作用力

坦克转向是由两条履带的速度差形成的。若一条履带以低速运动或停止不动（此条履带叫低速履带），另一条履带以高速运动（此条履带叫高速履带），坦克就会向低速履带一侧转向。坦克在平地上转向时，除作用在坦克上的重力和地面法向反作用力外，还有转向阻力（$F$）、牵引力（$P$）、制动力（$T$）滚动阻力（$R_滚$）和离心力（$P_离$），（图6-9）。

**1. 转向阻力**

坦克转向时，地面阻止履带横向移动的力，叫做转向阻力。主要包括摩擦阻力、啮合阻力和土壤堆积阻力组成。转向阻力的大小主要与坦克重量、地面性质、转向半径等因素有关。坦克重量大，地面松软易被履带筋条压入又不易被破坏，转向阻力就大，转向半径小，反之，转向阻力就小，转向半径大（图6-10）。

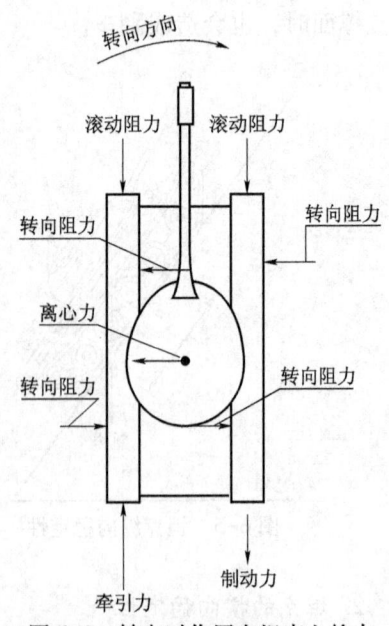

图6-9 转向时作用在坦克上的力

摩擦阻力：由于转向时下支履带与地面有横向相对移动，因此它们之间便有摩擦阻力，其大小与下支履带所受正压力大小及履带和地面间的摩擦系数有关。

啮合阻力：在较松软的地面上转向时，下支履带的突出部分，如履带板筋条、防滑板或履刺等，都会压入地面。当坦克转向时，它们便挤压和剪切土壤而造成阻力，这就是啮合阻力。对于重量一定的坦克来说，啮合阻力的大小与地面性质、履带板结构及转向半径大小有关。若履带板筋条、履刺、防滑板等易压入地面，而地面抗挤压剪切能力又强的地面，啮合阻力就大。如草地，坦克转向时履带筋条要剪断盘根错节的草根才能使履带产生横向滑移，因此受到的啮合阻力就大。而在泥泞路上，虽然履带板筋条也能压入地面，但泥泞土壤抗挤压、剪切的能力差，故转向阻力小。履带板筋条高又比较密，则压入地面深，剪切挤压土壤面积大，因此啮合阻力也大。因此在装防滑板或防滑履刺时，在保证附着力的情况下，应尽量少些。驾驶中如果条件允许，应尽量用大半径转向，因为这样可以减少转向阻力，减轻发动机负荷。

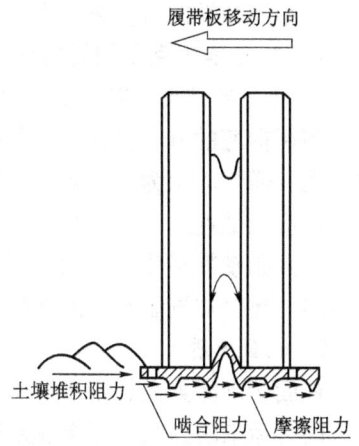

图 6-10 转向阻力的形成

土壤堆积阻力：在松软地面上转向时，履带两侧将堆积起被履带刮起的土壤，转向时履带要推动它一起移动，这样形成的阻力叫土壤堆积阻力。它是坦克在松软地面上转向的主要阻力。坦克原地转向时可以很直观地看到，坦克转角越大，则刮起的土堆越大，因而土壤堆积阻力越大。另外，土壤堆积阻力在履带上也不是均匀分布的，越靠履带两端，土壤堆积阻力越大。驾驶中原地转向时随转角的增大土壤堆积阻力也增大，有时会造成发动机负荷过重，甚至熄火。为此驾驶员在听到发动机负荷过重的声音时，应松回操纵杆，使坦克直线行驶半个车长，使前、后半段履带离开土堆再进行转向，以减小土壤堆积阻力，避免发动机熄火。

2. 牵引力

转向时，由于低速履带的动力被切断（第一位置转向除外），发动机扭转力矩全部传给了高速履带，所以牵引力作用在高速履带上。

3. 制动力

转向时，被制动的履带仍随车体向前滑移，此时地面阻止履带滑移的力，叫做制动力。制动力作用在低速履带上，其方向和牵引力相反，大小与地面附着情况和制动带抱紧制动鼓的程度有关。地面附着情况良好，制动带抱制动鼓越紧，制动力就越大（最大值可达 $P_{附}/2$）；反之则小，分离转向时，低速履带上的滚动阻力起制动力的作用。

4. 滚动阻力

转向时，作用在高速履带上的滚动阻力起阻碍转向的作用，作用在低速履带上的滚动阻力起制动作用，有助于坦克转向。

5. 离心力

凡物体转动（圆周运动）时，都会产生由圆心向外的力，这个力叫做离心力。坦克转向时，同样受离心力的作用，它作用在坦克重心上。离心力的大小与高速履带速度和转向半径等因素有关。高速履带速度大、转向半径小，离心力就大；反之则小。因此在溜滑地面上作高速小半径转向时,离心力可使坦克横滑。

**(二) 影响坦克平地转向时所需牵引力和所需制动力的因素**

1. 转向半径大,则所需牵引力和所需制动力小

当用彻底的分离转向时,所需牵引力和所需制动力最小,这时所需牵引力与直线行驶一样,而所需制动力为零。当进行原地转向时,所需牵引力和所需制动力最大。因此进行原地转向时应用低速挡,并适当加大油门,以免发动机负荷过重而造成熄火。转向时应先把转向一侧的大制动鼓抱住,然后再平稳加油。如果先加油后抱制动鼓,往往抱不住而达不到预期的转向,还会加剧制动鼓的磨损,减少其使用寿命。

2. 地面性质

地面运动阻力大,则所需牵引力增大,所需制动力减小。

因为运动阻力大,则高速履带必然发出较大的牵引力来克服运动阻力。由于运动阻力对低速履带起制动作用,所以可以帮助制动低速履带,因此所需牵引力增大,所需制动力减小。当坦克进行某一半径转向时,地面阻力大到一定值时可不需要制动力,而只靠低速履带的运动阻力便可达到需要的制动效果,这时制动为零。当地面阻力大而转向半径又大时,可能不但不需要制动力,这时低速履带还需要提供牵引力才能保证大半径转向。坦克上大坡进行大半径转向时便属于这种情况,此时油门不动,低速履带侧的操纵杆应拉到半分离位置并且快拉快松。

3. 履带中心距越宽,所需牵引力和所需制动力越小

因为履带中心距是转向力矩的力臂,在地面转向阻力矩一定的情况下,转向力矩的力臂长,则所需牵引力和所需制动力就小。

4. 履带着地长越长,所需牵引力和所需制动力越大

对于结构一定的坦克来说,履带着地长也是一定的,但在实车驾驶中,履带的实际着地长和着地点的分布却是随地形的变化而变化的。如图 6-11 所示,坦克在凸起地形上转向,转向阻力都集中在下支履带的中间,这样就减小了转向阻力矩的力臂,使转向阻力矩减小,因而使所需牵引力和所需制动力减小。这就是在凸起地形上坦克转向容易的原因,因此在驾驶中应注意利用凸起地形转向。而在洼坑里转向,转向阻力集中到下支履带两端,增大了转向阻力矩的力臂,使转向阻力矩增大,因而所需牵引力和所需制动力就大。这就是坦克在洼坑里转向比较困难,而且发动机容易熄火的原因。因此驾驶中应尽量避免在洼坑里转向。

图 6-11 转向时力矩臂的变化(地形对转向的影响)

5. 坦克重量越大,所需牵引力和所需制动力就越大

因为转向阻力与坦克重量成正比,所以坦克越重,转向阻力越大,所需牵引力和所需制动力就越大。

### （三）坡上转向

**1. 坡上转向时，坡度角对所需牵引力和所需制动力的影响**

（1）坦克上坡转向时所需牵引力要比平地转向时所需牵引力大，而且上坡角越大所需牵引力增大越多。这就是上坡转向时发动机容易负荷过重，甚至造成熄火的原因，也就是驾驶规则中规定上陡坡时尽量避免转向尤其是大角度制动转向的依据。

驾驶中遇有较陡的上坡时，应在坡下对正方向，上坡后尽量避免转向或少转向。如果必须转向，应作短促分离转向。因为分离转向时没有制动力，所需牵引力小，可减轻发动机的负荷。

坦克上坡转向时，所需制动力随上坡角的增大而减小。由于上坡阻力是帮助低速履带进行制动的，所以上坡时所需制动力小，因此驾驶员操作比较方便，不必用很大力气去制动就可以达到预定的转向。

（2）因为坦克下坡时下滑力的影响，所以下坡时所需牵引力随坡角的增大而减小，当坡度角大到一定值时，可以不需要牵引力，若坡度再陡，还需要提供制动力。坦克下坡转向时所需制动力随坡角增大而增大。因此驾驶员在下坡转向时操作比较费力。

**2. 下坡反转向**

所谓反转向就是拉一侧操纵杆坦克却向另一侧转向的现象，叫反转向。

反转向必须具备两个条件：一是发动机制动（或联合制动）；另一个条件是必须用分离转向，二者缺一不可，由于坦克下坡时容易具备这两个条件，驾驶中又常在下坡时使用反转向，所以常说"下坡反转向"。实际上在平地行驶的坦克如果操作不当也会出现反转向，如高速行驶中遇到险情突然减油再拉分离转向，就会形成反转向。这种情况应当尽量避免。

当使用发动机制动时，如右侧操纵杆拉到分离位置，左侧操纵杆在原始位置，因为右侧履带切断了与发动机的联系，此时发动机制动力都作

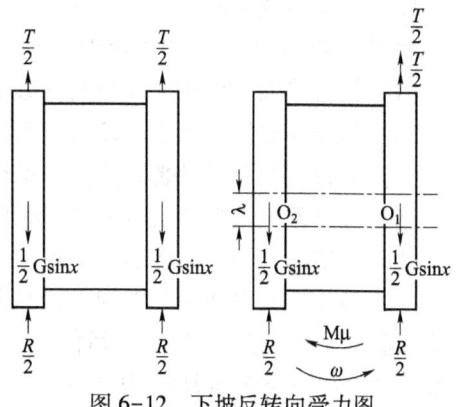

图 6-12　下坡反转向受力图

用在了左侧履带上，在下滑力的作用下，右侧履带则变成了高速履带，而左侧履带成了低速履带。所以坦克向左转向即形成了反转向。这与正常转向方向刚好相反。

坦克在平地上行驶时如果处于发动机制动状态，再用分离转向也会形成反转向，这种情况应当避免，减少事故的发生。如高速行驶时遇到突然情况立即减油，再进行分离转向，本想躲开可能出事地点，但由于反转向反而驶向该处，因此易出事故。这就是驾驶中规定分离转向一定要平稳加油的道理。

**3. 侧倾坡转向**

坦克在侧倾坡上转向在刚开始转向时比平地容易，尤其是向坡下转向就更容易。和上坡转向相比，不需要有上坡转向那样大的牵引力，和下坡转向相比，也不需要有下坡转向那样大的制动力。当坦克向坡上转向时，随着转角的增大，不但有侧滑力的作用，还有上坡阻力的作用。而且上坡阻力随转角的增大而增大，侧滑力随转角的增大而减小。它的转向特点是逐步向上坡转向过渡，即所需牵引力越来越大，所需制动力越来越小。

当坦克向坡下转向时，随着转向的增大，会逐渐出现下滑力，而且下滑力随转角的增大而增大，侧滑力随转角的增大而减小。它的特点是逐步向下坡转向过渡，即所需制动力越来越大，所需牵引力越来越小。

在侧倾坡驾驶中，由于向坡下转向较容易，因此用分离转向即可达到一般的转向效果；当向坡上转向时，连续的角度不宜过大，尤其避免向坡上急转向。若向坡上转向很困难，由于地形限制又必须急转向时，可挂倒挡向坡下转向，待对正预定方向后，再挂前进挡直线行驶。

坦克在侧倾坡上行驶时，尽量不要停车、摘挡或熄火。因为59式坦克的主离合器是横向布置的，在侧倾坡上发动和起车前原地挂挡时，主离合器摩擦片不可能彻底分离，所以发动和原地挂挡很困难，坦克不能迅速起车。

## 第二节　基础驾驶

### 一、发动机的启动和熄火

#### （一）发动机的启动

1. 启动前检查和准备

对于长期停放的59式中型坦克。在启动发动机前必须进行以下检查和准备工作：

（1）检查柴油、机油、冷却液的数量和质量是否符合标准；
（2）检查各油管、水管连接处有无渗漏现象；
（3）检查喷油泵操纵装置的工作是否灵活可靠；
（4）检查蓄电池容量是否充足，必要时检查高压空气瓶内的气压是否符合标准；
（5）将柴油分配开关接通任一组柴油箱，通常应先使用外组柴油箱；
（6）当外界气温低于5℃时，应按规定进行加温，使冷却液温度达到80℃~90℃时，再使加温器持续工作5~10 min后停止，当外界气温低于-30℃时，发动机应加温两次，每次都要将冷却液温度加温至80℃~90℃，并持续工作5~10 min，两次加温的间隔时间为10 min，以使热量传给发动机曲轴轴承；
（7）排除燃料供给系内的空气；
（8）建立初始油压。

按下电动机油泵按钮（每次按下电动机油泵按钮的时间不应超过3~5 s，总时间不应超过1 min），必要时可在启动预润泵工作之后，再按下启动按钮，使发动机曲轴在不供油的情况下转动若转。在冬季，此项工作在加温器持续工作期间进行。若数次接通电动预润泵，不得超过6次，油压表仍不指示油压时，则加温器应继续加温。所指示油压不低于 $2~kg/cm^2$ 时，即可启动发动机。

启动前按下电动机油泵按钮和不供油按下启动按钮使曲轴空转数秒钟非常重要。因为长期停放的坦克，不论是在冬季还是在夏季，发动机的汽缸、活塞和旋转零件的摩擦表面都缺少润滑油。只有先接通电动机油泵进行泵油，才能使各摩擦表面充满机油得到润滑，并通过转动曲轴使其形成油膜，以改善润滑条件，减少零件磨损。否则会使发动机各摩擦表面（特别是曲轴轴承）因为润滑不良而加剧磨损，影响发动机的使用期限。但应注意，按下电动机油泵按钮的时间不宜过长，机油压力不宜过大，以免未经滤清的机油过多地进入曲轴。停止工作时间不长的发动机，启动前不需进行这项准备工作。

2. 启动要领

（1）电启动

① 接通电路总开关；

② 踏下主离合器踏板；

③ 检查变速杆是否在空挡位置；

④ 发出警报信号；

⑤ 按下启动按钮，稍加油，发动机启动后立即松开启动按钮。（按下启动按钮的时间不得超过 5 s，若启动失败，再次启动时必须隔 10~15 s 后）；

⑥ 松开主离合器踏板，利用手加油齿杆（手油门）使发动机转速固定在最低稳定转速位置（500~600 r/min）；

⑦ 检查发动机工作状况和各仪表的指示情况。

（2）空气启动

① 接通电路总开关；

② 检查空气启动开关是否在关闭位置；

③ 踏下主离合器踏板，将加油踏板踏下约三分之一行程；

④ 检查变速杆是否在空挡位置；

⑤ 发出警报信号；

⑥ 打开一个高压空气瓶的开关检查气压，通常夏季不低于 4.41 MPa（45 kg/cm$^2$），冬季不低于 6.37 MPa（65 kg/cm$^2$）；

⑦ 打开空气启动开关（约一圈），启动后立即关闭；

⑧ 松开主离合器踏板，将手加油杆（手油门）固定在发动机最低稳定转速位置（500~600 r/min）；

⑨ 关闭高压空气瓶开关；

⑩ 检查发动机工作状况和各仪表的指示情况。

启动时，必须踏下主离合器踏板和将变速杆放在空挡位置，是为了减少启动阻力和避免发生事故。假如启动时虽踏下主离合器踏板而未将变速杆放在空挡位置，由于主离合器摩擦片的间隙很小，其间还有摩擦产生，因而会增加电能的消耗、高压空气的消耗和摩擦片的磨损；此时若主离合器分离不良，启动电动机会因直接带动坦克运动而损坏；启动后，若松开主离合器踏板，突然起车，还有可能造成事故。若启动时虽将变速杆放在空挡位置，但未踏下主离合器踏板，这样启动时，启动电动机要带动传动装置的一部分零件旋转，从而增大了启动阻力，有可能造成启动电动机的早期损坏。

按启动按钮应确实、果断，一按到底，发动机启动后立即松开启动按钮。

若启动按钮即按即松，不易启动发动机，而且容易烧坏启动电动机的联动（启动）继电器的接触片和启动电动机的电枢。若每次按下启动按钮的时间过长，或各次间隔的时间过短，蓄电池会因长时间强电流放电或放电过多而造成极板硫化或弯曲，缩短蓄电池的使用期限。

### 3. 发动机的自行加温

发动机启动后,若油温低于 20 ℃时,必须进行自行加温。

(1) 启动前关闭进、出气口百叶窗和风扇折连装甲板,并覆盖小盖布,关好机舱隔板和罩好排气电风扇帆布罩。

(2) 使发动机在 600~800 r/min 下空转加温,并使油温升至 8 ℃~10 ℃(此转速空转时间不宜过长,否则对润滑汽缸壁与活塞组和提高发动机温度不利),再逐渐将转速提高到 1 200~1 600 r/min,待油温升至 20 ℃后,才允许坦克挂低挡、低转速行驶。待油温上升至 40 ℃后,发动机方可在各种转速下正常使用,即坦克可转入高速行驶。

(3) 坦克在冬季使用期间,为缩短出车前的准备时间,当用加温器加温至水温达 60 ℃以上时即可启动。启动后,为缩短自行加温时间,可使加温器继续工作,即进行联合加温。此时应装好机舱隔板和排气风扇罩,并局部打开炮塔的门窗,以免从加温器风扇处回火造成火灾或使加温器不能工作,坦克起车前应停止加温器工作。显然,按上述方法使用,发动机在启动阶段的磨损较大,故只准在紧急情况下采用。

### 4. 发动机正常运转规范

发动机自行加温后,即可转入正常运转。为充分发挥其性能,减少磨损,发动机必须按下列规范进行运转:

(1) 通常情况下,发动机尖以使用转速 1 600~1 800 r/min 运转。如果加油踏板已踏到底而发动机转速降至 1 600 r/min 以下,说明发动机负荷过重,一般情况下,宜换入较低排挡行驶为好。反之,发动机负荷过轻,应视地形情况换入较高排挡行驶或减少加油踏板行程。发动机不允许长时间在最大扭矩点(最大加油位置下发动机转速为 1 200~1 300 r/min)附近工作,也不允许发动机在 2 000 r/min 以上长时间运转。

(2) 机油正常温度为 70 ℃~90 ℃,短时间许可的最高温度为 110 ℃。当机油温度过高时,必须降低发动机负荷即换入较低排挡并降低发动机转速至 800~1 000 r/min。

(3) 冷却液正常温度为 70 ℃~90 ℃,最高不应超过 105 ℃,最低不应低于 65 ℃。当冷却液温度(简称水温)过高时,必须降低负荷(换入低挡)并提高发动机转速至 1 600~1 800 r/min;当水温过低时,应关上进、出气口百叶窗。当坦克在夏季行驶时,除打开进、出气口百叶窗外,还应打开风扇折连装甲板。

(4) 发动机在正常油温、使用转速下运转时,油压表指示的压力应为 6~10 kg/cm²

总之,车辆在正常行驶时,发动机应经常保持在正常水温和油温、正常油压和使用转速及较大油门位置(80%~90%)下运转,这样,既能充分发挥车辆的战术技术性能,又能减少发动机的磨损,降低故障率。

### (二) 熄火

只有当水、油温度在规定的标准范围内时,才允许熄火。其熄火动作为:

① 将手加油杆(手油门)放到停止供油位置,同时松开加油踏板。

② 切断电路总开关。

熄火前,必须观察各仪表的工作状况,特别是水温表。若水温高于 85 ℃,则应完全打开进、出气口百叶窗,使发动机在使用转速空转,直到水温降低至 85 ℃以下才允许熄火。防止熄火后发动机水套内的冷却液温度因回升过高使发动机过热,造成机件损坏。

## 二、起车、制动、停车和倒车

### （一）起车

**1. 起车规则**

（1）一般应用低速挡，迅速平稳地起车，避免离合器摩擦片长时间滑磨。

（2）在坚硬平坦的地段上用主离合器起车。

（3）在运动阻力较大的地段上用行星转向器（转向离合器）起车。

车辆起车时，所以要用低速挡，是为了增大牵引力，以克服起车时的阻力，保证顺利地起车。因为起车时阻力很大，除需要克服运动阻力外，还需克服惯性力。运动阻力与地面性质有关，平地上的运动阻力约在车辆重量的3%～15%以内变化（有时可达到25%）；惯性力主要与加速度有关，其值很大，通常可达车辆重量的12%～20%，只有低速挡才能产生相当于车辆重量20%以上的牵引力。因此起车时应用低速挡。

起车时，根据地面性质，应采用不同的起车方法。在坚硬平坦的段上，滚动阻力小（通常只有车辆重量的6%～7%），所需牵引力不大，可用主离器起车。用主离合器起车，动作简单省力，可以缩短起车时间。在运动阻力较大的在段上，所需牵引力大，应用行星转向器（转向离合器）起车。这样可以减少发动机带动行星转向机（转向离合器）以前的那一部分静止零件旋转所消耗的功率；此外因两个行星转向器（转向离合器）同时传递动力，起车时发动机转速可以相应提高，使主动轮的扭转力矩增大，因而牵引力就大，能够保证顺利起车和为起车后的冲车换挡创造条件，提高车辆的平均运动速度。在此种地段上若用主离合器起车，由于发动机功率的一部分需克服主离合器被动部以后转动零件的旋转惯性，主动轮的扭转力矩减小，因而牵引力也小，起车时有可能熄火；若用高转速并猛松主离合器踏板，容易造成传动装置零件（尤其是变速箱内的齿轮）的损坏。

**2. 起车的种类和要领**

（1）主离合器起车

① 发出警报信号；

② 稳定发动机低转速后，踏下主离合器踏板；

③ 挂上低速挡；

④ 迅速平稳地松回主离合器踏板，同时加油。

（2）行星转向器（转向离合器）起车

① 发出警报信号；

② 稳定发动机低转速后，踏下主离合器踏板；

③ 挂上低速挡；

④ 将两边操纵杆拉到第二（最后）位置，松开主离合器踏板，同时加油；

⑤ 先迅速后平稳地将两边操纵杆推到最前位置。

稳定发动机低转速的目的是为了便于挂挡和挂挡轻便，缩短起车时间。便于挂挡和挂挡轻便与否，主要决定于变速箱内将要啮合的齿套、齿轮的转速差。转速差大，挂挡困难；转速差小，挂挡容易。发动机发动后，同步器（换挡连接器）滑接齿套与主轴是不动的，被动齿轮随中间轴上的主动齿轮一起旋转。使发动机稳定在低转速，则被动齿轮的转速低，与同步器（换挡连接器）滑接齿套的转速差就小，挂挡就轻便。

起车时，不论采用何种方法，都要在接合主离合器时加油，以增大发动机扭转力矩，保障起车时有足够的牵引力。加油量的多少要适当，对柴油发动机来说，起车时的转速，一般以 800～1 300 r/min 为宜。在此转速范围内起车，可以获得较大的扭转力矩，对起车和冲车较为有利。若起车转速过高，离合器滑磨时间长，滑磨加剧，容易损坏离合器摩擦片和传动装置零件。若起车转速过低，可能因牵引力不足而熄火。

为了迅速平稳地起车，缩短起车时间，充分发挥车辆的加速性能，防止传动装置零件的加速磨损、撞击和损坏，必须正确操纵主离合器踏板和操纵杆。

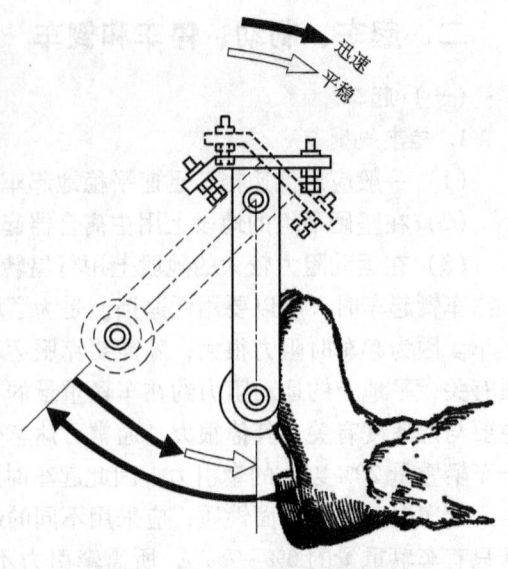

图 6-13 操纵主离合器踏板的动作

操纵主离合器踏板的正确方法是：踏下时，应迅速地踏到底；松回时，前三分之二迅速，后三分之一平稳，防止过慢和过快。过慢，摩擦片会因滑磨时间太长而磨损加剧，甚至翘曲或损坏，且延长了起车时间；过快，会因惯性力大大增加而造成传动装置和行动部分零件的撞击或损坏。车辆正常行驶时脚不应搁在主离合器踏板上，应使其处于最后位置，以便保持分离弹子有活动间隙，避免早期磨损。主离合器踏板不应长时间踏下不松，以免摩擦片因长时间滑磨而烧坏。

操纵操纵杆的正确方法是：拉操纵杆时应迅速、准确；松回操纵杆时，应先迅速，待闭锁离合器（转向离合器）即将接合时要平稳。59 式中型坦克可先松到第一位置，待坦克平稳起车后再推到最前位置。

**（二）制动**

车辆经常是在复杂条件下运动，如遇到障碍物、弯路、危险情况和通过起伏地等时，都需要降低速度或停车，因此必须经常使用制动。正确选择制动方法，及时准确地进行制动，不仅可以防止颠震，避免事故，而且可以提高车辆平均运动速度，充分发挥车辆的机动性能。

制动效果的好坏是用制动距离来衡量的。制动距离就是从开始制动至车辆停住时所经过的距离。制动距离短，制动效果就好；制动距离长，制动效果就差，制动距离的长短与车辆的运动速度、地面性质和制动方法以及驾驶员的操作技术有关。运动速度快，地面阻力小，附着情况差，制动距离就长；运动速度慢，地面阻力大，附着情况好，制动距离就短。但主要的还是正确地选用制动方法和熟练地掌握制动要领。

1. 制动规则

（1）平稳地制动，避免车辆剧烈的俯动或滑移。

（2）制动时使两条履带的制动力相等，不使车辆横滑。

制动时，车辆作减速运动，产生向前的惯性力，促使车辆俯动，因此制动必须平稳，防止过猛。制动过猛，惯性力大，车辆俯动厉害，制动机件就容易损坏；若地面附着情况不好，车辆还会滑移，甚至发生事故。

为了使两条履带制动力相等,应将两边制动带与制动鼓的间隙调整一致。用操纵杆制动时,拉操纵杆快慢要一致,两手用力要均匀。

2. 制动的种类和要领

(1) 发动机制动。离合器结合和挂着排挡时,用减油的方法降低车辆运动速度,叫做发动机制动。一般用在停车前、换低速挡前、下坡时和通过凸凹地段或在溜滑地上降低运动速度等场合。

发动机制动时,由于减少供油量或停止供油,继续运动的车辆带着发动机曲轴转动,发动机成为一个制动器。这时车辆的动能除消耗在克服地面运动阻力外,还消耗在克服各运动机件的旋转惯性和摩擦等方面,直至车辆运动速度与发动机转速相适应时止。发动机制动的效果,主要决定于排挡和减油量。排挡越低,减油量越大,制动效果越好;反之就差。

发动机制动的优点:制动力在两条履带上分配均匀,制动平稳;车辆不易滑移或横滑,长时间使用不会损坏机件;还可以根据需要及时加速。但制动力较小,若需急剧降低车辆速度时,用此种方法制动,不能达到目的。

(2) 制动器制动。在切断发动机动力后,踏下制动器踏板,或将两边操纵杆同时拉到第二(最后)位置,制动带抱住制动鼓,使车辆降低运动速度或停车,叫做制动器制动。一般用在急剧降低车辆运动速度或停车时,其要领如下。

① 松开加油踏板,同时踏下主离合器踏板;

② 平稳地踏下制动器踏板,使车辆降低到所需要的运动速度时止。

用操纵杆制动时,先松开加油踏板,平稳地将两边操纵杆拉到第二(最后)位置,使车辆降低到所需要的运动速度时止。

制动器制动的效果与车辆运动速度、制动带抱紧制动鼓的程度和地面附着情况有关。车辆运动速度慢,踏制动器踏板或拉操纵杆用力大,地面附着力好,制动距离就短,制动效果就好,反之就差。

用脚制动器制动,动作简单,两条履带所受的制动力均匀,但制动力不如用操纵杆制动时大。用操纵杆制动,施加在制动鼓上的力大,但两手用力不一致时,车辆容易偏斜。

(3) 联合制动。即发动机和制动器同时制动,叫做联合制动。一般用在下陡坡或急剧降低车辆运动速度时,其要领如下。

① 松开加油踏板;

② 平稳地踏下制动器踏板,使车辆降低到所需要的运动速度时止。

联合制动的效果,与车辆运动速度、排挡、减油量和制动带抱紧制动鼓的程度有关。运动速度慢,附着力大,排挡低,减油量多,踏制动器踏板用力大,制动效果就好;反之就差。

联合制动时,应用右脚踏制动器踏板,若用左脚踏,右脚可能会无意加油,影响制动效果。应特别注意,制动时不要误踏离合器踏板(特别是下陡坡时),以免造成事故。

(三)停车

1. 停车规则

(1) 停车位置要准确。

(2) 停车要及时、平稳。

(3) 停车地点狭隘时,避免用操纵杆停车。

2. 停车要领

(1) 制动器停车

① 松开加油踏板；

② 踏下主离合器踏板、平稳地踏下制动器踏板；

③ 停车后，将变速杆放到空挡位置；

④ 松开主离合器踏板和制动器踏板。

(2) 操纵杆停车

① 松开加油踏板；

② 平稳地将两边操纵杆拉到第二位置，同时踏下主离合器踏板；

③ 停车后，松回操纵杆；

④ 将变速杆放到空挡，松开主离合器踏板。

一般停车时，是否踏制动器或拉操纵杆，要视运动速度的快慢和运动阻力的大小而定。若停车前车辆的运动速度较低，运动阻力较大，只需踏下主离合器踏板，车辆就能较快地停车，不需踏制动器踏板或拉操纵杆。

(3) 紧急停车

① 松开加油踏板；

② 踏下制动器踏板，同时迅速有力地将两边操纵杆拉到第二位置；

③ 停车后，踏下主离合器踏板，松开制动器踏板，松回操纵杆；

④ 将变速杆放到空挡位置。松开主离合器踏板。

紧急停车，用在危急情况下。用此方法停车，手脚同时用力，制动力最大，制动距离最短，但由于制动时惯性力很大，车辆俯动剧烈，前负重轮和侧减速器的齿轮负荷剧增，易受损坏；若地面附着情况不好，还会使车辆滑移或横滑。所以除紧急情况外，一般不采用此种方法停车。

为了安全停车，紧急停车时，必须考虑到制动距离、操作时间和可能滑行的距离，以便及时采取措施。

(四) 倒车

只有在车辆完全停稳后，才允许挂倒挡。倒车时，必须有人指挥，使发动机在低转速下运动，并随时准备停车。

挂倒挡必须在车辆完全停稳后进行，是因为车辆前进时，变速箱主轴的旋转方向与倒车时相反，车辆未完全停稳，是无法挂上倒挡的，若硬用力去挂，变速箱内将要啮合的齿轮、齿套会发生严重撞击和损坏。

倒车一般用在驶上冲洗台以及进出车库和掩体等，由于条件受到限制，驾驶员观察不到车后的情况，因此必须用发动机低转速运动，严格听从指挥，及时准确地操纵车辆，以免发生事故。

## 三、换挡

车辆在运动中，随着地面性质、地形条件和各种情况的变化，需要不断地换挡，改变运动速度和牵引力，以适应各种情况的变化和战斗的需要。

**(一) 换挡规则**

(1) 根据情况或地形适时换挡,不得使发动机负荷过重。

(2) 换挡时,不得使变速箱内发生噪音。

(3) 换挡时,不得使车辆仰动或俯动。

(4) 在上下陡坡、沼泽地、铁路道口、桥上、行进间射击和涉水时,均避免换挡,应预先换入能通过的排挡。

根据情况或地形适时换挡,是充分发挥车辆战术技术性能的重要措施之一,道路平直、土质坚硬,滚动阻力小,所需牵引力也小,应换高挡使车辆高速运动,否则,平均运动速度就会降低。道路不平,土质松软,运动阻力大,所需牵引力也大,应换入低速挡,以便安全通过。

低挡换高挡冲车速度不够,或高挡换低挡动作迟缓,发动机就会负荷过重。发动机负荷过重的特征是:加油踏板已踏到底时发动机仍达不到使用转速或转速下降,声音变弱,排黑烟,工作时间过长水温会升高。负荷过重,会造成发动机早期损坏,因此当发动机负荷过重时,应立即换入低挡,若水温过高需停车进行原地发动降温。

换挡时,车辆仰动或俯动的主要原因,是主离合器踏板松得过猛或油门配合不当。由低挡换上高挡后,若加油过早,松主离合器踏板前发动机转速很高,会使主离合器主、被动部分转速差很大,当接合主离合器过猛时,便产生很大的惯性力,而使车辆仰动。由高挡换低挡后,若松主离合器踏板前车辆运动速度高,发动机转速低,当接合主离合器时,发动机起突然制动的作用,而使车辆俯动。仰动或俯动时传动装置的各齿轮要承受很大的负荷,易遭破坏。

为了保证人车安全,在有些地点和某些情况下,不应换挡;若车辆在陡坡上运动时换挡,由于运动阻力很大,在分离主离合器的很短时间内,车辆就已停车或后倒,这样不但不易换上挡,而且还可能发生危险;若车辆在陡下坡运动时换挡,在分离主离合器时,车辆失去了发动机制动,运动速度立即提高,会使驾驶员难以控制而发生危险;若在通过沼泽地和涉水时换挡,由于运动阻力大,容易停车,停车后再起车时,由于附着力不足,易使履带打滑而淤陷,还有可能使发动机进水,造成事故;若在铁路道口或桥上换挡,由于换挡时所产生的震动,

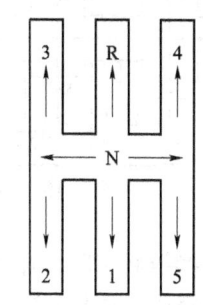

图 6-14 五九坦克挡位盘

会加剧铁轨,桥梁的负荷,万一换挡停车,遇到火车通过时,会发生严重事故;若在行进间射击时换挡,会增加炮手瞄准的困难,影响射击效果。

**(二) 换挡要领**

1. **低挡换高挡**

方法一:

(1) 加油冲车;

(2) 踏下主离合器踏板,同时松开加油踏板;

(3) 将变速杆摘到空挡并挂上高一级排挡;

(4) 迅速平稳地松回主离合器踏板,同时加油。

方法二:

(1) 加油冲车;

（2）踏下主离合器踏板，同时松开加油踏板，并将变速杆放到空挡；

（3）迅速松回主离合器踏板，再踏下主离合器踏板（两脚离合）；

（4）挂上高一级排挡；

（5）迅速平稳地松回主离合器踏板，同时并加油。

方法二也称两脚离合器法。

加油冲车的目的，是为了充分发挥车辆各挡的加速性能，提高其运动速度，增大动能，避免换挡时因动能过小而停车或换上挡后加速困难，造成发动机负荷过重甚至熄火。

冲车到什么程度换挡，要根据地面阻力和所需要换的排挡来确定，地面阻力大，冲车的转速应高些，换的排挡越高，冲车转速应越高。因为高挡牵引力小，加速性能差。低挡换高挡时将要啮合的齿套、齿轮的转速差越小，换挡就越容易；转速差越大，换挡就越困难。那么，转速差和冲车终了时的发动机转速高低是什么关系？一般成正比关系，即冲车转速高，转速差就越大，冲车转速低转速差就小。

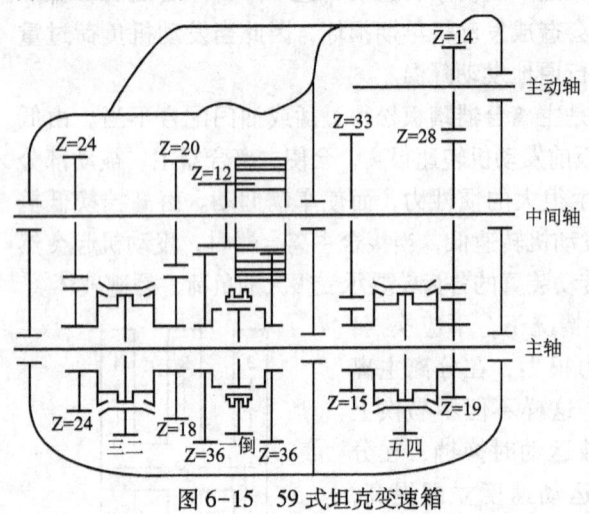

图 6-15　59 式坦克变速箱

如图 6-15 所示，59 式中型坦克以二挡运动，当发动机转速为 1 000 r/min 时，二、三挡同步器滑接齿套的转速为 510 r/min，三挡被动齿轮的转速为 714 r/min，当发动机转速为 1 500 r/min 时，则二、三挡同步器滑接齿套的转速为 765 r/min，三挡被动齿轮的转速为 1 071 r/min，其转速差为 306 r/min。由此看出，冲车终了的转速越高，将要啮合的齿套、齿轮的转速差就越大。同时，随中间轴一起转动的零件的旋转惯性也大，不易降速，因此换挡时，同步时间增长。

低挡换高挡时，车辆动能的大小，直接影响换挡后车辆的加速。动能大，换挡后加速很容易，不致引起发动机负荷过重或停车。但是车辆动能的大小与车辆运动速度的快慢有关，而运动速度的快慢又与发动机转速有关。转速高，运动速度快，动能就大；转速低，运动速度慢，动能就小。例如：59 式中型坦克以二挡运动，当发动机转速为 1 000 r/min 时，坦克运动速度为 8 km/h，当踏下主离合器踏板时，动能约为 107 kN·m，在良好土路上坦克可持续运动 3.8 s；当发动机转速为 1 500 r/min 时，坦克运动速度为 12 km/h，当踏下主离合器踏板时，动能约为 240 kN·m，在良好土路上坦克可以持续运动 5.7 s。由此看来，冲车转速高，动能大，从分离主离合器到停车的持续时间长，因此换上挡后坦克能保持一定的速度，便于加速，不易停车。由上面分析可知，车辆冲车终了时的转速不能太低，也不能太高，以便既能利用动能，又可以使将要啮合的齿套、齿轮的转速差不致太大。因此，当地面平坦坚硬阻力较小时，应尽量减小将要啮合的齿套、齿轮的转速差，冲油不应太大，冲车终了时的转速不能过高，一般二挡换三挡，冲车转速为 800~1 300 r/min 为宜；三挡换四挡，冲车转速为 1 400~1 600 r/min 为宜；四挡换五挡，冲车转速 1 700 r/min 以上。当地面阻力较大时，为了利用动能，保证换挡不停车和换上挡后能迅速加速，冲油就应加得大些，冲车终了时的转速就应高些。

换挡时，应将加油踏板完全松回，这样当变速杆放在空挡时，发动机可通过主离合器摩擦片的滑磨带动变速箱中间轴很快降速，促使将要啮合的齿套、齿轮转速差减小，便于换挡。反之，若中间轴转速不能很快降低，换挡就困难。加油踏板完全松开，发动机并不会熄火，因为曲轴转速降到零的时间一般均比换挡所需时间要长，即使手加油杆没有固定只要换挡正确迅速，发动机也不会熄火。

换上挡后迅速平稳地松回主离合器踏板和同时加油，是为了缩短换挡时间，不使车辆仰动，便于迅速加速，以提高车辆的平均运动速度。所换排挡越高，松主离合器应稍快，并同时加油，这样主被动部分转速差小。若加油过早，主离合器主、被动部分转速差大，接合时会不平稳；加油过晚，会引起发动机负荷过重。

低挡换高挡时用两脚离合器的目的，是在松回主离合器踏板时，利用发动机低速制动中间轴，使将要啮合的齿套、齿轮的转速趋于一致，缩短换挡时间。

2. 高挡换低挡

方法一：

（1）减油；

（2）踏下主离合器踏板；

（3）将变速杆放到空挡，挂上低一级排挡；

（4）平稳地松回主离合器，同时加油。

方法二：

（1）减油；

（2）踏下主离合器踏板；

（3）将变速杆放到空挡；

（4）松回主离合器踏板，空挡短促加油，再踏下主离合器踏板；

（5）挂上低一级的排挡；

（6）平稳地松回主离合器踏板，同时加油。

方法二也称两脚离合器法。

减油的目的，是为了降低车辆运动速度，从而减小将要啮合的齿套、齿轮的转速差，缩短换挡时间，保证车辆适时地换入所需的排挡。减油的程度，应根据换挡前车辆运动速度的快慢而定。速度快应多减（必要时还应适当制动）；速度慢，应少减或不减。一般以减到发动机转速为 1 200 r/min 左右（三挡换二挡还可以再低些）为宜。这样换挡后，发动机能保证有足够的牵引力，便于及时加速。

运用空挡短促加油（即加空油）的目的，是在接合主离合器时，利用发动机高转速提高中间轴的转速，从而提高低挡被动齿轮的转速，使将要啮合的齿套、齿轮的转速也较快地趋于一致，以使换挡轻便，缩短换挡时间，减少齿轮的撞击与磨损。

加空油的多少，应根据具体情况而定。地面运动阻力大，换挡时车辆减速快，空油可少加或不加。反之，空油就应多加。

换上低挡后，应平稳地松回主离合器踏板，同时加油，使主离合器主、被动部分转速趋于一致，减小加给传动装置零件的突然负荷，避免车辆俯动。特别是运动速度较高时，还应提前加油，以防车辆剧烈俯动。

### 3. 一挡换二挡

对于机械式换挡的变速箱，一挡换二挡还可用下列方法。

（1）利用缓下坡换挡

① 当车头下落时，踏下主离合器踏板，同时松开加油踏板；
② 将变速杆由一挡换入二挡；
③ 迅速松回主离合器踏板，同时加油。

利用缓下坡的目的，是使车辆在下滑力作用下运动，延长允许换挡时间，同时可以减小将要啮合的齿套和齿轮的转速差，便于换挡。所谓缓下坡在驾驶中随时可见，如在不平的地段行驶，或在小凹凸地行驶时，就可利用车辆驶下凹部的瞬间换挡。但要准确掌握换挡时机，且动作要快。

（2）短促冲油法

这种方法适合于在坚硬平坦的地形上使用。其要领：

① 保持发动机最低稳定转速；
② 短促加油（59式中型坦克不超过 900 r/min），迅速减油并踏下主离合器踏板，换入二挡；
③ 迅速松回主离合器踏板，同时加油。

一挡换二挡时，因一挡运动时的动能很小，同时，一、二挡的传动比相差很大，将要啮合的齿套、齿轮的转速差也大，如59式中型坦克一挡运动时，若发动机转速为 900 r/min，则二三挡同步器滑接齿套的转速为 214 r/min，二挡被动齿轮的转速为 459 r/min，其转速差为 245 r/min。而且发动机转速越高，其转速差越大。因此，一挡换二挡，不宜冲车，应稳定最低转速，减小将要啮合的齿套、齿轮的转速差，并尽可能地利用小下坡进行，以缩短换挡时间。

一挡换二挡时采取短促加油而后迅速减油的方法，目的是使车辆作轻微仰、俯动，并利用迅速减油车辆俯动时产生的向前的惯性力，延长了允许换挡时间，不使车辆过早停车，便于换挡。

（3）拉一边操纵杆停车法

拉一边操纵杆虽造成车辆短停，但各种地形上均可使用。换挡时变速箱齿轮不打牙齿，换挡所用时间短，能提高坦克平均运动速度和减少机件磨损。其要领是：

① 减油，迅速将一边操纵杆拉到制动位置，同时将主离合器踏板踏到底（注意一定要使车辆停住）；
② 由一挡迅速换入二挡（空挡不要停顿）；
③ 迅速平稳地接合主离合器，同时迅速松回操纵杆，并加油。

注：拉一边操纵杆的目的，是为了使车辆短停，此时因为变速杆不在空挡所以变速箱被动部分都停止转动。

由一挡摘出挂入二挡的动作一定要迅速准确，空挡不能停顿。因变速杆在空挡停顿后，主离合器主、被动摩擦片间有滑磨，必将带动中间轴各主动齿轮转动，使将要啮合的齿轮与齿套产生转速差，停顿时间越长转速差越大，换挡越困难。

（4）三挡同步法（即推三换二法）

① 加油冲车（1 500 r/min 以上）；
② 踏下主离合器踏板，同时松开加油踏板（必要时再次松开主离合器踏板，再踏下主离合器踏板），摘下一挡立即向三挡挂；

③ 变速杆将要进入三挡位置时，迅速挂入二挡；

④ 松开主离合器踏板，同时加油。

59 式中型坦克由于二挡采用简单同步器，其同步效果不如三挡。换挡时，容易出现打牙现象，加速了齿轮磨损，为此，一挡换二挡时可借用三挡同步器产生较大的摩擦力矩来降低被动齿轮的转速（降低了三挡被动齿轮的转速同时也就降低了二挡被动齿轮的转速），达到同步换挡的目的。

三挡同步法换挡的关键，一是要加大冲油，二是要待推进三挡时，才能往二挡挂，否则将失去三挡同步的意义。这种换挡动作适于在某些二挡同步器磨损严重的车辆上使用，初学者成功率较高，但冲车距离较大，所需换挡时间较长。

4. 隔挡换挡

隔挡换挡是提高坦克平均运动速度的重要措施之一。车辆在运动中，遇到难行地段和障碍物时，采用隔挡换入低挡的方法，能使其以地形允许的最高速度接近；通过障碍物后或遇到地形允许的下坡地段时，采用隔挡换入高挡的方法，又能使其迅速离开。这样高速运动的时间可以增长，有利于提高平均运动速度；另外换挡次数少，可以减少机件磨损，减轻操作强度。

（1）隔挡换入高挡

隔挡换入高挡最好采用两脚离合器的方法进行操作，并要结合下坡地形，坡度小于 7° 时应加油冲车。若踏下主离合器踏板，车辆速度超过需挂排挡的速度时，可松开主离合器踏板，用空挡加油的方法，或再增隔一级排挡的方法，进行换挡。

隔挡换高挡，一般只许隔一级，并利用下坡地段进行，因为隔挡换高挡时，将要啮合的齿套、齿轮的转速差很大。如 59 式中型坦克由二挡换四挡和由二挡换五挡时，从传动比与转速的关系可知：四挡被动齿轮的转速约为四、五挡同步器滑接齿套转速的两倍；五挡被动齿轮的转速约为四五挡滑接齿套转速的三倍。若换挡时发动机转速为 1 700 r/min，则四挡被动齿轮的转速为 1 700 r/min，则五挡被动齿轮为 2 670 r/min，而四、五挡同步器滑接齿套的转速仅为 870 r/min，转速相差顺次为 830 r/min 与 1 800 r/min。转速相差这样大，在平地上是无法换上挡的。因此，隔挡换高挡时，所隔排挡不应过多，并利用小下坡进行。

（2）隔挡换低挡

对于机械式换挡的变速箱，隔挡换入低挡也应最好采用两脚离合器的方法进行操作，而对于液压挡换入机械挡则必须采用两脚离合器的方法，避免动作过快而造成换双挡的现象。一般隔挡换低挡不超过两个挡，同时换挡前要适当制动，使车辆运动速度降低，以方便换挡和防止损坏机件。所隔排挡越多，制动越困难，如 59 式中型坦克五挡换一挡，当由五挡使用转速时的速度制动到一挡使用转速时的速度时，发动机转速必须降到 270 r/min，但车辆运动时一般将手加油齿杆固定在 500~600 r/min 左右，这样发动机不但不起制动作用，而且容易损坏联动机构零件。此外，隔挡换低挡时，也应使用两脚离合器和空挡加油的方法，以缩短同步时间。

## 四、转向

（一）转向规则

（1）应选择在转向阻力小的地段上转向。

（2）一般情况下应尽量采用分离转向或第一位置转向，需在松软地段上作大角度。

制动转向时，应采用低速挡，并分多次转向完成，每次转向后，应使车辆运动约半个车体长后，再进行下一次转向。地面条件受限制时，可用前进或倒车的方法进行。

（3）在陡上下坡、侧倾坡、水稻田、沼泽地、徒涉场、冰上运动或高速运动时，均应避免制动转向。

选择转向阻力小的地段，主要是指凸起地段和坚硬平坦地段。在凸起地段转向，履带实际着地的长度短，即转向阻力偶臂短，转向阻力偶矩就小；在坚硬平坦地段转向，转向阻力小，转向阻力偶矩就小，故转向容易。而在凹地上转向，履带实际着地的长度长，即转向阻力偶臂长，转向阻力偶矩就大；在松软地段上转向，转向阻力偶矩也大，因此转向困难。尤其在沙土、碎石较多的地段上制动转向，沙石容易挤入履带和负重轮之间而卡住履带，造成停车、熄火，甚至损坏机件。在此种地段上，应尽可能用分离转向，若需要进行大角度转向时，必须分多次完成。在地面受限制的情况下可以用前进或倒退的方法转向。

每次转向后，向前（后）运动半个车体长的目的是使下支履带后半段脱离堆积的土壤，以减小转向阻力。车辆在附着不好的地段上高速运动时，若进行制动转向，因离心力大，横向阻力小，车辆会产生横滑现象。在通过水稻田地、沼泽地或涉水时进行制动转向，由于附着力小且转向阻力大，当增加供油量时，会引起履带打滑或陷车，甚至造成机件损坏。因此车辆在上述情况下，均应避免制动转向。若条件允许，应尽可能用较大半径转向，因为在相同地段上用较大半径转向，其转向阻力比原地转向小的多，如59式中型坦克在良好土路上以第一位置转向，转向阻力比原地转向约减少 35 kN。因此转向时所需牵引力也小，可用较高排挡进行，从而能提高车辆运动速度。

**（二）转向的种类和要领**

1. **分离转向**

一般用在进行大半径小角度转向时，适用于任何排挡，动作要领为：

（1）减油（减油量根据实际情况而定，一般车速越高，预转向角度越大，减油量越大）

（2）迅速将转向一边的操纵杆拉到闭锁离合器（转向离合器）分离位置，同时加油。

（3）转到所需方向时，迅速将操纵杆推到最前位置。

分离转向之前减油和之后加油，使两条履带易形成较大的速度差，以达到迅速转向的目的，简要概况动作要领为"减、拉、加"，"减"为减油、"拉"即为拉操纵杆转向、"加"即为拉操纵杆的同时进行平稳加油。

分离转向时容易产生的错误动作：

① 转向时不加油。此时两条履带速度差小，转向效果不明显。

② 转向时减油。此时，高速履带因受发动机制动速度降低，而低速履带由于闭锁离合器被分离，不受发动机制动，在车体带动下运动速度降低较慢，这样车辆不但不能达到预定的转向目地，还有可能向反方向转向而造成事故。

③ 来回不断地拉、松操纵杆，使车辆断续转向。这样不但不能迅速转向，反而容易造成机件的磨损。

2. **第一位置转向**

一般用在进行较小半径的转向，适用于任何排挡，其要领：

（1）迅速准确地将转向一边操纵杆拉到第一位置，必要时加油；

（2）转到所需方向时，松回操纵杆。

用第一位置转向时，转向半径稳定（59式中型坦克在一般土路上的实际转向半径约为11~12 m左右），车辆以低速挡或高速挡行驶、上坡和下坡时均可使用。

第一位置转向时容易产生的错误动作及处理：

① 操纵杆不能准确的拉到第一位置，驾驶员应熟悉车辆的第一位置，如拉到位车辆不转向或转向不明显，可将操纵杆前后移动一下，以使操纵杆准确拉到第一位置。

② 初学者驾驶，用第一位置转向容易"划龙"。主要是松操纵杆时提前量不够，因为转到所需方向时再松操纵杆，在松操纵杆的过程中，车辆仍会继续转向而超过需转方向，不得不再向相反的方向修正。所以应适时提前一点松回操纵杆。

3. 制动转向

通常用在低速挡进行大角度小半径转向时，适用于各种坦克，其要领：

（1）减油；

（2）迅速平稳地将转向一边的操纵杆拉到最后位置；

（3）加油。

若发动机负荷过重，应迅速松回或稍松操纵杆，待负荷轻后再转向；可将另一边操纵杆拉到第一位置，以减轻发动机负荷，增大高速履带牵引力。

（4）转到所需方向时，将操纵杆推到最前位置，同时适当减油。

转向前减油的目的，是为了降低车辆的运动速度及制动鼓的转速，以使制动带能较快地抱紧制动鼓，使低速履带停止转动。若转向前不减油，由于制动鼓的转速高，制动带抱不紧制动鼓，低速履带继续转动，影响转向效果。

制动带抱紧制动鼓后加油，是为了增大高速履带的牵引力，提高高速履带的运动速度，缩短转向时间。加油过早，等于转向前没有减油，制动鼓不易抱紧制动带，加油过晚，不能保证高速履带有足够的牵引力，将造成发动机负荷过重，甚至会引起熄火或停车。转到所需要的方向后，松回操纵杆同时适当减油，是为了使车辆平稳地转为直线行驶，不产生仰动。

## 五、对正方向和判定距离

### （一）对正方向盘和判断距离的有关数据

表6-5　对正方向和判断距离　　　　　　　　　单位：mm

| 项　　目 | 尺寸 |
|---|---|
| | 59式坦克 |
| 车宽 | 3 270 |
| 履带中心距 | 2 640 |
| 履带板宽 | 580 |
| 车长：炮身向前 | 9 000 |
| 车长：炮身向后 | 8 485 |
| 车长：（不连炮） | 6 040 |
| 驾驶员主潜望镜中心线至车辆纵轴线 | 600 |

续表

| 项　　目 | 尺寸 |
| --- | --- |
| | 59式坦克 |
| 驾驶员主潜望镜中心线至两侧履带内边沿 | 左 430　右 1 630 |
| 左操纵杆握把至左侧履带内边沿 | 280 |
| 第三负重轮轴心至前挡泥板前沿 | 左 3 300　右 3 200 |
| 驾驶员观察下死界 | 5 000~6 000 |

### （二）对正方向的方法

对正方向无论用哪种方法，驾驶员必须自然地坐在驾驶椅上，身体靠着座位靠背稍向前倾，两手能自如地握住操纵杆，工作帽的护额略靠着主潜望镜的护额垫上，面部自然对正主潜望镜。以下介绍几种方法，可根据情况灵活运用。

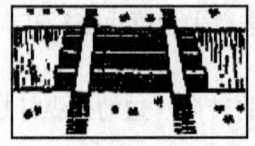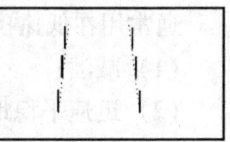

图 6-16　框套法对正方向

（1）框套法（图6-16）：即把要通过的地段、地物框套在主潜望镜的中央位置的方法叫框套法（适用于远距离概略对正方向）。

（2）三点一线法：即以驾驶员主潜望镜中心点对正道路上相应的两点，叫三点一线法。如 59 式坦克主潜望镜中心线在车宽的左三分之一处（其他各型车辆的主潜望镜中心线在车宽的位置可根据上表中的数据进行计算），所以通过驾驶员主潜望镜中心线对正道路或障碍物的左三分之一处的纵向两点，即构成三点一线法。（图6-17）此种方法适用于 15 m 以内近距离精确对正方向。

（3）沿边法：即以车辆或驾驶员的某个部位沿道路一定部位移动，叫沿边法。如道路有车辙时，59式中型坦克以左边操纵杆握把（或驾驶人员的左肩）沿左侧车辙内边沿移动（只能概略对正方向）。

### （三）判断距离的方法

判定距离是指驾驶员降座驾驶时，在车内判定车辆前部距地物的距离或车体在地物上位置。

其方法有：

#### 1. 下死界判定法

驾驶员从潜望镜向前看，看不见地面的边缘叫下死界。该边缘到车辆前部的距离叫下死界的距离。如图6-18，$A$ 点到 $B$ 点的距离即为下死界距离。以下死界为准判定车辆前部与地物的距离叫下死界判定距离法。一般用于判定地物距车辆前部的距离。如下图所示，下死界的距离 $a$ 加上下死界前沿至地物的距离 $b$，即为车辆前部至地物的实际距离。

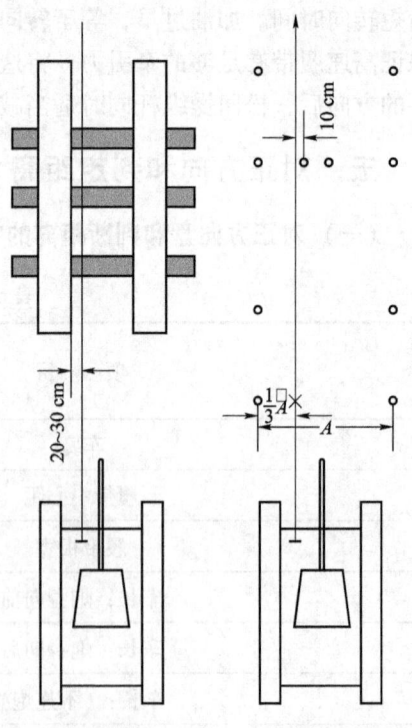

图 6-17　三点一线对方向

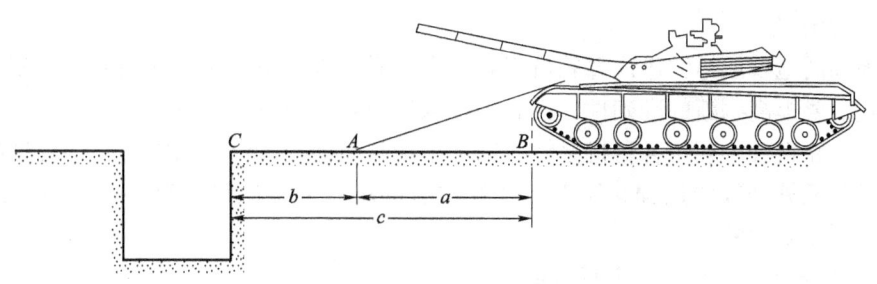

图 6-18　下死界判定距离法

下死界的距离随驾驶员观察的位置和身高而变化。若按对方向所述的坐姿，对于 59 式中型坦克来说，一般身高为 1.8 m 时下死界的距离为 5 m；身高为 1.7 m 时下死界的距离为 6 m；身高为 1.6 m 时，下死界的距离为 6.5 m。其他各型的车辆的下死界都有相应的变化，驾驶车辆之前可进行测量。

2. 卡长法（图 6-19）

地物在潜望镜上、下死界之间所看到的高度叫卡长（如图 6-19）。在平地上，59 式中型坦克每前进 1 m，卡长约减少 15 cm，如卡长为 95 cm 时，车辆前部至地物的距离约为 5 m，卡长为 80 cm 时，车辆前部至地物的距离约为 4 m。

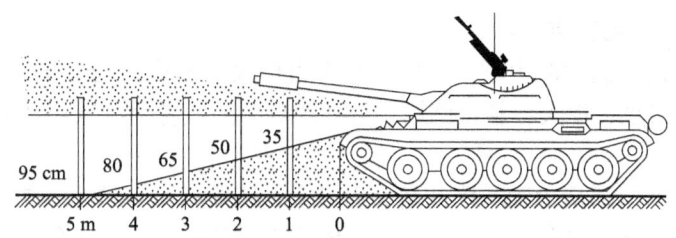

图 6-19　59 坦克卡长变化规律

3. 死界升高法

车辆向前运动时，用下死界在地物上的升高量来判定车辆前部至地物的距离叫死界升高法。在平地上 59 式中型坦克每前进 1 m，升高量增加 23 cm。此法也只适用于竖立的地物。如图 6-20 所示。如 59 式中型坦克在潜望镜内见到死界升高量为零时（即可看到地物底部时），车辆前部至地物的距离约为 5 m；下死界升高量为 23 cm 时，车辆前部至地物的距离约为 4 m……依此类推。这就是下死界升高规律。此法也只适用于竖立的地物。因下死界的距离随驾驶员身高而变化，所以使用此方法时必须根据各自的身高灵活掌握，才能判定出准确的距离。

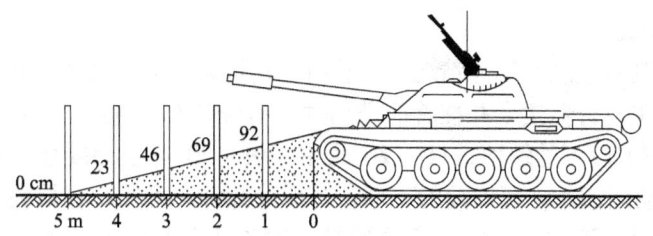

图 6-20　59 式坦克下死界升高规律

#### 4. 时间估计法

低于地面的地物或地物进入驾驶员观察死界以后，必须用时间估计法来判定车辆与地物的相对位置。要提高判断的准确性，就必须有意识地经常地进行目测距离的练习和对各种速度的体验，并在驾驶中利用各种机会练习判定车辆与地物相对位置的能力。掌握这种方法需有一个练习与积累经验的过程，比以上各种方法的难度大，但只要有心，并主动地加强练习，是完全可以掌握的。

#### 5. 用光束轴对正方向和判定距离法

在夜间驾驶时，将前大灯的光束轴调整在距车辆 30 m，红外线灯调到 20 m 处的道路纵轴处，依此来对方向和判定距离。

## 第三节　特种条件下驾驶

### 一、坡道驾驶

根据坦克在坡上运动时作用力的变化规律，需要充分了解坦克在上、下坡和侧倾坡上运动的特点，以便减少操作上的盲目性，充分发挥坦克的战术、技术性能，提高其平均运动速度。

**（一）坡道驾驶运动特点**

(1) 车辆上坡时，运动阻力增大，所需牵引力也大。若排挡选择不当或加油量过少时，会造成发动机负荷过重、熄火，甚至倒爆。另外附着力随坡度增大减小，所以在附着情况不好时履带容易打滑。

(2) 车辆下坡时，下滑力随坡度的增大而增大，所需牵引力减小。坡度在 5°~7° 时，下滑力就可以克服运动阻力使车辆向坡下运动；超过 5°~7° 时，车辆就会加速向坡下运动。因此应根据坡度的大小，选择适当的排挡和制动方法，防止加速过快或发动机超过最高转速。特别在陡下坡上运动时，若速度过快，制动过猛或遇到障碍物时，车辆容易发生滑移或失去稳定性。

(3) 车辆在侧倾坡运动时，侧滑力随着侧倾坡度的增大而增大，在侧滑力的作用下，使地面发生横向变形。因车辆前部不断接触新的地面，所以车辆前部横向滑移大于后面，车辆便向下坡偏使。为减少在侧倾坡上修正方向，通过侧倾坡时，应使车辆前进方向偏向于坡上一些。随着侧倾坡度的增大，可能使侧滑力超过横向阻力，车辆产生横滑失去控制。在滑移过程中若遇到凸起地物阻碍，会产生很大的惯性力，在重力和惯性力的作用下，车辆就会失去横向稳定性而造成翻车。因此若遇到附着情况不好的较陡侧倾坡时，应尽量绕行。

**（二）坡道驾驶规则**

(1) 通过前应判断坡度和地面情况，选择有利的运动方向和适当排挡，禁止空挡下坡。

(2) 上坡时当主离合器接合并挂着前进挡时，不得熄火、倒退，以防倒爆。

(3) 短而陡（10°以下为缓坡，11°~20°为中等坡，20°以上为陡坡）的上坡，若地形允许，可利用车辆的动能通过；短而陡的下坡，若地形允许，可用中速挡驶下。

(4) 长而陡的上、下坡，应用低速挡通过，避免转向、不得换挡。前车未通过，后车不得跟进。

(5) 为增大牵引力，用两边操纵杆拉到第一位置上坡时，行驶距离不得超过 150 m。

(6) 通过中等下坡时，应用发动机制动。通过陡下坡时，应用联合制动。制动要平稳，避免车辆横滑或滑移。

(7) 在侧倾坡上运动时，方向应选取在比预定到达地点较高的地方。在较大的侧倾坡上需向上方作大角度制动转向时。应用倒车的方法调整方向。

车辆在坡上运动时，排挡的选定，主要取决于坡度的大小。上坡时，应保证有足够牵引力，以便能够通过整个上坡和克服遇到的障碍物，不使发动机负荷过重或停车。若上坡坡度大，由于运动阻力增大，所需牵引力也大，应选用低速挡。下坡时应保证有足够的制动力，以使车辆平稳安全的通过整个下坡，若下坡坡度大，由于下滑力增大，所需制动力也大，也应选用低速挡。

**（三）坡道驾驶要领**

1. 上坡停车

（1）制动器停车

① 松开加油踏板；

② 迅速踏下制动器踏板，同时踏下主离合器踏板；

③ 停车后将变速杆放到空挡位置；

④ 松开主离合器踏板；

⑤ 固定制动器踏板。

（2）操纵杆停车

① 松开加油踏板；

② 当发动机转速在 1 000 r/min 左右时，迅速地稍有先后地将两边操纵杆拉到第二位置，并踏下制动器踏板；

③ 停车后，踏下主离合器踏板，将变速杆放到空挡；

④ 将两边操纵杆推到最前位置，松开主离合器踏板，并固定制动器踏板。

在中等上坡停车时，踏下制动器踏板或拉两边操纵杆应迅速有力，使车辆动能未耗完以前停住。若踏制动器踏板或拉操纵杆动作缓慢或用力不够，车辆就会因动能消失而开始下滑，造成停车困难。

在陡上坡停车时，当发动机转速在 1 000 r/min 左右时，采用迅速地并稍有先后的将两边操纵杆拉到第二位置的方法，是为了使车辆停车动作简单可靠，防止车辆后滑。因为在陡上坡停车，若发动机转速过高会造成制动带抱不紧制动鼓，这样车辆停不住而向后滑；两边操纵杆若同时向后拉，当通过分离位置时，容易失去控制，使车辆加速下滑发生事故。

2. 上坡起车

上坡起车时，一般制动器踏板已被固定或两侧操纵杆已在第二位置。此时的动作要领为：

（1）右脚踏制动器踏板，使其脱离制动器；

（2）左脚踏下主离合器踏板；

（3）挂上低速挡；

（4）松开主离合器，同时适当加油（加油量随坡度增加而增加）；

（5）将两侧操纵杆迅速一前一后地推向最前位置。

车辆在坡上挂挡比较困难。发动机纵置的车辆在坡上不易挂挡。因此在坡上挂挡时发动机必须降到最低稳定转速并确实挂到底。上坡起车时应在松操纵杆之前加油，其目的是为了提高发动机转速，使之沿外特性工作，以增大牵引力，克服滚动阻力，保证车辆顺利起车。若加油不足或过晚，当外界阻力大于发动机牵引力时，会引起发动机负荷过重或熄火，甚至会引起车辆倒滑甚至倒爆。加油的大小，应根据坡度大小来确定，坡度越大提前加油的转速应愈高，以保证足够的发动机牵引力。

上坡起车时松操纵杆必须稍有先后，是为了保证车辆起车时不至于后滑。若同时松操纵杆，两侧转向机闭锁离合器同处于分离位置时，车辆易失去控制，引起倒滑或倒爆，甚至造成事故。但若当一边操纵杆已推到最前位置，另一边操纵杆尚未推到位时，车辆就会转向使发动机负荷过重，甚至憋熄火。因此，上坡时，操纵杆配合必须得当。

3. 上坡转向

车辆上坡转向和平地转向不同。上坡转向时，高速履带上的牵引力除需克服滚动阻力外，还要克服上坡阻力，所需牵引力比平地要大；低速履带上的滚动阻力和上坡阻力与制动力的方向相同，有助于制动低速履带，所需的制动力比平时要小，因此应根据转向角度采用不同的转向方法。

在上坡时作小角度转向时，用分离转向。因为一边的闭锁离合器（转向离合器）分离时，低速履带上的滚动阻力和上坡阻力起到制动作用，转向即可实现。

在上坡时需作较大角度转向时，可用第一位置转向或短促制动转向。转向前不应减油，有时还需要加油，以增大高速履带的牵引力。

在陡上坡制动转向时，由于附着力减小，当加大供油量时，履带容易打滑，因此在陡坡上应避免制动转向。

4. 通过陡上坡

车辆通过附着情况良好的陡而长的上坡时，应在坡下提前将加油踏板踏到底，使发动机供油量最大，以获得最大的功率，在上坡过程中，发动机转速下降，扭转力矩增大，（在发动机转速降到最大扭转力矩转速前）因而牵引力增大，可以保障车辆顺利通过上坡。若在陡上坡前不提前将加油踏板踏到底，上坡时发动机转速急剧下降（此时即使将加油踏板踏到底，转速也不能提高），车辆将被迫停车甚至倒爆。

车辆上坡时，若排挡选的过高或油门控制不当，由于牵引力不足，发动机就会负荷过重，甚至熄火。这时，若不及时停车，就会引起倒退或倒爆。

发动机倒爆时，会出现以下现象：油压表指针归零，发动机声音不正常，传动部分冒白烟，挂着前进挡车辆向后行驶。发动机倒爆造成的危害很大，主要有曲轴反转，含有尘土的空气从排气管进入汽缸；废气从空气滤清器排出，滤尘丝上的机油层烧干结炭；机油泵反转，不向发动机内泵油；冷却液循环缓慢，散热效果降低，发动机温度增高；曲轴与轴承、汽缸与活塞磨损加剧，使发动机使用期限缩短甚至损坏。因此发现倒爆时应立即停止供油。

利用动能冲坡，就是用牵引力和车辆的动能同时克服运动阻力，使车辆通过上坡。利用动能冲坡时，在冲坡前和冲坡过程中均应将加油踏板踏到底，以提高车辆的运动速度，增大动能和牵引力，提高冲坡效果。因为动能的大小对某一种车辆来说，主要决定于运动速度的快慢。冲坡前车辆运动速度越快，动能越大，坡度一定时，冲坡的长度就越长，坡长一定时，冲坡的坡度就越大，运动速度慢，动能就小，冲坡效果就差。如（图6-21）所示。操纵杆拉到第一位置时,车辆运动速度降低,牵引力可增大 0.42 倍。因此根据实际情况,可将两边操纵杆拉到第一位置上坡,但行驶距离不得超过 150 m。因为两边操纵杆拉到第一位置时,闭锁离合器主被动摩擦片间隙很小,若滑磨时间过长,会使摩擦片磨损甚至翘曲。同时,行星转向器齿轮轴及轴承所承受的负荷大,工作时间过长,容易过热或损坏。

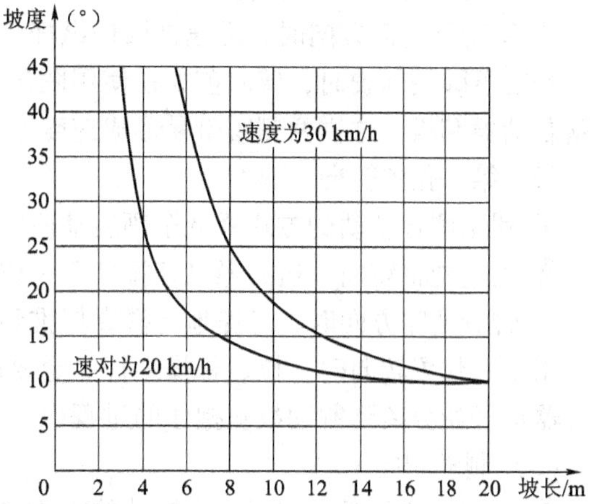

5. 下坡停车

(1) 松开加油踏板,踏制动器踏板,用联合制动的方法降低车速。

(2) 待车速接近零时,在踏制动器踏板的同时踏下主离合器踏板;

图 6-21 利用动能冲坡时速度与坡度、坡长的关系

(3) 停车后,将变速杆摘到空挡,松开主离合器踏板;

(4) 固定制动器踏板;

下坡停车时,必须先利用联合制动的方法降低车速。待车速接近零时踏下主离合器踏板,是为了使车辆及时平稳的停住,避免车辆下滑或发动机熄火。若先踏下主离合器踏板,在下滑力的作用下,车辆就会做加速运动,此时若误松主离合器踏板或猛烈制动,会引起车辆滑移、横滑,还可能引起变速箱或侧减速器齿轮损坏,坡陡时还有可能造成翻车事故。

6. 下坡起车

下坡起车时,脚制动器踏板一般是处于固定状态,此时起车的动作要领为:

(1) 将手加油杆固定在发动机最低稳定转速;

(2) 右脚踏制动器踏板,解脱固定杆后,将踏板踏住;

(3) 左脚踏下主离合器踏板;

(4) 挂上适当排挡;

(5) 松主离合器踏板,待主离合器自由行程消失,摩擦片开始结合时同时松开制动器踏板。

下坡起车时当主离合器开始结合时,松开制动器踏板,是为了使车辆平稳起车。若先松开制动器踏板,车辆在下滑力的作用下,速度加快,此时若再松主离合器踏板,就会造成车辆严重俯冲,甚至损坏传动装置机件。

7. 下坡转向

(1) 反转向

当发动机起制动作用时,进行分离转向,便易形成反转向(即拉一边分离转向时,车辆却向相反方向转向)。因为当发动机起制动作用的状态下,一侧转向机闭锁离合器开始分离时,该侧履带由于下滑力而加速,相反,另一侧履带却在发动机制动作用下减速,这样车辆便向相反方向转向。反转向的效果与坡度和发动机制动力等因素有关,坡度和发动机制动力越大,转向效果越好。

在下坡特别是下陡坡驾驶时,要注意利用反转向的方法进行转向,如仍按通常的转向方法,极易造成危险甚至事故。其反转向动作要领与通常分离转向恰恰相反。

① 将与转向相反一边的操纵杆拉到闭锁离合器（转向离合器）分离位置，同时减油；

② 待转到所需方向时，迅速推回操纵杆。

若在下陡坡驾驶时，转向前如在使用联合制动，转向前应稍松制动器踏板，转向时应继续踏制动器踏板，这样两侧履带易形成速度差，转向效果就更明显。

（2）第一位置转向

① 利用联合制动的方式降低车辆运动速度；

② 迅速地将转向一边的操纵杆拉到第一位置，同时适当加油；

③ 转到所需方向时，迅速地将操纵杆推到最前位置。

用第一位置转向时，拉、松操纵杆一定要迅速、准确，若拉、松操纵杆动作缓慢，闭锁离合器从开始分离到制动鼓被抱住的过程中，车辆就会发生反转向。

（3）制动转向

① 松开加油踏板，利用联合制动的方式降低车辆运动速度；

② 将转向一边的操纵杆拉到第二位置并抱紧，同时松开制动器踏板并适当加油；

③ 待转到所需方向时，减油，将操纵杆迅速推到最前位置，并适当制动。

下坡转向与上坡转向的不同点在于，高速履带上的下滑力与牵引力方向相同，起推动作用；低速履带上的下滑力与制动力相反，起消耗作用。因此，下坡转向时，高速履带所需牵引力小，而低速履带所需制动力大。根据上述特点，下坡制动转向时应降低车辆运动速度，以便有效地抱紧制动鼓制动低速履带，必要时可在转向时稍踏制动器踏板以达到转向目的。

（四）坡道驾驶时意外情况的处置

（1）上坡履带打滑不能前进时，应迅速停车，指挥车辆倒至便于机动的地点，选择新的运动方向或改善履带与地面的附着情况后，重新通过。倒车时应根据不同情况采取不同的方法：

① 在短而陡的上坡上倒车时，若退路上无障碍和转弯处，可不摘挡踏下主离合器踏板，同时踏下制动器踏板，直至车辆倒至预定地点。但要注意车辆未停住前不得松回主离合器踏板，以防发动机倒爆或损坏机件。

② 在中等长度的上坡上倒车时，若退路上无障碍物或转弯处，可用空挡多次稍松制动器踏板或操纵杆的方法，使车辆倒至预定地点。

③ 在长上坡上倒车时，必须挂上倒挡，使车辆倒至预定地点。

（2）车辆在坡上运动发生横滑时，应将横滑方向相反一边的操纵杆拉到分离位置，调正方向。车辆下坡若因制动过猛发生横滑时，应稍松制动器踏板。上坡转向发生横滑时，应立即松回操纵杆。

（3）上坡驾驶时必须时刻观察前方，一旦发现车辆发动机负荷过重或有倒爆迹象，应立刻切断发动机动力（踏主离合器）并停车，重新按上坡起车要领起车。若发动机发生倒爆，应迅速将手加油齿杆松至最前位置，停止供油，使发动机熄火。再次发动发动机前，应按下电动机油泵按钮，使油压升至 $2 \text{ kg/cm}^2$，必要时在不供油的情况下，按启动按钮，使曲轴空转数秒后，再按电动机油泵，待油压达到标准时，再启动发动机。如倒爆严重时，应根据实际情况正确处理。

（4）车辆在侧倾坡上运动发生横滑时，应向下坡方向转向，使横向下滑变为纵向运动。若向上坡方向转向发生横滑时，应立即停止转向，或向相反方向转向。

（5）在下陡坡出现空挡加速下滑时，可用第一位置快拉快松的方式修正方向。

(6) 通过陡上坡必须加力通过时，应在坡下提前将操纵杆拉到第一位置，避免因临时处理不当，位置拉不准，使车辆后滑造成事故。

(7) 在较陡的侧倾坡上运动且需向上方做大角度制动转向时，应用倒车的方法进行因为向上方转向，前半部履带向上方移动，受到的转向阻力很大，而后半部履带向下方移动，受到的转向阻力小。转向往往是由后半部履带向下侧滑来实现的，转向角度难以掌握。此外，若转向角度过大或履带过松，会使履带脱出主动轮或负重轮，造成履带脱落。所以用倒车的方法调整方向比较安全。

图 6-22　利用倒车的方法调整方向

(8) 发动机横向安装的车辆在侧倾坡上不宜挂挡，其原因是车辆倾斜，使主离合器分离不彻底所造成的。在侧倾坡上挂挡还可采用启动挂挡或停车原地挂挡的方法。

## 二、越障驾驶

阻碍坦克运动或降低坦克运动速度的地貌、地物，叫做障碍物。障碍物分人工的和天然的两种。人工障碍物有防坦克雷场、壕沟、弹坑及建筑物等。天然障碍物有沼泽地、森林、断崖、崖壁等。

驾驶训练中的障碍物是模拟天然地形人工设置的。有崖壁、断崖、土岭、弹坑、车辙桥等。设置这些障碍的目的，是使驾驶员经过训练掌握坦克在各运动状态下的油门控制技能和提高在困难条件下的换挡的能力，并培养驾驶员勇敢、果断的精神，所以在训练中，既要熟悉驾驶规则并按照动作要领去做，同时还要发扬勇敢、沉着、灵活机动的作风，认真钻研技术，不断提高驾驶技能。

### （一）障碍物驾驶规则

(1) 通过障碍物前，判断通过的可能性，选择最易通过的地方通过，必要时将火炮摇高或转向后方。

(2) 换入低挡，使坦克垂直对正障碍物，不撞击，不颠震，平稳通过。

(3) 通过障碍物时不停车，避免换挡和转向。

(4) 通过障碍物后，以地形允许的最高速度离开。

通过障碍物时，必须高速接近，迅速离开，其目的是为了缩短通过时间，提高平均运动速度。接近障碍物时，一般应在障碍物前 4~5 m 以内换上低挡。过早换上低挡会延长通过时间，影响平均运动速度；过晚换入低挡，在没有完成换挡动作前，坦克可能空挡冲入或撞击障碍物，造成停车，甚至损坏机件。通过后，应在障碍物后 3~4 m 内换入较高挡，迅速离开。

坦克垂直对正障碍物，使两边履带同时均匀受力，便于通过，提高通行能力。如通过崖壁或断崖时，若方向偏斜，会使一边履带先触及崖壁或地面，使两条履带承受的重量不相等，引起打滑或侧滑，同时，还会使该边诱导轮或负重轮负荷过大，甚至造成损坏。

通过障碍物时不应停车，否则不仅会延长通过时间，而且起车困难，容易发生危险。若坦克在崖壁上停车，由于起车时运动阻力大，附着力小，当加大供油量增大发动机牵引力时，又有可能由于附着力不好，造成履带打滑和坦克倾斜，从而有可能引起不良后果；在断崖上停车，由于起车时前部突然下落会造成严重颠震，损坏机件。在障碍物上要避免转向，否则会破坏地面，造成履带打滑。

### （二）障碍物驾驶要领

高速接近是指车辆要用相当于三挡 1 500 r/min 以上的速度接近，在障碍物前 4~5 m 以内换入低速挡。初学驾驶者，一般用三挡接近，换入一挡。在进行三挡换一挡时，应根据车速、障碍物特点及本车的制动效果，采用联合制动（应准确判定车辆至障碍物的距离），使车辆速度降至一挡中等以下速度，尔后用两脚离合器空挡加空油的方法换入一挡（车速很慢时也可不加空油），但在换挡前应先对正方向。

迅速离开是指通过障碍物后，3~4 m 以内换入高一级排挡。若用一挡通过的，则要换入二挡离开。一挡换二挡通常采用冲车法或利用小下坡。通过每个障碍物都要求高速接近，迅速离开，其操作要领是一样的。

#### 1. 崖壁

在硬地上，坦克不利用提高通行能力的器材，可以通过高度为坦克攀登高的崖壁。（图 6-23）

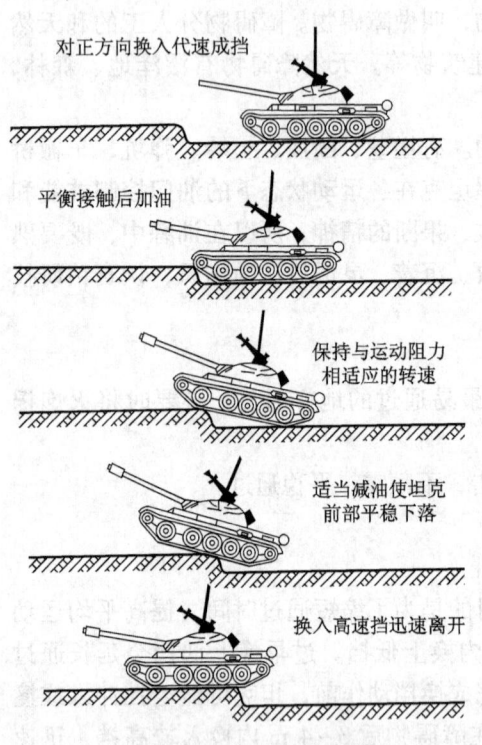

图 6-23 坦克通过崖壁

(1) 垂直对正崖壁最低处；
(2) 接近崖壁时，换入低速挡；
(3) 两条履带平稳触及崖壁后，立即平稳加油，并保持与运动阻力相适应的低转速驶上崖壁（一般为 800 r/min）；
(4) 当坦克前部开始下落时，平稳适当减油；
(5) 坦克前部履带着地后，换入高一级排挡，迅速离开。

大于坦克攀登性能的崖壁，若土质松软，可用坦克撞塌后通过；若土质坚硬可用加强器材加强后通过。坦克接近崖壁时，必须垂直对正方向，换入低速挡，以发动机最低稳定转速前进，使两条履带与崖壁垂直面同时平稳接触，接触后立即平稳增加供油量，以便在崖壁上产生足够的攀登力，使坦克前部升起，同时防止发动机熄火。若履带与崖壁接触前发动机转速高，运动速度快，会造成严重撞击。若未垂直对正，则会造成一条履带先接触壁面，攀登力减小，坦克前部升起困难或通过时发生偏斜。当诱导轮攀登上崖壁以后到坦克重力作用线越过棱线以前，坦克是作上坡运动，而且坡度随着坦克的继续攀登不断增大，所以运动阻力也逐渐增大，因此坦克在通过崖壁时，必须逐渐加油，使牵引力足以克服运动阻力，防止坦克因牵引力不足而熄火、停车，甚至倒退或倒爆。

坦克在崖壁上运动时，履带与地面的接触面越来越小，单位压力不断增大，地面易被挤压变形，附着情况逐渐变坏，因而附着力不断减少，所以通过时油门不宜过大（一般不超过

900 r/min），更不能急剧改变发动机转速，以免因附着力不足而使履带打滑。

当坦克重力作用线超过崖壁棱线时，要平稳地适当减油，使其前部平稳下落。若减油过多或过晚，坦克就会在惯性力和重力的作用下产生巅震。

2. 断崖

坦克不利用提高通行力的器材，可以通过高度不大于车体长20%的断崖。（图6-24）

（1）高速接近垂直对正，车头距断崖4~5 m内换入低速挡，保持发动机最低稳定转速；
（2）坦克前部开始下落时，踏下制动器踏板（不使发动机熄火）；
（3）坦克前部履带触地后，稍松制动器踏板；
（4）坦克尾部下落时，适当制动；
（5）坦克尾部履带着地后，松开制动器踏板，换入高挡，迅速离开。

在断崖前，应及时换入低速挡。换挡过早，会延长通过时间，降低运动速度；换挡过晚，则会失去修正方向的时机，若换挡迟缓或动作不当，坦克还可能空挡冲下断崖，造成事故。坦克下断崖时必须使发动机保持最低转速，以便于控制车速。若转速过高运动速度过快，坦克前部下落时容易造成严重颠震。通过断崖时必须根据坦克的附着情况，正确运用制动方法。附着情况良好的断崖，一般用联合制动，附着情况不好的断崖，用发动机制动。同时，必须掌握良好制动时机，确保坦克平稳下落，制动过早或过死，会造成坦克停车或熄火，制动过晚，会造成严重颠震。

3. 土岭

通过要领（图6-25）

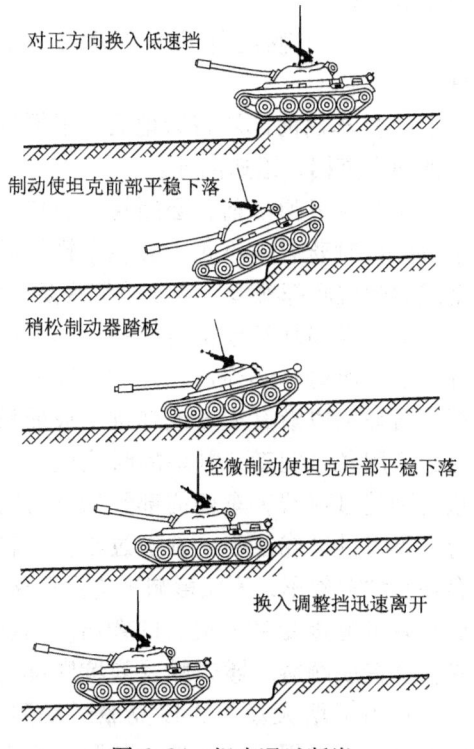

图6-24 坦克通过断崖

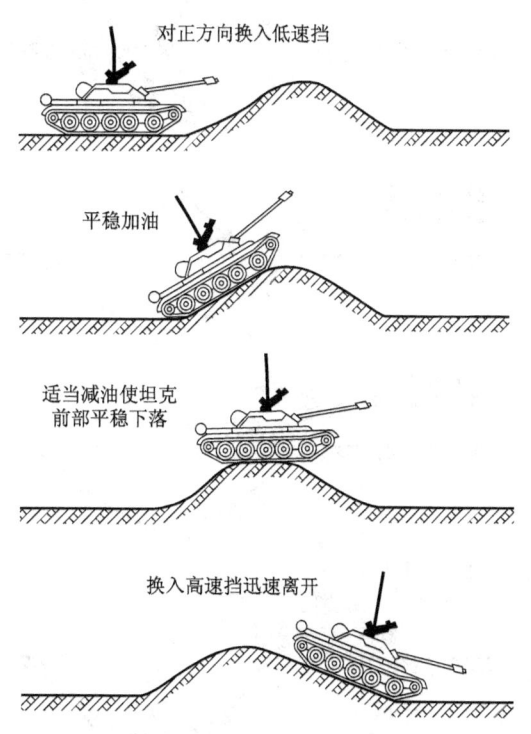

图6-25 坦克通过土岭

(1) 选择坡度最小、高度最低的地方高速接近土岭；

(2) 垂直对正土岭，换入低速挡，并使发动机保持与运动阻力相适应的低转速工作（一般为 600~700 r/min）工作；

(3) 车辆前部开始下落时，平稳地适当减油；

(4) 车辆前部履带着地后，立即换入高挡（可隔挡换挡）迅速离开；

车辆驶上土岭时，上坡阻力逐渐增大，所以通过前必须换入低速挡，通过时应平稳的加油，以保障有足够的牵引力。当车辆逐渐驶上土岭时，履带实际着地长逐渐缩短，单位压力不断增大，附着力不断减小，地面容易被破坏，因此应避免转向或突然改变发动机转速，以免履带打滑、横滑造成倾斜、颠震或倾覆。

通过土岭时，若油门过小，容易造成熄火、倒退和倒爆。若油门过大（超过 800 r/min）减油时机过晚，而造成严重颠震。

### 4. 弹坑

小于履带中心距的弹坑，车辆可骑行通过。大而较深的弹坑，车辆可驶入弹坑通过。（图 6-26）

(1) 使车辆对正弹坑中央，换入低挡；

(2) 车辆前部下落时，用发动机制动（弹坑边沿坡度较陡时应用联合制动）；

(3) 车辆前部履带触及弹坑时，平稳加油，使发动机保持在 700 r/min 左右驶上对面坡道；

(4) 当车辆前部开始下落时，平稳减油；

(5) 车辆前部履带着地后，根据地形立即换入高挡，迅速离开。

车辆在下弹坑前，必须对正方向。在驶下弹坑时若方向不正，会使车辆侧倾运动或向弹坑底部横滑，造成履带脱落卡住，影响运动和损坏行动部分机件。车辆前部开始下弹坑时，必须进行制动，以减轻颠震，若弹坑边沿有积土或弹坑下坡面较陡时，应用联合制动，制动的时机应在车辆重力刚越过棱线，车辆前部开始下落时进行。不得过早或过晚。制动过早，车辆就会在弹坑前停车，不仅影响平均运动速度，而且有可能遭受敌人火力的袭击。制动过晚，会造成颠震。履带触及弹坑底部时加油，是为了增大牵引力以克服运动阻力。加油量多少根据弹坑上坡面的陡缓程度而定，上坡面较陡应多加，上坡面较缓可少

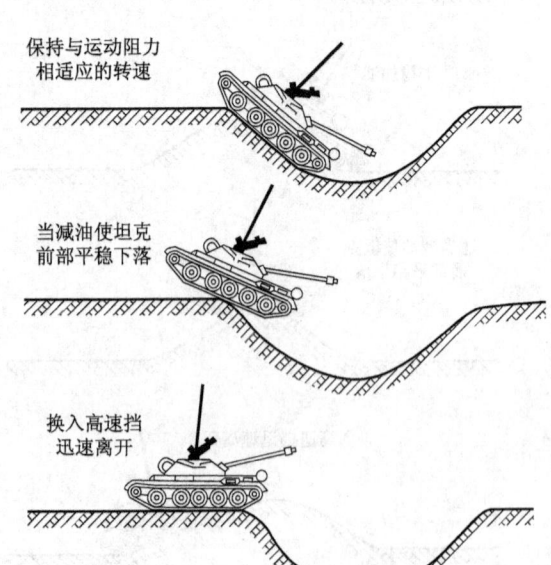

图 6-26　坦克通过弹坑

加。当车辆重力作用线越过弹坑对面棱线，车辆前部开始下落的瞬间，必须减油，以减轻颠震；也可在减油的同时拉紧一边操纵杆进行制动，使车辆前部平稳下落。

车辆驶上弹坑对面的坡道时，履带实际着地长逐渐减少，单位压力逐渐增大，附着力减小，地面容易被破坏，应避免转向或突然改变发动机转速，以免履带打滑。

5. 车辙桥

（1）车辆距桥前端 30 m 时，用框套法概略对正方向，15 m 时用三点一线法精确对正方向，高速接近车辙桥（图 6-27）。

（2）根据车速和地面阻力情况，判断制动时机，进行联合制动，适时换入低速挡。

（3）用三点一线法精确对正方向（也可用沿边法对正方向，对正左侧车辙内侧 20~30 cm），平稳驶上桥后，保持发动机最低稳定转速，必要时可用分离转向进行修正或第一位置快拉快松小角度修正方向（无行星转向器车辆采用短促制动转向的方法），禁止在桥上换挡或停车。

（4）履带离开桥面后，换入地形允许的较高排挡离开。车辙桥对正方向可分为三个阶段，30 m 左右时主要用框套法概略对正方向，若方向发生偏差，可采用分离转向进行修正。尽量避免用第一位置修正方向，以免划龙。车头距桥 15 m 左右时，只要方向没有大的偏差，就要集中精力抓紧换挡，在车辆离桥头 4~5 m 内换上低速挡就有了主动权，避免冲到桥上。在低速条件下无论用第一位置或用短促制动的方法修正方向，都是来得及的，在使用三点一线法精确对正方向时，要注意保持正确的观察姿势，使额头贴住左潜望镜中央，目视前方，在桥的入口和中间适当部位选择两点。万一发现偏差较大无法修正方向时，则应在桥前立即停车。倒至适当位置重新对正方向。车辆上桥以后，要注意稳定发动机转速，桥上修正方向时拉操纵杆要快拉、快松，观察点要不断向前延伸，只有在履带确实离开桥面时，才允许换入高挡迅速离开。

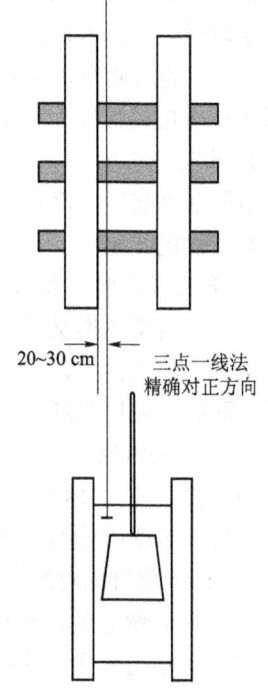

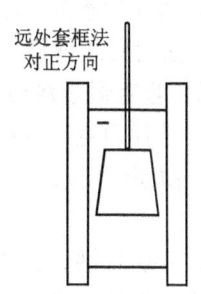

图 6-27  通过车辙桥示意

## 三、水稻田地驾驶

稻田地在世界上分布很广，不但在高温多雨的低纬度地带，而且已发展到北纬 50°地区，面积不断在扩大。所以研究水稻田地的特点，对坦克的正确使用具有重要的意义。

**（一）水稻田地的特点和性质**

稻田地，根据所处的地理位置和地貌状态不同，一般可分为山地稻田地、丘陵稻田地、平原（水网）稻田地、湖沼稻田地四类。

1. 山地稻田地

山地稻田地通常多分布在山谷、山麓及部分水源充足的山腹。山地稻田地除山谷低洼部分外，均为梯田。梯田田块较小，田埂较高，往往高达1~2 m以上，且多为石砌。梯田的土壤层较薄，多为沙质土壤，淤泥层，一般为10~20 cm，底部坚硬。

在山谷低洼部分的稻田，田块面积较大，田埂低，也有石砌田埂，一般有泉源，有些常年积水；土壤粘性较大，淤泥层较深，抗压力弱，人畜下陷深50~120 cm。

2. 丘陵稻田地

地面起伏较缓，高差在200 m以下的高地叫丘陵。在雨水充足、灌溉方便的地方，大部分是季节性的水稻田。田块较山地大，田埂一般高50~100 cm，土壤含沙质，池塘较多。

3. 平原（水网）稻田地

江河、沟渠纵横交错，湖泊、池塘密布，遍地水稻田的地区叫水网稻田地。田块大，田埂低矮，土壤粘性大，且底部坚硬，淤泥层一般为2~40 cm。错综交叉的江河、沟渠，岸陡水深，河底淤泥形成断绝地。公路稀少，乡村路狭窄，桥梁少且承载量小。

4. 湖沼稻田地

湖沼稻田地，多种植深水水稻，土质腐蚀层深，淤泥层一般为1 m以上。稻田多为湖沼、河流、沟汊所分割形成半岛型和岛型水稻田地。

（二）水稻田地对坦克运动的影响

（1）附着情况差，起车、制动、转向、攀登垂直高时，履带容易打滑。

（2）运动阻力大，换挡困难，易使发动机负荷过重，温度易升高。

（3）禾穗和水田积水造成驾驶员观察困难，不易判明地面和障碍情况。

（4）常年积水的水稻田地，淤泥层较深，通行困难甚至不能通行；江河（沟渠）岸陡、水深，通过时必须依靠工程保障。

（三）坦克通过水稻田区时的准备工作

（1）选择坦克通过水稻田地段的路线，特别是山地、丘陵地水稻田，要选择坡度缓、田埂低、横穿田埂数量少，田埂之前的距离大（不小于10 m）、沟渠少与窄，没有池塘的地段通过。

（2）走访百姓，查清稻田土质特别是坦克行动路线中处于低洼、水源充足、常年积水的稻田地的情况；并组织人力实地勘察：淤泥深度（不超过车底距地高），沟渠、田埂高度对坦克通过的可能性。

（3）用便于驾驶员观察的标志物标志其通路。通路的宽度应根据坦克的数量而定，保证后辆坦克不沿前车车辙行驶的足够宽度。

（4）修筑和加强难行地段，如以束柴（草）加强陷深超过车底距地面高的地段，必须的沟渠架设简易车辙桥。

（5）坦克在稻田地行使之前（特别是在积水期）对坦克底部各门窗、螺塞进行必要的紧固和密封；行动部分各润滑点，也应加注润滑脂。

（6）检查和准备防滑、自救器材。如防滑板、圆木、自救绳圈等。

（7）组织好车内协同。

（四）坦克通过水稻田地驾驶规则和要领

（1）起车：应用低速挡（一般用二挡）和行星转向器起车，并使发动机保持能起车的转速。

（2）换挡：换高挡时，应利用较坚硬的地段或下田埂时进行，冲车加油应大些，动作要迅速；换低挡时，不必预先减油，用一脚离合器进行。

（3）转向：应用分离转向或第一位置转向；需制动转向，应分多次完成。若转向时高速履带显著滑转，应迅速松回操纵杆，待行驶一段距离后再转向。若转向受地形限制不能达到预定方向时，可用倒车方法调整方向。

（4）停车：应选择淤泥层较浅，底部较硬处，以防淤陷，也便于起车。

（5）通过田埂：高度为 1 m 以下的田埂，若土质不坚硬，可冲车通过；若土质较坚硬，应成直角对正田埂，用低速挡平稳通过，高度为 1 m 以上的田埂，应利用提高通行力的器材或摧毁后通行。通过较宽的沟渠或较高的田埂时应掀起前挡泥板，必要时将火炮摇至最大仰角或转至后方。

**（五）坦克在水稻田地运动时，应避免沿前行坦克的车辙运动**

**（六）夜间驾驶坦克时，应严格地按标定路线行驶，及时地执行口令（信号），并随时做好停车和处理情况的准备**

## 四、沙漠地驾驶

### （一）沙漠地区的气候特点

（1）大陆性气候，冬寒夏热，日温差大。

（2）降水量稀少，水源稀少。

（3）风沙大，尘土多。沙漠地区土壤成分主要是沙土和黄土。沙土的颗粒比较大，而黄土的颗粒很小。坦克行驶时，黄土受压即迅速破裂松散，在地面上形成较厚的尘土层。所以坦克行驶后尘土飞扬，很久不能消散，造成观察困难。空气中含尘量可达 6 g/m$^3$。在刮暴风时，天昏地暗，车辆人员很难行走。

### （二）沙漠地区的地表特点及对坦克运动的影响

沙漠地区（含与它相邻的地区）按表层结构分为：戈壁地、盐碱地、沙漠地等。由于表层情况不同对坦克运动也有不同的影响。先分别介绍如下：

（1）戈壁地：表层是沙、风化石及卵石组成。地面比较平坦、坚硬、开阔，大都长有骆驼刺及麻黄草，运动阻力较小，履带打滑率约 5%，坦克可高速行驶。但要注意避开较大的卵石，以防撞击造成行动部分损坏。在与沙漠地相接的地段，形成很多比高在 20 m 以下的小沙丘，分布也不规律。有些地段上面是一层不同厚度的浮沙，表层松软，形成不很高的起伏地，坦克可以通行，但运动阻力大，影响平均运动速度。

（2）盐碱地：表层一般没有卵石，主要是沙、土，含碱量很大，表层有一层很厚的碱土层，很疏松，有点像海绵，故有人称海绵地。上面长有芨芨草，但由于碱大缺水，长的枝叶稀少。坦克行驶时运动阻力大，高速行驶发动机易负荷过重，一般不会造成淤陷。在盐碱地的低凹地区，表面与盐碱地差别不大，一般有 20~30 cm 厚的硬土层，有的也长有芨芨草，个别地方还可能看到不大的芦苇苗，下面是很稀的烂泥。深的可达 2 m 以上。每年春季翻浆时，坦克不能通过，其他时间坦克通过时也容易淤陷。

（3）沙漠地：是沙漠地区的主要组成部分。草木极少，偶尔可看到红柳、苹苹木等一小片木本植物，凡长植物的地方均较硬，多系大沙丘，连绵不断，比高一般在百米以上，是多年堆积而成。都按一定的方向形成迎风面与背风面，很有规律，变化不大。迎风面沙粒粗大，表面结成较硬的沙层，附着性能较好，坡度较缓，一般在 5°~20° 左右，坦克可顺利上下。背风面沙粒细，表层疏松，坡度陡，一般在 28°~34°，坦克只能下不能上。

有的沙丘背风面，在旋风的作用下形成大小不同的深窝地（也叫沙斗或沙旋涡），四周坡陡而险，坦克不能通行，应设法绕行。

坦克在沙漠地行驶时，因沙层松软，附着情况差，履带打滑率约 10%~15%，有的地区可达 30%。并且运动阻力大，使平均运动速度降低，发动机负荷重，水温易过高，耗油量与耗水量增加，坦克通行能力明显降低。现将 59 坦克根据某沙漠地区试验所得数据列于下表，以供参考：

表 6-6　坦克通过沙漠地区时的常用数据

| 项　目 | | 单位 | 59 式坦克数据 |
|---|---|---|---|
| 平均速度 | 土路 | km/h | 20~25 |
| | 沙漠 | km/h | 9~12 |
| 燃料消耗 | 土路 | 100 km/L | 280~330 |
| | 沙漠 | 100 km/L | 560 |
| 最大行程 | 土路 | km | 270~290 |
| | 沙漠 | km | 126 |
| 最大上坡角 | 土路 | (°) | 30 |
| | 沙漠 | (°) | 18 |
| 备　注 | | | 若冲坡前有冲坡条件，坡长在 9 m 以内，利用高速可通过 18°~22° 的沙丘。 |

**（三）沙漠地驾驶规则**

（1）沙漠地驾驶时，应尽量选择生有植物的地段和较硬的地面行驶。

（2）在松软地段行驶时，应避免制动转向和突然改变发动机转速。避免在坡上和凹地停车。

（3）在上、下沙丘时，前车未驶上（下），后车不得跟上。倒车时应有人指挥。

（4）利用地图按方位角运动时，应加强观察和通信联络，保持运动方向。纵队行军时，应保持车间距离。夜间运动时，应打开侧灯和标高灯。

在沙漠地植物是极少的，但凡长有草和其他植物的地方，一般沙中的含土量大，能保持住少量的水分，适宜植物生长，故这种地段比较坚硬，坦克行驶时阻力较小，履带也不易打滑，可提高平均运动速度。

松沙地的支持能力很小，履带下陷很深（有的深达 35 cm），运动阻力很大，而附着力小，突然改变发动机转速和制动转向时，履带很易打滑。另外转向角度较大时，沙土进入负重轮与履带间也易造成发动机熄火和损坏行动部分。在这种地段的坡上及凹地应避免停车，因为在坡上停车后起车困难。在凹地停车，刮风时，大量沙土进入履带与负重轮之间，时间稍长又易被沙掩埋。

沙漠地附着情况很差，特别上下沙丘时，坦克很容易打滑，失去控制。为防止撞车，要求待前车通过后，后车再跟上。倒车时也应有人指挥，以防发生意外事故。

因为在沙漠地区地形开阔、单调，无明显方位物，利用地图按方位角运动时，也很难确定自己的站立点在图上的位置，故判定方位与保持运动方向很困难，为了不迷失方向，在行军前应精确地确定到达目的地的磁方位角。纵队在行进中，应加强观察和通信联络，根据风向及观察情况，车间距离保持在 50~300 m 范围内。夜间后车要跟着前车的侧灯及标高灯前进。

万一迷失方向，根据沙漠地区特点可按沙丘走向和植物后面的积沙来判断方向。例如：某地区经常刮西北风，沙丘的迎风面都是朝向西北的，背风面是朝向东南的，植物后面的积沙也朝向东南。为了联系和报告自己的位置，可用信号枪发信号，以便于寻找。

### （四）沙漠地驾驶要领及应注意的问题

**1. 沙漠地驾驶要领**

沙漠地因沙层松软，坦克在运动中沙粒很容易进入行动部分，造成运动阻力增大，换挡困难。因此尽可能减少换挡动作。

在一般情况下不进行一挡换二挡，需进行一挡换二挡时，应采用短停法，换挡后起车转速要适当增大。在可用三挡行驶的地形上，应尽可能利用下坡地形进行二挡换三挡，如在平地上可用冲车二挡换三挡的方法进行，冲车转速不宜过大（一般不超过 1 500 r/min），换挡时应迅速有力，挂上挡后应迅速接合主离合器，同时适当加油。如在松离合器前坦克已停车，59 式中型坦克可用三挡第一位置重新起车。在较好的地形上为避免二挡换三挡，59 式中型坦克可直接用三挡第一位置起车，待发动机转速达到使用转速后再将两根操纵杆推到最前位置行驶。

如在坚硬的戈壁地和盐碱地上，地面阻力较小时，可用四挡行驶。换挡前，三挡发动机转速应在 1 800 r/min 以上，发动机温度正常，方可进行换四挡，换入四挡后发动机应保持在使用转速工作。如不能迅速达到使用转速，59 式坦克可短时间地使用第一位置行驶，待发动机转速达到使用转速后，再将两根操纵杆推到最前位置行驶，如还不能在短时间内达到使用转速，说明该地形不适于四挡行驶，应换至原来的排挡行驶，以免造成发动机负荷过重、温度过高。

由于沙漠地附着情况很差，在转向时尽可能选择在局部沙石地或有草的地段进行。必须在沙漠地上进行转向时，应作大半径小角度的转向，尽可能多用分离转向或第一位置转向的方法，在迫不得已必须使用制动转向时，应小角度，分多次完成，并注意不要使沙土过多地挤入行动部分。在上下坡时，应避免转向，特别是制动转向。

**2. 通过沙丘的驾驶要领**

一般沙丘的特点是，迎风面坡度较缓，沙粒粗大，沙层较硬，有利于坦克通行；背风面沙粒细，表层疏松，坡度陡，不利于坦克通行。所以坦克通过沙丘时，只能从迎风面上，背风面下。在下背风面时，可根据背风面后的地形选择适当的排挡，方向要对正（尽量与背风面棱线成直角），下坡过程避免制动转向，严防坦克侧倾造成履带脱落。在坡度较陡时，应避免紧急制动。

沙丘迎风面坡度在 15°以上时，59 式中型坦克必须用一挡通过，并在坡前换入一挡。通过时若坡上被迫停车，一般应退至坡下重新起车通过；沙丘迎风面坡度在 15°以下时，59 式中型坦克可用二挡或三挡第一位置通过。若坡上被迫停车时，一般可用一挡按坡上起车要领起车。起车转速应在 1 200 r/min 以上，同时起车过程应防止坦克倒退和转向。

坦克遇到沙丘时，如不能从迎风面上，背风面下时，应选择两沙丘的鞍部，或有草的坚硬地段、或选择牧民转场的道路绕行。

### 3. 沙漠地驾驶时应注意的问题

（1）在沙漠地上行驶时，因沙层松软或转向造成履带与负重轮间进沙太多，发动机被迫熄火，应立即下车检查，清除履带与负重轮间的沙子，然后再行驶。千万不要图省事，蛮干造成脱履带或损坏行动部分。

（2）沙漠地区地形开阔、单调，无明显方位物，很容易迷失方向。因此，尽可能不要单坦克行动，在纵队行驶中，要保持好车间距离，防止掉队。

坦克在沙漠地上行驶，发动机经常在全负荷下工作，循环供油量大，水温很容易过高，油水的损耗量增大，加之沙漠地区缺水，因此，坦克在沙漠地区使用，应增加油水的携带量。

### （五）利用地图和指北针按方位角运动的方法

部队在沙漠地区行动，很容易迷失方向，而影响行军、作战任务的完成。为提高部队在沙漠地区行军作战的能力，利用地图和指北针按方位角运动，是沙漠地训练的重要内容。其方法是：

（1）在出发之前使用地图与现地对照，确定达到目的地的磁方位角及行进方向。

先用指北针准确标定地图方位，然后使指北针的直尺边与出发线至目的地的方向线重合（准星朝向前进方向），待磁针静止后，磁针北端所指的读数，即磁方位角。沿照门准星方向就是坦克的前进方向（应注意，在坦克上确定的磁方位角，与在地面上确定的有一定的偏转，因此确定的条件应一致）。

（2）在前进的方向上，如没有明显的特殊地形作辅助方位物时，可先派出一辆坦克充当辅助方位物。

按已确定的行进方向，用电台先指挥充当辅助方位物的坦克运动到能看到的规定地点，纵队再跟进。当纵队第一辆坦克到达辅助方位物后，为缩短纵队停留时间，应立即用指北针按已确定的磁方位角找出行进方向，若前进方向上仍没有明显的辅助方位物，可继续指挥担任辅助方位物的坦克到能看到的规定地点，然后纵队再跟进。用这种接力的方法逐段向前跃进，直到到达目的地。

## 五、海滩地驾驶

### （一）海滩地形气候特点

#### 1. 海滩地形特点

（1）沙滩的沿水地带，常年受海潮的冲击，因而形成两种形态：一种是硬沙滩，表面为细沙层，硬度较强，坦克运动时附着情况良好，滚动阻力小；另一种松沙滩，多系粗沙组成，坦克运动时附着情况较差，滚动阻力大。在潮水线之上的纯沙地带，沙质干燥而疏松，滚动阻力较大。在潮水线之上的草沙地带，表面系细沙，稍有泥土，地质较硬，生长植物，附着情况较好，滚动阻力小，便于坦克运动。

（2）淤泥滩有三种状态：一种是表面长有芦草，表面很硬，厚约 1 m，其下面是稀泥，坦克通过时有弹性，若坦克停留过久，或表层被破坏，容易下陷；另一种是表面无草，表层淤泥深约 10 cm，中层是 1.3~1.5 m 的黑沙层，有少量的卵石，下层是软质的沙泥混合体，当硬层被破坏后，容易陷车；还有一种是纯淤泥，无草，涨潮时可以淹没，未经加强坦克无法通过。

（3）礁石地域对坦克运动有一定影响，特别是转向时，卵石容易挤入负重轮（主动轮）

和履带之间而造成行动部分机件损坏。

(4) 在礁石地域，坦克运动困难，若卵石的高度和密度过大，则不能通过。

(5) 盐田地域，水沟纵横交错，且水深沟宽，坦克难以通行；盐田及其田埂较硬，坦克可以通行。

2. 海滩气候特点

(1) 夏季气温变化较大，早晚凉爽，多雾，中午炎热。

(2) 海潮一般每昼夜涨落各两次，夏历初三、十七涨大潮（指农历）。

(3) 刮大风时，沙土飞扬，观察困难，海潮、海浪随之增大。

**（二）海滩地驾驶特点**

(1) 坦克在沙滩上运动，附着情况不良，履带容易打滑，坦克的行程减小（根据试验，里程表的读数比坦克实际行驶距离多10%），运动速度降低。坦克转向时，沙子容易堆积并挤入负重轮（主动轮）和履带之间而造成转向困难。

(2) 坦克在沙滩地域运动，滚动阻力较大，容易引起发动机负荷过重。

(3) 坦克行驶时沙土飞扬，影响观察。

(4) 由于附着情况不良和滚动阻力增大，降低了坦克通过障碍物的性能。一般可通过光秃的或长着稀草的15°上坡，长有密草的20°上坡和30°以内的下坡；在沙滩上一般可通过两岸长有植物、坡度为40°以内的沟渠。沟渠坡度大于40°，又是细沙，则无法通过。

(5) 海水定期涨落，使沿水地带及海叉口受到影响，驾驶时必须掌握潮汐变化规律，一般应选择在退潮时进行，坦克通过海叉口和进入水域的深度，在一般海浪情况下，可达坦克正常涉水深度。

**（三）海滩地驾驶准备**

(1) 密封坦克车体底部各装甲口盖（窗），行动部分各润滑点加注润滑脂，根据海滩地的特点，适当地调整履带松紧程度（一般应比正常情况稍松些）。

(2) 准备好自救和抢救器材，制定好安全措施。

(3) 勘察驾驶场地，掌握好潮汐规律，标定场地范围，特别是入海深度的范围，必须用明显物体标示，必要时要派出警戒。

**（四）海滩地驾驶规则**

(1) 在沙地上驾驶时，应选择生长植物的地段、硬地面和沿水的细沙地带运动。必要时利用加强器材通过松沙地。

(2) 在沙地上换挡动作要迅速，换高挡时，应尽量选择在坚硬地段或下坡上进行。

(3) 在较硬的沙地上可用制动转向，在较松的沙地上用分离转向。

(4) 避免在沙层疏松地段、坡上或凹地停车。

(5) 在沙地上行驶和转向时，若负重轮（主动轮）和履带之间挤入大量沙土影响坦克运动时，应立即停车，将沙土排除。

(6) 通过中等的下坡，可以换挡，但不得转向。通过中等以上的下坡，不得转向、换挡和急剧改变发动机转速。

(7) 通过盐田时，一般用低速挡，避免沿前车车辙运动，转向不得过急，以免陷车。

**（五）海滩地坦克保养的特点**

海水含有碱性，对坦克机件腐蚀严重，所以海滩地驾驶后，应及时用淡水冲洗车辆，彻底擦拭,充分润滑,全面进行保养。负重轮和诱导轮的润滑脂变质时,要分解、清洗和更换,侧减速器的润滑油变质时,应清洗侧减速器,更换变质的润滑油。

## 六、森林地和沼泽地驾驶

### (一) 森林地

1. 森林地特点及其对坦克运动的影响

(1) 道路稀少、狭窄,且曲折多弯。坦克运动时,需频繁转向,运动速度降低。

(2) 河流两岸潮湿而泥泞,附着情况不良,坦克运动时,履带容易打滑;河底多石块,容易损坏行动部分机件;桥梁载重量小,未经加强,坦克难以通过。

(3) 山麓下低洼处多为沼泽地,坦克运动时,容易陷车。

(4) 森林中野草茂密,其中有石块、伐余树桩及伐倒的粗大树干,都会影响坦克的运动。

(5) 地面潮湿,落叶腐烂,土层松软,且常有浓雾,因此人员不易观察,坦克运动困难。

2. 森林地驾驶规则

(1) 在茂密的大片森林中,坦克应沿林区分界地带、林间路通过或沿林缘绕过。

(2) 在伐木林中,应用较低的排挡运动,并注意观察地形。

(3) 坦克通过直径为 70~80 cm 的伐倒树干时,按通过崖壁和断崖的要领驾驶。

(4) 低于车底距地高的伐余树桩,骑行通过,高于车底距地高的伐余树桩,若无法绕过时,可将一条履带压于其上,用低速挡通过。在松软地段上骑行通过伐余树桩时,应特别注意下陷情况,以免托底。

(5) 坦克需要撞树 (图6-28) 时必须:

① 将火炮转向后方;

② 对直径 30 cm 以下的树干,以车体前部中央对正,待接触树干的同时,提高发动机转速,撞倒通过。对直径为 30~70 cm 的树干,利用坦克动能撞倒 (二挡或三挡),此时

图6-28 坦克撞树

发动机转速的高低,踏主离合器踏板和松开加油踏板的时机应根据地形和地质情况确定 (一般应保证车体接触树干前,踏下主离合器踏板同时松开加油踏板);若一次未撞倒,可反复进行,直到撞倒为止。根据每次撞击的震动大小,及时检查发动机固定情况。

(6) 通过森林地时,应沿前行坦克的车辙运动。

### (二) 沼泽地

1. 沼泽地的侦察

侦察沼泽地时,应查明沼泽地的长度、淤泥层的深度和便于运动的方向。沼泽地的通行程度,可按外部状况或淤泥层的特征来判定。例如:有蚂蚁窝和田鼠洞的沼泽地,湿度较小,坦克可以通行;生长有香蒲草和白色藓苔及芦苇的沼泽地,湿度较大,坦克难以通行;表面有硬壳层、下面有水而底软的沼泽地,坦克不能通行。侦察时可用撬杠、尖木桩在沼泽地内每隔 5~7 m 处测量一次淤泥深度,若深度不超过车底距地高的 1.5 倍,坦克可以通过。侦察清楚后,应用标杆标出通路。

若需通过难以通过的沼泽地段，必须加强。若有专门的圆木排或车辙帘等，可将其铺在沼泽地上。一般都用就便器材进行加强，如用稻草（杂草）、树枝等物垫在通路上（铺垫杂草的厚度，可根据沼泽地的下陷程度确定），以改善地面附着情况和减轻履带下陷程度。

2. 沼泽地驾驶特点

坦克在沼泽地运动时，履带下陷，运动阻力增大，需较大的牵引力。

坦克通过沼泽地的性能，决定于坦克重量、单位压力和车底距地高，此外还决定于季节和气候的变化。多雨季节，沼泽地的通过程度显著降低。春季泥泞时期，不能根据沼泽地的外部特征判定通行程度，因为土壤被水浸透而疏松，坦克容易淤陷。冬季通过沼泽地时，其地面冻结深度不小于冰渡场许可厚度的二分之一，坦克才能通过。

3. 沼泽地驾驶规则

坦克应尽可能绕过沼泽地，若不能绕过时，则应在周密侦察后通过。

（1）在驶近沼泽地时，对正标定方向，并选择适当排挡。

（2）在沼泽地运动时，保持发动机适当转速，不准停车、不准换挡、避免转向和侧倾运动。

（3）被迫停车后，挂上低速挡，用行星转向器（转向离合器）平稳起车；起车时若履带打滑，应立即倒车，另选行驶路线。

（4）不沿前行坦克的车辙运动，避免撞树和驶上伐余树桩，以免坦克淤陷。

（5）沼泽地段较短，接近路的地面又坚硬时，应用高速挡冲车通过。

（6）利用提高通行力的器材通过沼泽地时，必须遵守限制路的驾驶规则。

在沼泽地上运动时不得换挡和避免转向，是为了使坦克不停车、不淤陷。若在沼泽地上换挡，由于滚动阻力大，坦克的动能消失快，将会造成坦克停车或下陷。若在沼泽地上转向，会由于附着情况不良而引起高速履带打滑或下陷。

**（三）灌木丛**

1. 灌木丛的特点

丘陵地的灌木丛，土质坚硬；丘陵凹部或林缘的灌木丛，土质松软；沿海的灌木丛多为细沙地，土质疏松。灌木丛一般高为 0.5~3 m，在某些地段有较高的树丛，其中隐藏有较多的伐余树桩、石块、坑、沟等障碍物。砍伐日久的伐余树桩，往往桩头有密集枝叶；生于坑穴的灌木丛，一般比周围的低矮。

2. 灌木丛驾驶规则

（1）严格按照基本方位物运动，并选择灌木稀少、地形开阔、转向较少的地段，以可能的最高速度通过。

（2）尽可能沿前行坦克的车辙运动。

（3）坦克进入较密集的灌木丛时，应按车长的指挥驾驶，并随时准备停车。

**（四）森林地、沼泽地和灌木丛驾驶前的准备**

（1）运动前必须进行实地勘察，选定方位物，标示出通路和危险地段，并绘制路线要图。

（2）清除路线上的暗石及难以通过的树干和伐余树桩，或者使其明显暴露。

（3）仔细的准备车辆，特别是检查发动机、变速箱和主离合器的固定情况。

（4）必要时卸下前大灯和挡泥板等。

（5）根据沼泽地和河流情况密封坦克。

## 七、上下门桥和登陆舰（艇）驾驶

### （一）通过舟桥和水下桥

坦克可沿舟桥、水下桥（暗桥）通过江河。通过时，坦克的运动速度和车间距离，决定于桥梁的载重量和状况。对载重量小于坦克重量的桥梁，需在加固后才许通过。（图6-29）：

（1）驶近桥梁时，保持规定的车间距离，换入低速挡，使坦克对正桥的中央通过。

（2）在桥上运动时，不得停车、换挡、缩短车间距离、紧急制动和剧烈地改变发动机转速，并避免转向。

（3）驶上水下桥时，应根据标志物对正方向。

（4）夜间通过水下桥时，应用单向发光信号标示。

### （二）上下门桥

**1. 上下门桥前准备**

（1）选择隐蔽和便于观察码头的待渡地域和通往码头的道路，在复杂地段设置标示物或派出调整哨。

（2）熟悉各种信号，密切协同动作。

（3）准备固定坦克的三角木。

**2. 上下门桥驾驶规则**

（1）以地形允许的最高速度驶进和驶离码头。

（2）必须在门桥固定于码头之后，才许驶上或驶下门桥。

（3）根据指挥上下门桥。对正方向，并以最低排挡和最低转速平稳地运动，在码头和门桥上避免转向。

（4）坦克驶上门桥后，平稳地停在门桥的中央、不得使门桥倾斜（图6-30）。熄火后应挂上一挡或倒挡，并固定制动器，在前后负重轮的履带下面塞入三角木。

图6-29 坦克利用舟桥通过江河

图6-30 坦克驶下门桥

### （三）上下登陆舰艇

表6-7 船型及战技性能表

| 项目 | 067小型登陆艇 | "黄河"型登陆艇 | "井冈山"型登陆艇 |
|---|---|---|---|
| 排水量 | 112 t | 1 095 t | 3 776 t |
| 吃水深 | 1.4 m | 2.3 m | 4.2 m |

续表

| 项目 | 067 小型登陆艇 | "黄河"型登陆艇 | "井冈山"型登陆艇 |
|---|---|---|---|
| 最大航速 | 12 节 | 13 节 | 10 节 |
| 经济航速 | 9 节 | 11 节 | 9 节 |
| 抗风力 | 5~6 级 | 6 级 | 7 级 |
| 续航力 | 2 201 海里 | 7 000 海里 | 16 000 海里 |
| 武器装备 | 双 14.5 mm 机枪 2 门 | 双 37 mm 火炮三门，双 25 mm 火炮 2 门 | 76.2 mm 火炮 2 门；双 37 mm 火炮 4 门；37 mm 火炮 2 门 |
| 装载量 | 人员 50 名或中型坦克 1 辆或 122 mm 榴弹炮三门或物资 20 吨 | 人员 600 名或中型坦克 5 辆或 122 mm 榴弹炮六门或物资 165 吨或大型触发水雷 60 个 | 人员 1 500 名或中型坦克 17 辆或物资 1 600 吨 |

1. 上下登陆舰（艇）前准备

（1）选择上下登陆舰的地点，条件如下：

① 海滩地质坚硬，距离短，坡度在 10°~15°范围内，便于登陆舰直接靠岸。

② 登陆舰靠岸后水深不超过坦克的涉水性能，流速不大。

（2）根据涉水深度，对坦克密封。

（3）组织协同动作，明确指挥信号，人员明确分工。

2. 上下登陆舰（艇）驾驶规则

（1）根据信号，以地形允许的最高速度由隐蔽地驶近登陆舰，并在选定地点调头和上舰。

（2）坦克上舰前需涉水时，入水前必须与舰的吊桥中央对正；坦克入水后被迫停车时，若车内少量进水，不影响发动机工作时，不得使发动机熄火；若被迫熄火，应立即拖救出水。

（3）以倒挡驶上登陆舰（艇），履带接触吊桥时，应平稳加油，避免在舰的吊桥上转向（在登陆舰吊桥上禁止转向）和停车。坦克驶至吊桥顶端待其后（前）部下落时，适当减油。

（4）坦克在登陆舰仓内应尽量避免大角度转向，转向和制动应平稳，以免横滑而撞击舰舷。

（5）坦克在舰仓内停好后，应挂上低速挡，固定制动器，并用固定器固定。

（6）坦克下舰前，应作好一切准备，对正吊桥中心（若海滩上铺有加强器材时，还应与加强器材对正），以低速挡平稳入水，在坦克未与吊桥脱离时，禁止转向。坦克下舰后以地形允许的最高速度驶离登陆地点。

3. 装载固定及注意事项

（1）坦克登陆舰上的装载固定

① 某登陆舰上装载坦克用的坦克仓，长度为 66.5 m，宽度为 8.5 m，高度为 2.5 m。底部

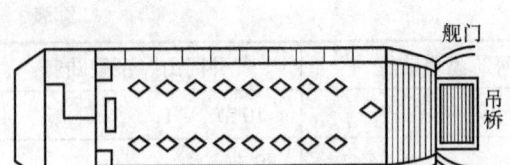

图 6-31 59 坦克在某登陆舰坦克仓内的布置

甲板上有五路固定器安装孔，中间三路每路 55 孔，侧方两路，每路 54 孔，每孔相距 1.2 m，每路间隔 2.25 m。陆舰坦克仓内，可装载 59 式中型坦克 17 辆。其具体布置如（图 6-31）所示。将 59 式中型坦克排成两路，每路 8 辆，最后进仓的一辆坦克停在两路的中间正对大门的位置。

坦克在某登陆舰上的固定，是用舰上的专用固定器固定的。专用固定器是由带固定爪的铁链，带钩铁链和系紧器三部分组成。坦克停放好以后，每辆坦克可用四个固定器固定。其固定方法是：每个固定器带钩的铁链与坦克牵引钩连接，带爪的铁链与甲板固定孔连接，两条铁链之间连接系紧器，将系紧器收紧后，铁链即拉紧，四个固定器全拉紧后，坦克即固定好（图 6-32）。

② 某登陆舰上甲板有长 27.2 m，宽 16 m 的面积，并有固定孔七路。但由于有突出于甲板很高的门窗、通气孔等设施，实际上只有中间部分能停放 3 辆~4 辆中（轻）型坦克。两侧约有能停放四台解放牌汽车的车位（图 6-33）。坦克在上甲板的固定方法与仓内方法相同。

图 6-32 59 式坦克在某登陆舰上固定

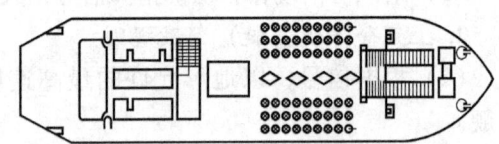

图 6-33 登陆舰上甲板坦克的布置

(2) 59 式中型坦克在 Y505（067）艇上的装载

该艇承载能力为 50 吨，可以装载中型坦克一辆。仓内停放坦克的位置，长（仓梯以外平底部分）7 m，宽（两侧甲板上吊床间距离）3.7 m，高（固定仓盖大梁至底甲板）2.4 m。坦克进仓时应卸下高射机枪，将火炮固定在水平位置。

(3) 62 式轻型坦克在 Y497（068）艇上的装载

该艇承载能力为 20 吨，可以装载 62 式轻型坦克一辆。

仓内停放坦克的位置，长（仓梯以外平底部分）4.9 m，宽（两侧甲板上吊床间距离）3.7 m，高（固定仓盖大梁至底甲板）2 m。因此，装载时均需将高射机枪拆下。

(4) 航行时的注意事项

① 人员要注意保持体力，采取卧位或半卧位休息。

② 经常保持仓内空气流通，降低仓内温度。

③ 对晕船者，应安置在通风的地方休息，并鼓励多喝水，多吃东西，以减轻胃摩擦；按舰的颠簸规律作深呼吸及吞咽动作，可以减轻呕吐。

④ 要指定值班人员经常查看坦克固定情况，发现松动及时处理。

⑤ 抢滩前乘员应进入坦克内，坐好把牢，避免碰伤；坦克不应解脱固定器，不应松开制动器踏板和放在空挡，以防撞车。

## 第四节　坦克保养制度

坦克保养是根据车辆及各系统技术状况的变化，在装备使用与保管的过程中，对装备进行的一种保护性措施，概括地说就是对装备各部件进行清洁、擦拭、检查、调整、紧固、润滑、排除故障，加添润滑油、燃油和冷却液，补充弹药、工具、备品和附件等。保养制度是针对装备的使用状况，对其进行不同保养内容的综合性规定。其目的就是及时恢复和经常保持装备处于完好状态，保证装备按照战术、技术性能和用途正常使用。

### 一、坦克保养的原则与一般要求

坦克保养的原则是积极预防、计划保养。保养的一般要求是：

（1）落实保养制度，周密计划各类保养工作。

（2）按照各型坦克维护保养规范中所规定的保养间隔期、内容及技术要求实施保养工作，严禁缩小保养工作范围和缩短保养工作时间。

（3）严密组织，防止人为故障隐患和事故的发生。

（4）注意节约能源、物资、器材和油料，提高工作效率和效益。

（5）装备业务部门、车场管理站和连队应当加强检查、指导，确保保养质量。

（6）保养工作结束后，应当及时填写有关技术文书。

### 二、坦克保养的类型

坦克保养按照不同的工作时机和内容，可以分为：定期保养和视情保养两大类，具体参见表6-8。

表6-8　坦克保养的类型

| 保养种类 | 保养类型 | |
|---|---|---|
| 定期保养 | 动用保养 | 动用前准备、动用中检查、动用后保养 |
| | 周保养 | |
| | 月保养 | |
| | 半年保养 | |
| 视情保养 | 特殊任务时的保养 | 大型野外训练课目时的保养、装备海训后的保养、新列装装备考核使用期的保养、大修后装备考核使用期的保养 |
| | 特殊环境时的保养 | 装备在山地使用时维护保养与检查、装备在沙漠、戈壁和多尘地区使用时的维护保养与检查、装备在高原使用时的维护保养与检查、装备在水网稻田、沼泽地和水障碍地区使用时的维护保养与检查、装备在寒冷条件下使用时的维护保养与检查、装备在炎热条件下使用时的维护保养与检查 |

## 三、定期保养制度

定期保养制度主要是指按照自然时间来进行装备保养，主要包括：动用保养、周保养、月保养、半年（换季）保养四类。

### （一）动用保养

动用保养是指装备动用时必须开展的系列保养工作，包括动用前准备、动用中检查和动用后保养三个阶段，保养内容以清洁、检查、调整为主。其各阶段具体工作内容及要求如下：

1. 动用前准备

为防止装备在入库（或露天）保管过程中由于种种原因造成装备技术状况发生变化，每次动用装备首次启动前都应当对装备进行例行的常规检查，以保证装备在使用前处于技术状况完好状态。

时机：每次出车前进行。

目的：进行出车前的必要准备，保证装备在出动后能正常工作。

实施：主要由使用分队组织，乘员具体实施。在检查中发现无法排除的故障时，报修理分队协助排除故障，严禁带故障出车。

时间：10~20分钟。

内容：动用前准备以检查为主，重点检查装备各部分工作是否正常，油、液数量是否符合标准，各零部件连接是否可靠，有无漏油、漏液、漏气现象等，并根据每次出车所执行的任务，确定检查的重点。

2. 动用中检查

在装备使用过程中，每隔一段时间，应当对装备进行例行的常规检查，以保证装备随时能处于技术状况完好状态。

时机：战斗间隙、行军大（小）休息、训练间歇或根据需要进行。

目的：保证装备能够持续可靠的完成任务。

实施：主要由使用分队组织，乘员具体实施。检查中如发现无法排除的问题应及时上报。

时间：10~15分钟。

内容：动用中检查以检查油、液数量，各紧固件有无松动，有无影响行驶、射击和通信的故障及隐患为主，保证装备能够持续可靠的工作。

3. 动用后保养

动用后保养主要是针对当天动用的装备所进行的维护保养工作。其目的是消除装备技术状况在动用后所产生的各种变化，恢复其规定的技术状态。动用后保养必须在装备动用后当日完成，保养内容需根据车型特点以及当日动用的任务特点进行相应的安排、调整。

时机：装备动用后的当日进行，特殊情况经装备部门批准，可在装备动用后第二天进行。

目的：保证装备战术技术性能及时恢复到完好状态。

实施：主要由使用分队组织，乘员具体实施。如在维护保养中发现无法排除的故障时，报修理分队排除故障。

时间：2~4 小时

内容：对车体及各部件外部进行清洗，擦拭，加添油、液，检查各部分工作情况，排除故障，保证装备战术技术状况及时恢复到完好状态。

**（二）周保养**

周保养是指部队每周例行的装备保养工作，主要依托车场日来进行。保养对象的重点是教练车，保养内容以清洁、检查、调整为主，并排除发现的故障。周保养的具体工作内容及要求如下：

时机：通常选择在每月的前三个车场日进行，必要时也可单独组织。

目的：通过每周的例行保养，使装备战术技术性能处于完好状态。

实施：主要由使用分队组织，乘员具体实施，修理分队协助。在维护保养中发现无法排除的故障时，报修理分队排除。

时间：2~4 小时（每周 1 次）

内容：以教练车作为保养对象的重点，对于本周内动用较多的教练车进行细致检查、调整各部分工作情况，根据训练课目对相关部位进行重点保养、排除故障；其他教练车以清洁保养为主，同时检查有无渗漏、锈蚀等现象；保证装备战术技术状况及时恢复到完好状态。

**（三）月保养**

月保养选择每月的最后一个车场日来进行。保养对象的重点是战备车，主要是进行定期发动，注重检测与保养相结合，以清洁、检查为主。具体工作内容及要求如下：

时机：通常在每月的最后一个车场日进行，必要时也可单独组织。

目的：全面检测、保养装备，恢复和掌握装备技术状况。

实施：主要由使用分队组织，乘员具体实施，修理分队协助。如在维护保养中发现无法排除的故障时，报修理分队排除故障。

时间：4~6 小时（每月 1 次）

内容：检测和保养相结合，以检测为主。战备车进行定期发动，完成相关保养工作；教练车除完成对车体及各部件外部进行清洗、擦拭，加添油、液等周保养的各项工作外，应当重点对各部分的工作情况进行检查、检测、调整，清洗技术状况不符合要求的滤清器，排除所发现的一切故障，保证装备战术技术状况恢复到完好状态。重点把握以下内容：

（1）原地发动，工作 10~20 分钟，检查发动机工况，各系统管路是否渗漏（寒区冬季可每两个月发动一次，发动机封存的装备不启动发动机）。

（2）通电（可用外接电源）检查火控系统、电台及全车电路和耗电装置的工作情况。

（3）检查各类滤清装置工作状况，视情进行清洗保养。

（4）检查火炮、机枪是否有锈蚀现象，如有锈蚀，及时排除。

（5）检查光学仪器是否有生雾、发霉现象。

（6）检查橡胶制品有无老化，应及时更换老化的橡胶制品。

**（四）半年保养**

半年保养是指为了使装备适应季节特点，保证装备战术技术性能完好，而集中开展的维护保养活动。半年保养每年两次，利用换季普查工作的时机进行，除完成周保养、月保养工作内容外，还应对装备各部分进行全面检查、保养，排除所发现的一切故障，全面恢复装备技术状况。半年保养的具体工作内容及要求如下：

时机：在进入冬、夏季之前，气温 5 摄氏度左右时进行。

目的：为了使装备适应季节特点，保证装备战术技术性能完好所集中开展的维护保养活动。

实施：主要由使用分队组织，乘员具体实施，修理分队协助。如在维护保养中发现无法排除的故障时，报修理分队排除故障。

时间：每年组织 2 次，每次换季保养工作时间不得少于 7 天。

内容：

（1）按月保养范围全面检查，排除一切故障。
（2）对达到封存期限的装备部件进行启封，对未达到封存期限的部件进行抽查。
（3）检查装备油液的数、质量，更换有季节性要求的油液。
（4）改变装备有季节性要求的开关位置和管路连接。
（5）视情清洗装备的冷却系、润滑系和燃料系等。
（6）检查保养火炮、火控、观瞄、指挥和定位系统。
（7）调整蓄电池的电解液比重。
（8）点验、保养和补充随车工具、附件、备品。
（9）做好冬季或夏季装备使用前的其他准备工作。
（10）组织实施装备技术状况检查。
（11）组织实施装备管理设施、专业设备的清查、维护及整理工作。

## 四、视情保养制度

视情保养是指通过对装备及其部件的检测，对技术指标变化幅度较大或可能影响到装备战术技术性能发挥的部件进行局部检查和保养。根据装备动用的实际特点和需要，视情保养制度主要包括：特殊任务时的保养和特殊环境时的保养两类。

### （一）特殊任务时的保养

**1. 大型野外训练课目时的保养**

时机：在大型野外训练课目前和训练课目结束时进行。同时，野外训练期间必须落实动用保养制度，视情组织周保养和月保养。

目的：进行训练前的必要准备，保证装备在展开训练后具有持续工作的能力；进行训练课目结束后的全面保养，保证装备彻底恢复到完好状态。

实施：主要由使用分队组织，乘员具体实施，修理分队协助。如在维护保养中发现无法排除的故障时，报修理分队排除故障。

时间：根据训练课目和保障任务的不同而定，训练前准备通常为 1~2 天，训练结束后的保养通常为 3~4 天。

内容：大型训练课目前以检查为主，重点针对所要进行训练课目检查相关部件系统技术状况是否完好，并按月保养内容对其进行维护保养。训练期间，要落实动用保养制度。大型训练课目结束后的保养，根据训练课目，参照半年保养的范围确定保养内容，在修理分队协助下，排除野外条件下动用保养未能解决的故障问题。

**2. 装备海训后的保养**

时机：在阶段性海训任务结束，装备返回车场后进行。

目的：恢复海训装备的技术状态，保障下一阶段训练任务的完成。

实施：主要由使用分队组织，乘员具体实施，修理分队协助。如在维护保养中发现无法排除的故障时，报修理分队排除故障。

时间：通常为 3~5 天。

内容：用淡水对整个车体进行洗刷，并对车体内进行干燥处理，并清除锈迹、补涂漆料，对装备进行必要的防腐蚀处理，对行动部分进行彻底分解结合，对进水部分进行分解擦拭，检查保养重要电子器件，对车内的排水设备进行维护保养，重点检查密封情况，排除检查中发现的故障和海训期间动用保养未能解决的故障。

**（二）特殊环境下的保养**

1. 装备在山地使用时的维护保养与检查

时机：装备处于山地、丘陵地区使用或停放时。

目的：使装备战术技术状况能处于完好状态，保障训练和战备任务的完成。

实施：主要由使用分队组织，乘员具体实施，修理分队协助。如在维护保养中发现无法排除的故障时，报修理分队排除故障。

时间：根据具体情况而定，一般不少于 2 小时。

内容：根据所处环境的具体情况，检查操纵装置的连接状况，重点检查各部位间隙、行程，检查传动装置的连接、固定情况，重点检查制动器的制动效果和变速箱排挡的位置，检查行动部分，重点检查履带板和履带销的磨损程度、履带的连接和松动程度，及时更换有裂纹的履带板。

2. 装备在沙漠、戈壁和多尘地区（包括大风扬沙、沙尘暴天气）使用时的维护保养与检查

时机：装备处于沙漠、戈壁和多尘地区或沙尘天气频发的季节以及遇到大风扬沙、沙尘暴天气使用或停放时。

目的：使装备战术技术性能处于完好状态，保障训练和战备任务的完成。

实施：主要由使用分队组织，乘员具体实施，修理分队协助。如在维护保养中发现无法排除的故障时，报修理分队排除故障。

时间：一般不少于 2 小时

内容：根据所处环境的具体情况，加强对装备的各部缝隙的密封，检查武器的密封情况，重点保养发动机空气滤清器，及时清除散热器上的尘土，清洁和润滑各操纵装置的活动关节。

3. 装备在高原使用时的维护保养与检查

时机：装备处于高原缺氧地区使用或停放时。

目的：使装备战术技术性能处于完好状态，保障训练和战备任务的完成。

实施：主要由使用分队组织，乘员具体实施，修理分队协助。如在维护保养中发现无法排除的故障时，报修理分队排除故障。

时间：一般不少于 2 小时。

内容：根据所处环境的具体情况，增大加水口盖蒸汽活门的开启压力，调整发动机提前供油角，发动机温度过高时做降温处理，检查蓄电池电解液液面高度，并按技术要求调整和补充。

4. 装备在水网稻田、沼泽地和水障碍地区（包括遇到台风、暴雨天气时）使用时的维护保养与检查

时机：装备处于多水地区或遇到台风和暴雨等恶劣气候使用或停放时。

目的：使装备战术技术性能处于完好状态，保障训练和战备任务的完成。

实施：主要由使用分队组织，乘员具体实施，修理分队协助。如在维护保养中发现无法排除的故障时，报修理分队排除故障。

时间：一般不少于2小时

内容：根据所处环境的具体情况，加强对装备的验漏检查，对车内的排水设备进行重点的维护保养，检查润滑油（脂）的质量，对各部缝隙进行密封处理，经常检查密封情况，及时排除车内的积水和车体外部的污泥。

5. 装备在寒冷条件下（包括暴风雪天气时）使用时的维护保养与检查

时机：在寒区或遇到大雪或暴风雪等恶劣天气使用时。

目的：使装备战术技术性能处于完好状态，保障训练和战备任务的完成。

实施：主要由使用分队组织，乘员具体实施，修理分队协助。如在维护保养中发现无法排除的故障时，报修理分队排除故障。

时间：一般不少于2小时

内容：根据所处环境的具体情况，对各部缝隙进行密封处理，经常检查密封情况，对发动机进行重点维护保养，检查防冻液质量和各管路内的油水情况，定时进行加温或采取其他保温措施，定期清除加温器内的积炭，经常检查保养温度调节装置。

6. 装备在炎热条件下使用时的维护保养与检查

时机：装备处于炎热条件下使用或停放时。

目的：使装备战术技术性能处于完好状态，保障训练和战备任务的完成。

实施：主要由使用分队组织，乘员具体实施，修理分队协助。如在维护保养中发现无法排除的故障时，报修理分队排除故障。

时间：一般不少于2小时。

内容：根据所处环境的具体情况，经常检查冷却系的工作情况，及时清洁散热器表面，对发动机进行重点保养，使用时控制温度，必要时作降温处理，经常检查蓄电池注液口通气孔和电解液液面高度，检查电器设备的绝缘情况，保养光学仪器、帆布制品、皮革制品和橡胶制品，防止受潮发霉和老化。

## 五、坦克保养的主要工作

### （一）清洁

坦克在使用保管过程中，由于燃油、润滑油质量、运行条件等多种因素的影响，许多总成和零、部件，不可避免地要被尘土、油泥和其他杂质所沾污，这不仅会影响车容的整洁、美观，而且还会给其他工作带来不便，甚至在某些零、部件过脏时，还将影响其使用性能，加速其损坏和发生故障。例如空气滤清器过脏时，就可能引起发动机功率不足。清洁的主要方法有以下几种。

1. 水清洁

水清洁的部位主要包括行动部分和车体外部。清洗时应从上到下，易生锈的部位冲洗后

应用干布擦干，视情况涂一层薄机油。

2. 油清洁

燃料系应用本车所使用的燃油清洁，各主要总成，用洗（煤、柴）油清洗，清洗则应按照先内后外，先精件、后粗件的顺序进行。

3. 有特殊清洗要求的按规定执行。

### （二）检查

检查主要是针对坦克使用过程中可能出现的故障征兆情况进行检查诊断，以便做到心中有数。随着可靠性理论的发展和运用，监测条件下的维护已成为一种发展趋势，这种维护是建立在先进的坦克检测基础上的，因此，运用先进的检测手段对装备进行检查将成为可靠性维护保养工作的核心。例如，利用发动机不解体检测仪可以发现发动机的潜在故障。

### （三）润滑

保持良好的润滑，是降低机件磨损，防止早期损坏，延长坦克使用寿命，提高其使用可靠性的有效方法，因此，乘员必须予以足够的重视。具体要求如下：

（1）各部（机）件用油种类，必须符合规定。

（2）润滑的时机，必须符合该车型的规定，必要时可根据使用的要求提前进行。

（3）加润滑油（脂）应保证足够的数量，以满足润滑要求，但也不宜过多。

（4）当需要更换润滑油时，应在坦克行驶后趁热立即放出废油。加注新润滑油后，一定要将加（放）油螺塞拧紧，需锁紧的要锁紧，发现有渗漏现象时，应查明原因予以排除。

### （四）调整

各部组件的间隙、行程、空回量、力矩、电压、分辨率等标准参数随着使用时间的增长或行驶里程的增加，会逐渐的偏离正常使用的标准数据，这些变化的数据无法保证坦克的使用性能处于最佳状态。例如制动器间隙增大可导致制动效能降低，甚至失效。

调整的目的，就是要使机件恢复到原来应有的标准参数，以充分发挥坦克战术技术性能。调整的主要方法有：改变长度、改变厚度、改变间隙、改变压力（液体和机械）、改变位置、改变电压（电流）等。

### （五）紧固

坦克在使用过程中，由于冲击、震动和某些机件的机理变化（如热胀冷缩）等因素的影响，一些固定件的紧固程度会发生变化，产生松动现象，还有些机件因松动而密封不严致使某些部位漏油或漏气，必须及时进行紧固。紧固的方法主要有：用常用工具紧固、用专用工具紧固、加力紧固、锁紧等。

### （六）排除故障

排除故障是指在维护保养的过程中，排除装备存在的故障或故障隐患，保证坦克的战备完好性，充分发挥装备的战技性能。对故障的处理方法包括应急使用、现地排除故障和送修。

# 主要参考文献

[1] 张洪图,姜正根,赵家象. 坦克构造学 [M]. 北京:北京工业学院出版社,1986.
[2] 刘文宝,坦克中修工艺 [M]. 北京:中国人民解放军装甲兵工程学院,1992.
[3] 闫清东,张连第,赵毓芹等. 坦克构造与设计 [M]. 北京:北京理工大学出版社,2007.
[4] 世界坦克博览 [M]. 北京:兵器工业出版社,1992.
[5] 刘维平,孙伟. 坦克装甲车辆构造学 [M]. 北京:兵器工业出版社,2001.
[6] 安琪,顾大强. 机械设计 [M]. 科学出版社,2008.
[7] 黄华梁,彭文生. 机械设计基础 [M]. 北京:高等教育出版社,2007.
[8] 唐蓉城,陆玉. 机械设计 [M]. 北京:机械工业出版社,1993.
[9] 孔凌嘉,王晓力. 机械设计 [M]. 北京:北京理工大学出版社,2009.
[10] 杨可桢,程光蕴,李仲生. 机械设计基础 [M]. 北京:高等教育出版社,2006.